"十三五"职业教育国家规划教材

U0321604

Oracle 数据库技术及应用

主　编　朱翠苗

副主编　郑广成　沈　啸　庾　佳　孔小兵

主　审　张胜生

北京理工大学出版社

BEIJING INSTITUTE OF TECHNOLOGY PRESS

内 容 简 介

本书从应用与实践的角度出发，由浅入深、循序渐进地介绍了 Oracle 数据库应用与开发技术。

本书以岗位需求对应的基本知识和技能贯穿整个教学过程，结合企业实际实践中常用的三个工具的使用来开展教学内容：OEM、SQL Developer、SQL * Plus。教材内容主要包括 Oracle 数据库的安装与卸载、认识与使用 SQL * Plus 工具、Oracle 数据库的管理、Oracle 数据库表空间的管理与表的设计、数据查询的应用、PL/SQL 在数据库中的应用、PL/SQL 程序单元在数据库中的应用、数据库的安全管理、数据库的备份与恢复等。

本书可以作为高等职业院校、高等专科院校计算机类 Oracle 数据库课程的教材，也可以作为Oracle 数据库爱好者的自学用书。

图书在版编目（CIP）数据

Oracle 数据库技术及应用 / 朱翠苗主编 . —北京：北京理工大学出版社，2017.6
（2021.7 重印）

ISBN 978 - 7 - 5682 - 4167 - 0

Ⅰ. ①O… Ⅱ. ①朱… Ⅲ. ①关系数据库系统 - 教材 Ⅳ. ①TP311. 138

中国版本图书馆 CIP 数据核字（2017）第 134956 号

出版发行 / 北京理工大学出版社有限责任公司

社　　址 / 北京市海淀区中关村南大街 5 号

邮　　编 / 100081

电　　话 / （010）68914775（总编室）

　　　　　（010）82562903（教材售后服务热线）

　　　　　（010）68944723（其他图书服务热线）

网　　址 / http：//www. bitpress. com. cn

经　　销 / 全国各地新华书店

印　　刷 / 三河市天利华印刷装订有限公司

开　　本 / 787 毫米×1092 毫米　1/16

印　　张 / 17.5　　　　　　　　　　　　　　　责任编辑 / 王玲玲

字　　数 / 411 千字　　　　　　　　　　　　　文案编辑 / 王玲玲

版　　次 / 2017 年 6 月第 1 版　2021 年 7 月第 4 次印刷　　责任校对 / 周瑞红

定　　价 / 43.00 元　　　　　　　　　　　　　责任印制 / 李志强

前　　言

  Oracle 是一个适用于大中型企事业单位的数据库管理系统，已经广泛应用于银行、电信、移动通信、航空、保险、气象、铁路、跨国公司和电子商务等领域。在所有数据库管理系统中，Oracle 的市场占有率是最高的，因此，作为计算机等相关专业的学生，了解并掌握 Oracle 的相关知识和技术对将来的职业生涯将受益匪浅。

  Oracle 数据库管理系统是独立于任何平台的，第一次接触 Oracle 的学习者对如何设置 Oracle 环境一无所知，所以 Oracle 的配置环境越简单越好，因此本书选择在 Windows 环境下运行 Oracle。在一个操作系统学会了 Oracle 之后，即可在其他任何操作系统使用它。

  教材包含九个项目，项目一 Oracle 数据库的安装与卸载，介绍了如何在 Windows 操作系统安装 Oracle 数据库、进行 Oracle 数据库的配置，以及卸载 Oracle 数据库应该注意的问题。项目二认识与使用 SQL * Plus 工具，主要介绍了 SQL * Plus 各种命令的灵活使用，为以后在 SQL * Plus 平台进行各种操作打下基础。项目三 Oracle 数据库的管理，主要介绍 Oracle 数据库的创建方法及 Oracle 数据库的删除方法。项目四 Oracle 数据库表空间的管理与表的设计，用 OEM 和命令两种方式介绍了表空间的创建、修改及维护，并且以任务的形式详细介绍了使用 OEM、SQL * Plus 平台、SQL Developer 方式创建数据表、修改数据表和输入表中数据的方法。项目五数据查询的应用，用命令方式在 SQL Developer 平台介绍了 SELECT 基本查询、分组查询、多表连接查询、子查询等查询语句的使用。项目六 PL/SQL 在数据库中的应用，详细介绍如何用 PL/SQL 定义常量、变量，进行顺序结构、选择结构、循环结构的输出，以及异常处理程序。项目七 PL/SQL 程序单元在数据库中的应用，介绍了如何在 OEM 和命令方式下创建、使用和维护存储过程、函数、触发器的知识。项目八数据库的安全管理，利用 OEM 和命令两种方式介绍了安全管理中用户、角色、概要文件的管理。项目九数据库的备份与恢复，是维护数据库很关键的知识，用多种方法介绍了备份与恢复数据库，以及数据库的导入与导出知识。

  本教材得到了苏州吉耐特信息科技有限公司的大力支持，是一本源于企业实践的看得懂、学得会、用得上的教材。教材内容从应用与实践的角度出发，由浅入深、循序渐进地介绍了 Oracle 数据库的应用与开发技术。可结合企业实际实践中常用的三个工具 OEM、SQL Developer、SQL * Plus 来开展教学内容。

  本书是集体智慧的结晶，由朱翠苗、沈啸、庾佳、郑广成、孔小兵（企业）等人员编写。由于时间仓促，再加上编者水平有限，书中难免有不足之处，敬请广大读者批评指正。

编　者

目　　录

项目一

Oracle 数据库的安装与卸载

知识目标

1. 掌握 Oracle 11g 数据库服务器的安装方法。
2. 掌握 Oracle 11g 数据库服务器的卸载方法。
3. 了解 Oracle 11g 的基本工具。

能力目标

1. 能够正确安装 Oracle 11g 数据库服务器。
2. 能够卸载 Oracle 11g 数据库服务器。

任务1 安装 Oracle 11g 数据库服务器

任务描述

在 Windows 环境下安装 Oracle 11g，创建一个名为 ORCL 的数据库。

相关知识与任务实现

Oracle 11g 的安装

Oracle Database（简称 Oracle）是美国 Oracle 公司（中文名为甲骨文公司）开发的一款关系数据库管理系统，也是目前世界上使用最为广泛的数据库管理系统。作为一个通用的数据库系统，它具有完整的数据管理功能；作为一个关系数据库，它是一个完备关系的产品；作为分布式数据库，它实现了分布式处理功能。

1977 年，Larry Ellison、Bob Miner 和 Ed Oates 等人组建了 Relational 软件公司（Relational Software Inc.，RSI）。他们决定使用 C 语言和 SQL 界面构建一个关系数据库管理系统（Relational Database Management System，RDBMS），并很快发布了第一个版本（仅是原型系统）。

2001 年，Oracle 9i Release 1 发布。这是 Oracle 9i 的第一个发行版，包含 RAC（Real Application Cluster）等新功能。

2004 年，针对网格计算的 Oracle 10g 发布。该版本中 Oracle 的功能、稳定性和性能的实现都达到了一个新的水平。

2007 年 7 月 12 日，Oracle 公司推出了新的版本——Oracle 11g。Oracle 11g 有 400 多项功能，经过了 1 500 万小时的测试，开发工作量达到了 3.6 万人/月。与先前版本相比，

Oracle 11g 具有很多创新性的功能。

现在实现在 Windows 环境下安装 Oracle 11g，在其他环境下安装 Oracle 的方法可以参考官网（http://www.oracle.com）中的信息。在安装 Oracle 11g 之前，最好先检查当前所使用的环境是否满足 Oracle 11g 的需求。由于 Oracle 11g 分为 32 位和 64 位两个版本，各种版本对系统的要求也不完全相同。表 1-1 和表 1-2 分别列举了 32 位和 64 位 Oracle 11g 在 Windows 环境下对软硬件的要求。

表 1-1 32 位 Oracle 11g 在 Windows 环境下对软硬件的要求

系统要求	说明
操作系统	Windows 2000、Windows XP 专业版、Windows Server 2003 或者以上
CPU	最低主频 1.0 GHz 以上
内存	最小 512 MB，建议使用 1.0 GB 以上
虚拟内存	物理内存的两倍
磁盘空间	基本安装需要 3.6 GB

表 1-2 64 位 Oracle 11g 在 Windows 环境下对软硬件的要求

系统要求	说明
操作系统	Windows 2000、Windows XP 专业版、Windows Server 2003 或者以上
CPU	最低主频 2.0 GHz 以上
内存	最小 1 GB，建议使用 4.0 GB 以上
虚拟内存	物理内存的两倍
磁盘空间	基本安装需要 5.0 GB

安装具体步骤如下：

1）下载 Oracle 11g R2 for Windows 的版本，如图 1-1 所示。下载地址：http://www.oracle.com/technetwork/database/enterprise-edition/downloads/index.html。其中包括两个压缩包：win64_11gR2_database_1of2.zip 和 win64_11gR2_database_2of2.zip2。

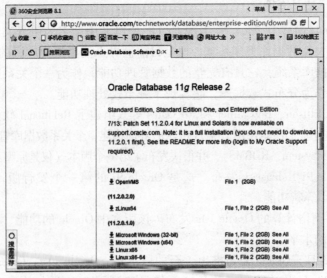

图 1-1 下载 Oracle 11g R2 for Windows 的版本

2）将两个压缩包解压到同一个目录下，即"database"，如图 1 - 2 所示，然后解压目录下的"setup. exe"文件。

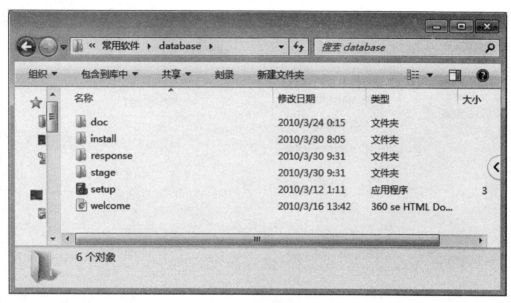

图 1 - 2　解压压缩包

3）在出现的"配置安全更新"窗口中，取消"我希望通过 My Oracle Support 接收安全更新"，单击"下一步"按钮，如图 1 - 3 所示。

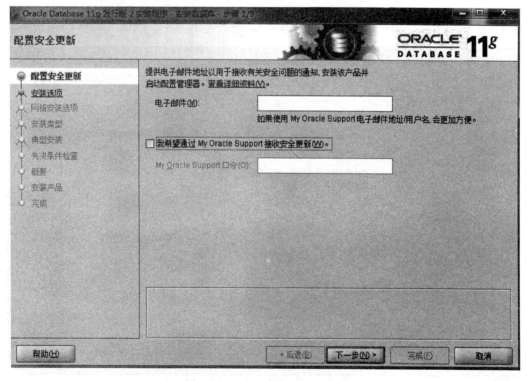

图 1 - 3　"配置安全更新"窗口

4) 在"安装选项"窗口中，选择"创建和配置数据库"，单击"下一步"按钮，如图 1-4 所示。

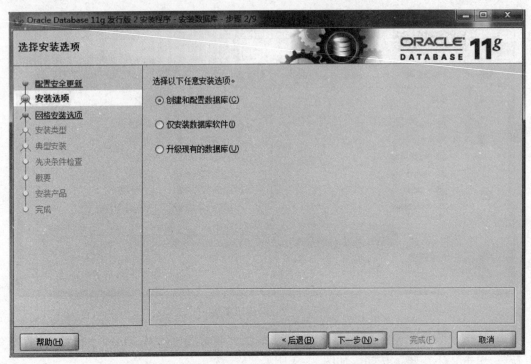

图 1-4 在"安装选项"窗口中选择"创建和配置数据库"

5) 在"系统类"窗口中，选择"桌面类"，单击"下一步"按钮，如图 1-5 所示。

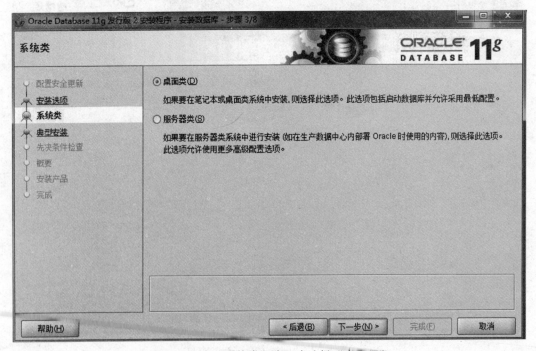

图 1-5 在"系统类"窗口中选择"桌面类"

6）在"典型安装"窗口中，选择"Oracle 基目录"，选择"企业版"和"默认值"，并输入统一的密码，比如密码为 orcl76ORCL，或者满足密码要求的其他密码，单击"下一步"按钮，如图 1-6 所示。

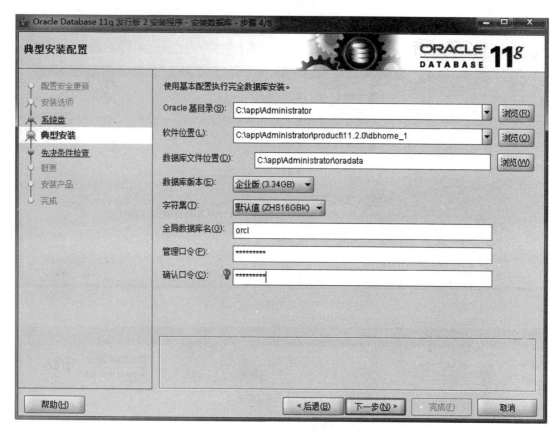

图 1-6　典型安装窗口

注意：输入管理口令时，一定要遵循口令规则，Oracle 建议指定的口令：

①至少包含一个小写字母。

②至少包含一个大写字母。

③至少包含一个数字。

④长度至少为 8 个字符。

⑤使用可包括下划线（_）、美元符号（＄）和井号（#）字符的数据库字符集。

⑥如果包含特殊字符（包括以数字或符号作为口令的开头），将口令加双引号。

⑦不应为实际单词。

7）在"先决条件检查"页面中，单击"下一步"按钮，如图 1-7 所示。

8）在"概要"页面中，单击"完成"按钮即可进行安装，如图 1-8 所示，请耐心等待。

9）出现的安装过程如图 1-9 和图 1-10 所示。

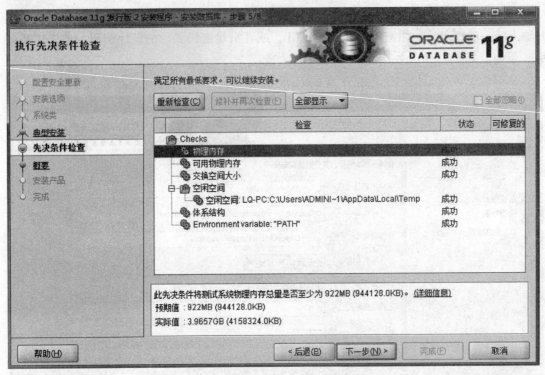

图 1-7 "先决条件检查"页面

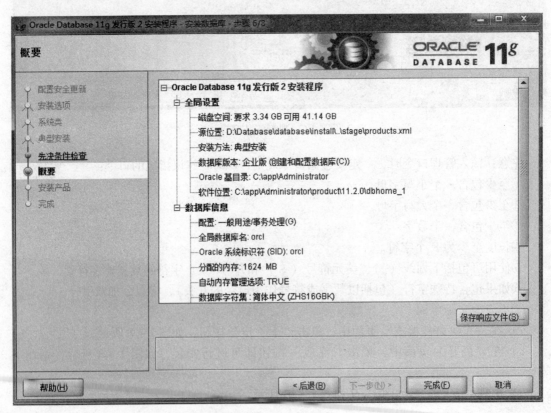

图 1-8 "概要"页面

图 1-9　"安装产品"窗口显示进度

图 1-10　创建克隆数据库

10）数据库创建完成后，会出现"Database Configuration Assistant"界面，如图 1－11 所示。

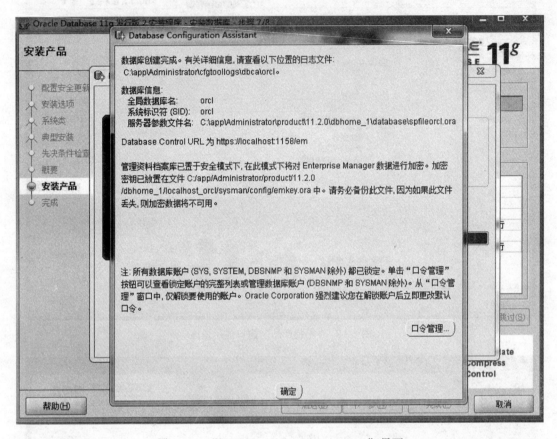

图 1－11 "Database Configuration Assistant"界面

11）在图 1－11 所示界面中选择"口令管理"，查看并修改用户，修改完成后，单击"确定"按钮。也可以选择不修改，这里选择不修改。如果进行修改，以下用户的密码一般设置为：

①普通用户：SCOTT，密码：tiger。

②普通管理员：SYSTEM，密码：manager。

③超级管理员：SYS，密码：change_on_install。

12）在"完成"窗口中，单击"关闭"按钮即可。安装完成后，同时安装完成界面中的内容：Enterprise Manager Database Control URL－（orcl）：https://localhost:1158/em。数据库配置文件和其他选定的安装组件会安装到某个硬盘。比如，这个安装中数据库配置文件已经安装到 C:\app\Administrator，同时，其他选定的安装组件也已经安装到 C:\app\Administrator\product\11.2.0\dbhome_1。

Oracle 安装完成后，会在系统中进行服务的注册。在注册的服务中，以下两个服务必须启动，否则 Oracle 将无法正常使用，如图 1－12 所示。

图 1 - 12　必须启动的两个服务

①OracleOraDb11g_home1TNSListener：表示监听服务。如果客户端想要连接到数据库，此服务必须打开。在程序开发中，该服务也会起作用。

②OracleServiceORCL：表示数据库的主服务。命名规则：OracleService 数据库名称。此服务必须打开，否则 Oracle 根本无法使用。

任务 2　Oracle 11g 的卸载

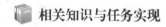 **任务描述**

因某种原因要卸载 Oracle 11g 时，对 Oracle 11g 进行卸载。

相关知识与任务实现

Oracle 11g 的卸载

卸载 Oracle 11g 的步骤为：

1）如果数据库配置了自动存储管理（ASM），应该先删除聚集同步服务（Cluster Synchronization Services，CSS）。删除 CSS 的方法是在 DOS 命令行中执行如下命令：localconfig delete。

2）在"服务"窗口中停止 Oracle 的所有服务。

3）在"开始"菜单中依次选择"程序"→"Oracle - OraDb11g_home1"→"Oracle Installation Products"→"Universal Installer"，打开"Oracle Universal Installer"窗口。

4）单击"卸载产品"按钮，打开"产品清单"窗口，选中要删除的 Oracle 产品，单击"删除"按钮，打开"确认删除"对话框。

5）在"确认删除"对话框中单击"是"按钮，删除选择的 Oracle 产品。

6）删除自动存储管理（ASM），在 DOS 命令行中执行如下命令：Oracle - delete - asmsid + asm。

7）在"开始"→"运行"中输入"regedit"命令，打开注册表窗口，删除注册表中与 Oracle 相关的内容，具体如下：

①找到 HKEY_LOCAL_MACHINE，删除 HKEY_LOCAL_MACHINE/SOFTWARE/ORACLE 目录，如图 1 - 13 和图 1 - 14 所示。

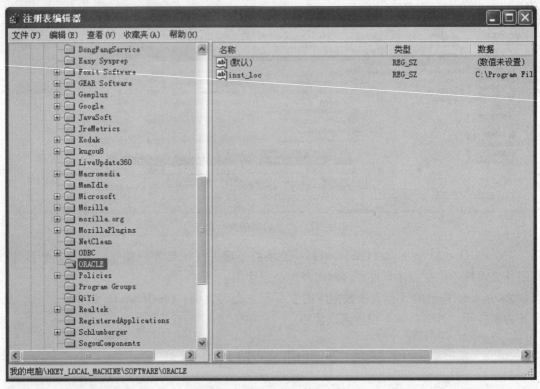

图 1－13　找到 ORACLE 文件夹

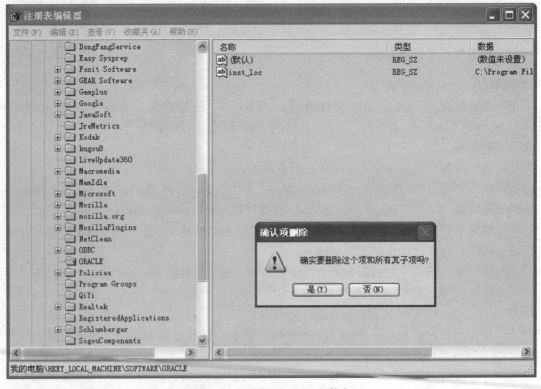

图 1－14　删除 ORACLE 文件夹

②删除 HKEY_LOCAL_MACHINE/SYSTEM/CurrentControlSet/Services 中所有以 oracle 或 OraWeb 为开头的键。

③删除 HKEY_LOCAL_MACHINE/SYSETM/CurrentControlSet/Services/Eventlog/Application 中所有以 oracle 开头的键，如图 1 – 15 所示。

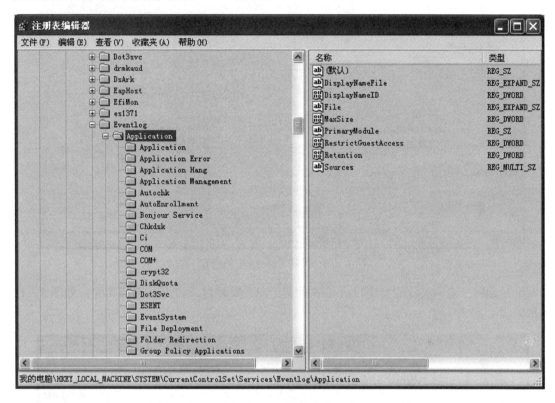

图 1 – 15　删除 Application 中所有以 oracle 开头的键

④删除 HKEY_CLASSES_ROOT 目录下所有以 Ora、Oracle、Orcl 或 EnumOra 为前缀的键。

⑤删除 HKEY_CURRENT_USER/SOFTWARE/Microsoft/windows/CurrentVersion/Explorer/MenuOrder/Start Menu/Programs 中所有以 oracle 开头的键。

⑥删除 HKDY_LOCAL_MACHINE/SOFTWARE/ODBC/ODBCINST. INI 中除 Microsoft ODBC for Oracle 注册表键以外的所有含有 oracle 的键。

⑦找到 HKEY_LOCAL_MACHINE/SYSTEM/CurrentControlSet/Services，如图 1 – 16 所示，进行删除。

8）删除环境变量中的 PATHT CLASSPATH 中包含 oracle 的值。

9）删除"开始"→"程序"中所有 oracle 的组和图标。

10）删除所有与 oracle 相关的目录，包括：

①C：\Program file\oracle 目录。

②ORACLE_BASE 目录。

③C：\Documents and Settings\系统用户名、LocalSettings\Temp 目录下的临时文件。

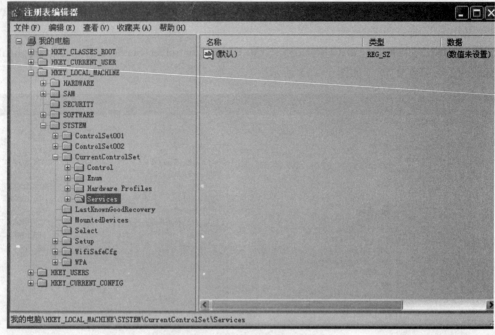

图 1 – 16　删除 services 中的内容

11）删除所有 oracle 的安装目录和图标等。查看安装目录，然后进行删除，如图 1 – 17 所示。

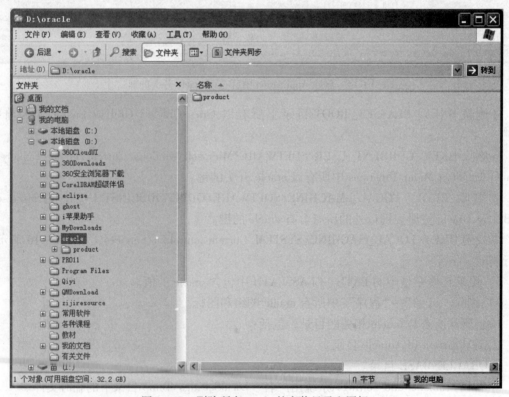

图 1 – 17　删除所有 oracle 的安装目录和图标

任务 3 认识 Oracle 基本工具

任务描述

认识 Oracle 的基本管理工具。

相关知识与任务实现

为了方便读者能够更好地了解和使用 Oracle 数据库，将介绍 Oracle 11g 的常用数据库管理工具。

一、SQL * Plus

SQL * Plus 是 Oracle 公司提供的一个工具程序，它是用户和服务器之间的一种接口，是操作 Oracle 数据库的工具。该工具不仅可以运行、调试 SQL 语句和 PL/SQL 块，还可以管理 Oracle 数据库。该工具可以在命令行执行，也可以在 Windows 窗口环境中运行。用户可以通过它使用 SQL 语句交互式地访问数据库。

SQL * Plus 是与 Oracle 数据库一起安装的，用户可以直接使用 SQL * Plus 来管理数据库。使用 SQL * Plus 工具可以实现如下功能：

①对数据库的数据进行增加、删除、修改、查询等操作；

②将查询结果输出到报表表格中，设置表格格式和计算公式，不可以把表格存储起来；

③启动、连接和关闭数据库；

④管理数据库对象，如用户、表空间、角色等。

只有在确保 Oracle 数据库安装成功的前提下，才可以使用 SQL * Plus。连接 SQL * Plus 时，需要用户名和密码。启动 SQL * Plus 可以采取多种方式，最常用的是单击"开始"→"程序"→"Oracle – OraDb11g_home1"→"应用程序开发"→"SQL * Plus1"命令，打开"登录"对话框。输入相应的用户名和口令，这是由用户在创建数据库时指定的。输入正确的用户名和口令后，按 Enter 键，SQL * Plus 将连接到数据库。连接成功后，在"SQL >"提示符后面可以输入 SQL 语句。

在命令窗口中输入 quit 或 exit 命令，即可退出 SQL * Plus。

Oracle 11g 中没有提供类似于 Oracle 10g 中的 iSQL * Plus 的方式。

二、Oracle Enterprise Manager（简称 OEM）

Oracle 企业管理器 OEM 是以图形化界面的方式来对数据库进行管理的，采用基于 Web 的应用，它为数据库的使用提供了方便。

启动 OEM 之前要确保相应的服务已开启，启动 OEM 的步骤如下：

①在浏览器中输入 OEM 的 URL 地址（如 https://localhost:1158/em），或者选择"开始"→"程序"→"Oracle – OraDb11g_home1"→"Database Control – orcl"命令，即可启动 OEM，出现 OEM 的登录界面，用户需要在此输入系统管理员的用户名和口令。

②输入用户名（system）和口令，并选择连接身份（Normal）即可登录 OEM。连接身份 SYSDBA 代表的是系统管理员身份，Normal 代表普通用户身份，登录的身份不同，能够

使用的功能也不同。如果是第一次使用 OEM，会出现许可证确认页面，单击"同意"按钮，会出现"数据库"主页的"主目录"属性页。

OEM 可以对 Oracle 系统进行一系列的管理操作，从 OEM 的主页面中就可以看到 OEM 提供的功能，每一个菜单项都是一个操作数据库的内容。具体菜单如下：

①主目录：主要用于显示当前数据库中的状态，提供数据库中的容量、活动会话数、SQL 响应时间等性能的显示功能。

②性能：主要是以图表的形式显示数据库的运行状态，有主机的 CPU 占用率、平均活动会话数等图表显示。

③可用性：主要提供数据库的备份和恢复工作。

④服务器：主要是对控制文件、表空间、数据库配置等信息的管理。

⑤方案：主要是对数据库对象、程序、用户定义类型等信息的管理。

⑥数据移动：主要是对数据库中导入和导出数据等操作的管理。

⑦软件和支持：主要是对数据库的配置和测试等信息的管理。

OEM 是初学者和最终用户管理数据库最方便的管理工具。使用 OEM 可以很容易地对 Oracle 系统进行管理，免除了记忆大量的管理命令和数据字典的烦恼。

三、Oracle SQL Developer（以下简称 SQL Developer）

SQL Developer 是一个 Oracle RDBMS SQL 和 PL/SQL 开发环境。这款由 Oracle 公司开发并提供技术支持的工具可以帮助我们进行基于 Oracle 的应用程序及数据库对象的开发和维护。SQL Developer 这款强大的 RDBMS 管理工具提供了适用于 Oracle、Access、MySQL、SQL Server 等多种不同 RDBMS 的集成开发环境。使用 SQL Developer，既可以同时管理各种 RDBMS 的数据库对象，也可以在该环境中进行 SQL 开发。

SQL Developer 允许用户创建并维护数据库对象，查看和维护数据，编写、维护并调试 PUSQL 代码。这款工具以其简洁整齐的图形用户界面大大简化了开发工作。

Oracle 11g 集成了 SQL Developer 1.1.3，要求拥有至少 JDK 1.5 以上版本的 Java 运行环境。在 Oracle 11g 的安装过程中，已经集成安装了 JDK 1.5.0，本例的安装目录为 C:\appAdminis tratorproduct\11.1.0\db_2\jdk。

下面简单介绍 SQL Developer 的使用方法。

①选择"开始"→"Oracle – OraDb11g_home1"→"应用程序开发"→"SQL Developer"命令，启动 Oracle SQL Developer。在第一次启动 SQL Developer 的过程中，用户需要选择合适的 Java 平台的 java.exe 命令以运行 SQL Developer 环境，此时选择 G:appAdministratorproductl1.1.0 db_2jdk\bin 目录下的 java.exe 即可（本例的安装目录）。用户也可以选择自己安装的最新版本的 JDK 环境。

②程序启动后，进入 Oracle SQL Developer 的主界面，如图 1-18 所示。

③使用 SQL Developer 进行数据库管理和开发时，首先需要通过双击左边栏的"Connections"图标，打开对话框，以新建一个数据库连接。

④根据安装过程，可以指定任意符合标识符定义的连接名称，如 orcl；指定用户名 sys 和口令。选择数据库类型为 Oracle，并指定系统标识符 SID 为已经存在的 orcl。此时，SYS 用户将以数据库管理员的身份登录服务器。默认情况下，用户的 Role 为 default，此时可以

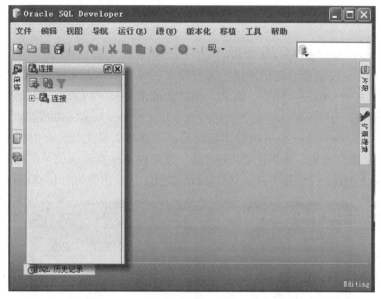

图 1-18 Oracle SQL Developer 的主界面

更改 Role 为 SYSDBA。设置完成后，单击"Test"按钮，可以测试和 Oracle 数据库服务器的连接，如果连接成功，将在对话框左下角处显示"status：Success"。

⑤最后单击"Connect"按钮，建立 SQL Developer 和 Oracle 11g 系统中 SID 为 orcl 的数据库的连接。建立连接后的 SQL Developer 运行界面图 1-19 所示。

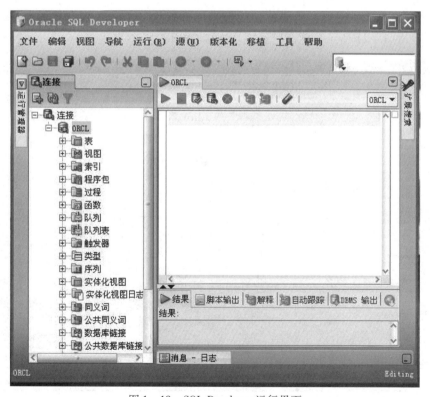

图 1-19 SQL Developer 运行界面

四、PL/SQL Developer

Oracle SQL Developer 是 Oracle 提供的免费图形化开发工具，TOAD 和 PL/SQL Developer 是商业性的工具，需要付费，但是使用的人也较多。对于初学者来说，PL/SQL Developer 工具更容易上手，它是专门用于开发、测试、调试和优化 Oracle PL/SQL 存储程序单元的。

安装并使用 PL/SQL Developer 的先决条件是本机上有 Oracle 客户端或相当于客户端的其他软件。安装 PL/SQL Developer 软件的操作较为简单，双击安装文件，会出现协议界面，单击 "I Agree" 按钮，继续安装。选择自定义路径后，按照提示一直默认就可以安装成功。安装成功后，会在桌面上创建一个快捷方式。双击运行该快捷方式，出现如图 1-20 所示的登录界面。

图 1-20 PL/SQL Developer 登录界面

通过输入用户名、密码、所要连接的数据库和连接的方式，确定后即可进入 PL/SQL Developer，如图 1-21 所示。此时已经成功连接 Oracle。

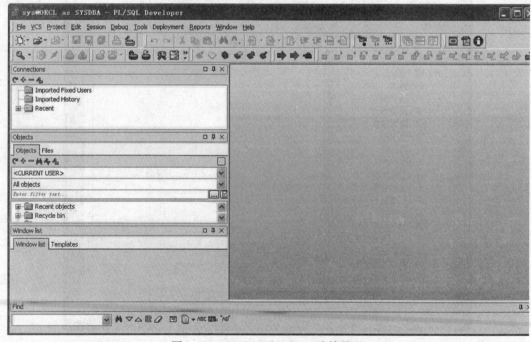

图 1-21 PL/SQL Developer 连接界面

对 PL/SQL Developer 的页面布局简单介绍如下：

①工具栏：所有的操作都可以从这里找到。

②对象列表：以图形的方式列出了指定范围的表、视图、函数、存储过程、触发器等。

③模板列表：包含很多函数的语法、语法结构的语法等。

④窗口列表：打开的编辑页面都列在这个地方。

为了方便大家进一步学习和使用上述工具，下面的项目和任务主要使用 SQL * Plus、OEM 和 SQL Developer 三种工具。

项 目 小 结

本项目主要介绍了 Oracle 数据库管理系统的应用、发展，Oracle 11g 数据库服务器的安装，Oracle 11g 数据库的卸载，以及安装、卸载的注意事项。此外，还介绍了 Oracle 11g 的常用工具 SQL * Plus、Oracle Enterprise Manager（OEM）、SQL Developer 和 PL/SQL Developer，以及每种工具提供的应用。

项 目 作 业

一、选择题

1. （   ）数据库服务是 Oracle 的核心服务，该服务是数据库启动的基础，只有该服务启动，Oracle 数据库才能正常启动。如果只用 Oracle 自带的 SQL * Plus，只要启动该服务即可。

    A. OracleServiceORCL   B. OracleOraDb11g_home1TNSListener

    C. OracleDBConsoleorcl   D. OracleJobSchedulerORCL

2. Oracle Database（简称 Oracle）是美国 Oracle 公司（中文名为甲骨文公司）开发的一款（   ）数据库管理系统，也是目前世界上使用最为广泛的数据库管理系统。

    A. 关系   B. 网状   C. 演绎   D. 模糊

3. Win7 下 Oracle 完成安装后，假设全局数据库名为 orcl，那么（   ）服务是默认自动启动的。

    A. OracleServiceORCL、OracleOraDb11g_home1TNSListener、OracleDBConsoleorcl、OracleM-TSRecoveryService

    B. OracleServiceORCL、Oracle ORCL VSS Writer Service、OracleDBConsoleorcl、OracleMTS-RecoveryService

    C. OracleServiceORCL、OracleOraDb11g_home1TNSListener、OracleJobSchedulerORCL、OracleMTSRecoveryService

    D. OracleServiceORCL、OracleOraDb11g_home1TNSListener、OracleDBConsoleorcl、OracleOra-Db11g_home1ClrAgent

4. 在运行 Enterprise Manager（企业管理器 OEM）时，需要启动（   ）服务。

    A. OracleDBConsoleorcl

B. OracleServiceORCL

    C. OracleOraDb11g_home1TNSListener

    D. OracleJobSchedulerORCL

  5. 如果只使用 Oracle 自带的 SQL＊Plus，只要启动 OracleServiceORCL 即可，如果使用 PL/SQL Developer 等第三方工具，（　　）服务也要开启。

    A. OracleOraDb11g_home1TNSListener

    B. OracleServiceORCL

    C. OracleDBConsoleorcl

    D. OracleJobSchedulerORCL

  6. 安装 Oracle 数据库过程中，SID 指的是（　　）。

    A. 系统标识号   B. 数据库名

    C. 用户名   D. 用户口令

二、简答题

  1. 简要介绍 Oracle 11g 的常用数据库管理工具。

  2. 简述安装创建 Oracle 11g 数据库输入管理口令时要遵循的规则。

  3. 安装 Oracle 11g 时，对于普通用户 SCOTT、普通管理员 SYSTEM、超级管理员 SYS，一般设置的口令是什么？

项目二

认识与使用 SQL * Plus 工具

任务 1   启动与退出 SQL * Plus

✎ 任务描述

1. 启动与退出 SQL * Plus。
2. 连接命令的使用。

📖 相关知识与任务实现

启动与退出 SQLPlus

Oracle 的 SQL * Plus 是与 Oracle 数据库进行交互的客户端工具，借助 SQL * Plus 可以查看、修改数据库记录。在 SQL * Plus 中，可以执行任意一条 SQL 语句，也可以执行一个 PL/SQL 块，还可以执行 SQL * Plus 本身的命令。SQL * Plus 默认是和数据库一起安装的。

SQL * Plus 可以输入 SQL 语句，该语句被放入 SQL 缓冲区。这个缓冲区很小，只能存放一条 SQL 语句，当下一条 SQL 语句输入时，原来的就被覆盖掉。尽管 SQL * Plus 可以输入 SQL 语句，但是它并不执行 SQL 语句，而是将 SQL 语句发送给 Oracle 服务器，由服务器执行并将结果返回 SQL * Plus。因此，首先在控制面板的服务中启动 OracleServiceSID（SID 为数据库名字）服务，否则无法登录 SQL * Plus。

除了 SQL 语句，在 SQL * Plus 中执行的其他语句称为 SQL * Plus 命令。它们执行完后，不保存在 SQL buffer 的内存区域中，一般用来对输出的结果进行格式化显示，以便于制作报表。

下面介绍 Oracle 11g 中 SQL * Plus 的几种常见的启动和退出方法。

一、启动与退出 SQL * Plus

方法一：在程序中启动和退出 SQL * Plus

1）依次选择"开始"→"所有程序"→"Oracle – OraDb11g_home1"→"应用程序开发"→"SQL * Plus"命令，如图 2 – 1 所示。在打开的窗口中输入用户名和口令，即可进行登录，如图 2 – 2 所示。

图 2 – 1   在程序中启动 SQL * Plus

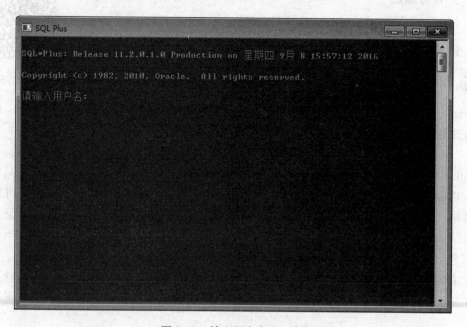

图 2 – 2   输入用户名和口令

2）输入用户名，比如 system，按 Enter 键，之后键入密码。密码的输入不显示，输入的密码是安装 Oracle 时设置的 system 的口令。或者输入用户名/密码［@ 数据库连接标识符］，直接连接到数据库。也可以输入用户名，按 Enter 键确认后再输入密码［@ 数据库连接标识符］。［@ 数据库连接标识符］是可选项。

成功连接后，出现"SQL ＞"命令提示符，就可以输入 SQL ∗ Plus 命令和 SQL 语句了，如图 2 – 3 所示。命令和语句不区分大小写，SQL 语句必须输入分号结束，而 SQL ∗ Plus 命令可以不输入。

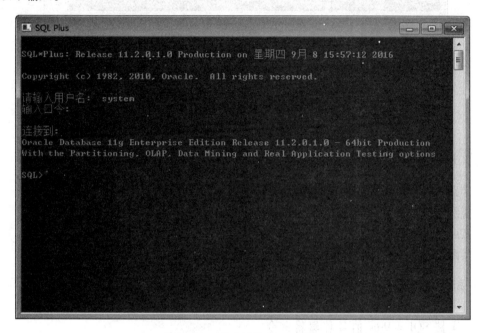

图 2 – 3　成功连接 SQL ∗ Plus

3）在"SQL ＞"命令提示符后输入"exit"或者"quit"，按 Enter 键就可以退出 SQL ∗ Plus。如果不退出 SQL ∗ Plus，但要断开与服务器的连接，则需要输入 disconnect 命令。如果想重新连接，或者在已经连接的情况下以另一身份连接，使用 connect 命令：connect 用户名/密码。

方法二：在运行中启动和退出

依次选择"开始"→"运行…"命令，在文本框中输入"sqlplus"，按 Enter 键，也可以启动 SQL ∗ Plus。退出方法同方法一。

方法三：在命令行中启动和退出

依次选择"开始"→"所有程序"→"附件"→"命令提示符"，打开命令提示符窗口，输入"sqlplus"，按 Enter 键，会出现"请输入用户名"字样。操作方法同方法一。

二、连接命令的使用

启动 SQL ∗ Plus 后，可以使用 connect（conn）命令连接或者切换到指定的数据库，或者断开当前连接，然后建立新的连接，如图 2 – 4 所示。使用 disconnect（disc）命令断开与数据库的连接，但不退出 SQL ∗ Plus 环境。

connect（conn）命令格式：

connect[用户名]/[用户口令][@ SID][as sysdba][as sysoper]
disconnect(disc)命令

图 2-4 使用 connect（conn）命令

任务 2 使用 SQL * Plus 的常用命令

任务描述

1. 实践 SQL * Plus 的各种编辑命令。
2. 实践 SQL * Plus 中编辑脚本文件的命令。
3. 实践 SQL * Plus 中环境变量的设置。
4. 实践 SQL * Plus 的格式化命令。

实践 SQLPlus 的各种编辑命令

相关知识与任务实现

一、实践 SQL * Plus 的各种编辑命令

在 SQL * Plus 中输入语句时，会用到 SQL * Plus 的编辑功能。首先说明，如果要执行上一次输入的语句，也就是执行缓冲区的内容，可以使用"/"和 run 命令。run 命令在执行之前先显示缓冲区的内容再执行；"/"命令直接执行，不显示缓冲区的内容。

编辑命令主要包括：追加文本、替换文本、删除命令、增加行和显示缓冲区内容，见表 2-1，除此之外，还有保存和运行命令。

表 2-1　SQL * Plus 常用的编辑命令

命令	缩写	含义
Append text	A text	追加文本：在当前行语句增加 text 内容
Change/old text/new text	C/old text/new text	替换文本：对于当前行，用 new 内容替换掉 old 内容。如果 new 这一部分无内容，则代表将 old 内容删掉
n text		修改：n 为缓冲区语句行号，text 是修改后的内容
DEL n		删除行：删除第 n 行，删除的是缓冲中的语句
CLEAR BUFFER	CL BUFF	删除缓存：删除缓冲区中的所有内容

命令	缩写	含义
Input text	I text	增加行：增加一行或多行
LIST	L	显示缓冲区内容：显示所有行
LIST n	L n 或 n	显示缓冲区内容：显示第 n 行
LIST ＊	L ＊	显示缓冲区内容：显示当前行
LIST LAST	LAST	显示缓冲区内容：显示最后 1 行
LIST m n	L m n	显示缓冲区内容：从 m 行到 n 行
n		把第 n 行设置为当前行

在 SQL＊Plus 中输入以下语句：

```
select ename,job,sal
from dept;
```

运行结果表明语句有错误，显然这些字段都在 emp 表，不在 dept 表，因此，可以利用 list 先显示缓冲区的内容，然后使用 n text 修改出错部分 2 from emp。修改之后再使用 list 显示，看是否修改正确。修改正确之后，使用"/"或者"run"执行，如图 2-5 所示。

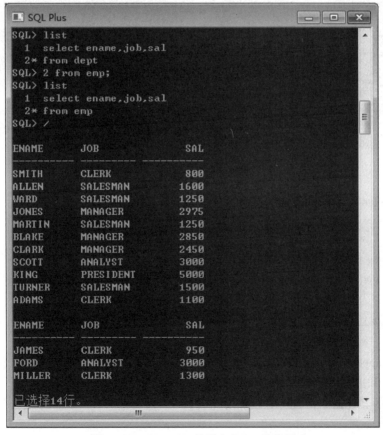

图 2-5 SQL＊Plus 编辑命令 list 的使用

注意：scott 用户需要特权用户进行解锁和重置口令，然后登录。

在 SQL * Plus 中输入以下语句：

```
select dname,job,sal
   from emp;
```

运行结果表明语句有错误，因为 dname 字段不在 emp 表中，可以使用上述方法进行修改，还可以使用 change 进行替换。用 list 先显示缓冲区的内容，发现当前行是 2（2 后面的"*"代表第 2 行为当前行），在"SQL >"后键入"1"，使第 1 行成为当前行，然后使用 change/dname/ename，具体操作如图 2 – 6 所示。

图 2 – 6   SQL * Plus 编辑命令 change 的使用

在 SQL * Plus 中输入以下语句：

```
select empno
   from emp;
```

如果在 empno 后忘了写 ename,job,sal，可以使用追加 append 来补写。现将第 1 行设置为当前行，命令为 append,ename,job,sal，如图 2 – 7 所示。

在上述基础上增加第 3 行 order by ename，在 SQL * Plus 中输入以下语句：input order by ename，如图 2 – 8 所示。

如果使用 append，是追加到第 2 行，并且在 append 的后面要输入 2 个空格，前面一个是间隔 append 和追加内容的，第 2 个是间隔 emp 和 order 的，如图 2 – 9 所示。

对于表中的其他命令，自己可以练习完成。

```
SQL Plus                                                            _  □  ✕
SQL> list
  1    select empno
  2* from emp
SQL> 1
  1* select empno
SQL> append ,ename,job,sal
  1* select empno,ename,job,sal
SQL> list
  1    select empno,ename,job,sal
  2* from emp
SQL> /

     EMPNO ENAME       JOB              SAL
     ----- -----       ---              ---
      7369 SMITH       CLERK            800
      7499 ALLEN       SALESMAN        1600
      7521 WARD        SALESMAN        1250
      7566 JONES       MANAGER         2975
      7654 MARTIN      SALESMAN        1250
      7698 BLAKE       MANAGER         2850
      7782 CLARK       MANAGER         2450
      7788 SCOTT       ANALYST         3000
      7839 KING        PRESIDENT       5000
      7844 TURNER      SALESMAN        1500
```

图 2 - 7　SQL * Plus 编辑命令 append 的使用（1）

```
SQL Plus                                                            _  □  ✕
SQL> input order by ename;
SQL> list
  1    select empno,ename,job,sal
  2    from emp
  3* order by ename
SQL> /

     EMPNO ENAME       JOB              SAL
     ----- -----       ---              ---
      7876 ADAMS       CLERK           1100
      7499 ALLEN       SALESMAN        1600
      7698 BLAKE       MANAGER         2850
      7782 CLARK       MANAGER         2450
      7902 FORD        ANALYST         3000
      7900 JAMES       CLERK            950
      7566 JONES       MANAGER         2975
      7839 KING        PRESIDENT       5000
      7654 MARTIN      SALESMAN        1250
      7934 MILLER      CLERK           1300
      7788 SCOTT       ANALYST         3000
```

图 2 - 8　SQL * Plus 编辑命令 input 的使用

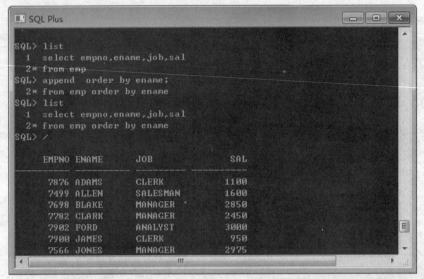

图 2 - 9　SQL * Plus 编辑命令 append 的使用（2）

二、实践 SQL * Plus 中编辑脚本文件的命令

在 SQL * Plus 中执行过的语句如何保存？可以在缓冲区调出记事本保存，还可以通过 save 命令保存。

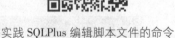

实践 SQLPlus 编辑脚本文件的命令

如果执行过一条 SQL 语句，比如在 SQL * Plus 中输入 select * from dept，那么在"SQL >"后输入 edit 或者 ed，就会打开一个含有缓冲区内容的记事本文件，如图 2 - 10 所示。打开"文件"菜单，单击"另存为"命令即可保存。

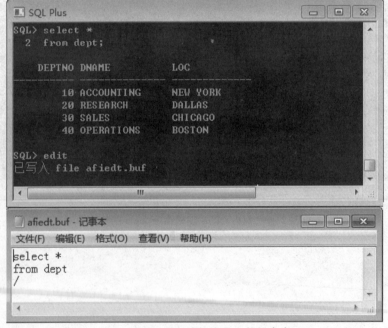

图 2 - 10　SQL * Plus 编辑脚本文件的命令 edit

save 命令的语法是"save 文件名选项"，如果只写一个文件名，就表示将缓冲区内容存到默认文件夹，也可以指定路径，默认的扩展名是 . sql。选项可以是 create，表示若文件不存在，就创建文件；否则，命令失败，该选项为默认选项。可以是 append，表示若文件不存在，就创建文件；否则，在文件末尾追加。选项 replace 表示若文件不存在，就创建文件；否则，删除原文件，重新创建新文件。

　　对查询命令进行保存，可以用 save a. sql 命令。a 文件默认保存在 Oracle 的安装路径 C：\app\admin\product\11. 2. 0\dbhome_1\BIN 下，打开查看，如图 2 – 11 所示。

图 2 – 11　查看 a. sql 文件

　　如果在 SQL > select ＊ from emp 之后也要把代码保存到 a. sql 文件，就需要利用追加的方式进行，图 2 – 12 所示。

图 2 – 12　SQL＊Plus 编辑脚本文件的命令 save append

　　可以使用"get 文件名"命令将保存的脚本文件装入缓冲区，如图 2 – 13 所示。利用 SQL > get a. sql 将语句调入缓冲区，可以像前面一样对缓冲区的内容进行编辑和执行。

　　还可以使用 SQL > @ filename 或者 START fiel_name 将脚本文件装入缓冲区并执行，如图 2 – 14 所示。

　　注意："/"和 run 是运行缓冲区的命令。

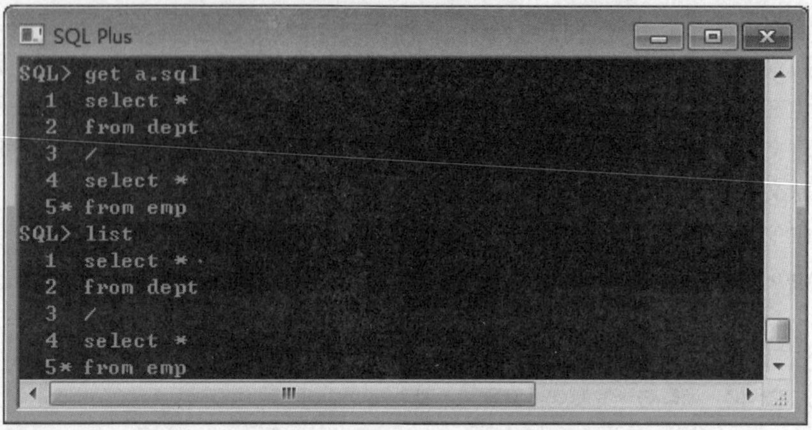

图 2 - 13   SQL * Plus 编辑脚本文件的命令 get

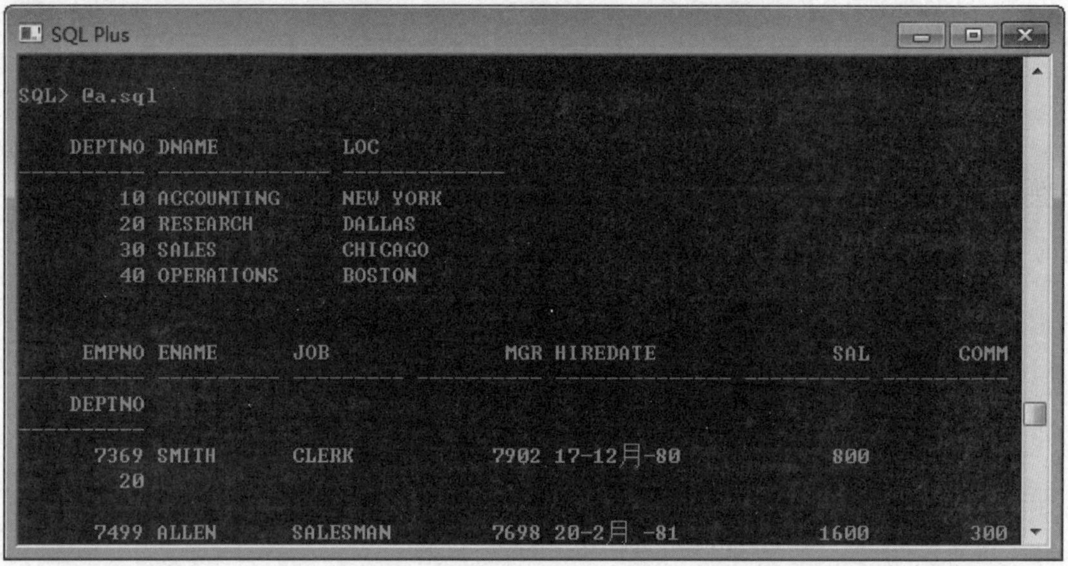

图 2 - 14   @ filename 将脚本文件装入缓冲区并执行

spool 命令的格式：spool 文件路径和文件名。它的作用是指明在该命令之后的屏幕上所显示的一切都要存到指定的文件中，只有当输入 spool off 之后，才可以看到文件中的内容，如果输入 spool out，则表示将其内容送到打印机。

三、实践 SQL * Plus 中环境变量的设置   实践 SQLPlus 中环境变量的设置

可以通过 SQL * Plus 中环境变量的设置（见表 2 - 2）来控制 SQL * Plus 的环境，命令格式为：

    set 环境变量 变量的值

也可以通过 show 命令显示环境变量的值，命令格式为：

    Show 环境变量 |all

表 2－2　SQL＊Plus 中环境变量的设置

命令	含义
set serveroutput on|off	设置是否显示输出
set echo on|off	运行脚本时，是否显示脚本内容
set pagesize n	设置每页行数，缺省为 14，为了避免分页，可设定为 0
set linesize n	设置每行字符数，缺省为 80
set feedback on|off|n	设置脚注，查询时返回多少行会有提示，feedback 控制提示显示：ON，设置显示"已选择××行"；OFF，不显示"已选择××行"；n，返回的记录数大于等于 n 时，显示"已选择××行"

在 SQL＊Plus 中输入 select ＊ from emp 之后，其显示如图 2－15 所示。如果将结果显示在一页中，使用 set pagesize 60 设置，如图 2－16 所示（图片截取了部分），也可以设置为 0。

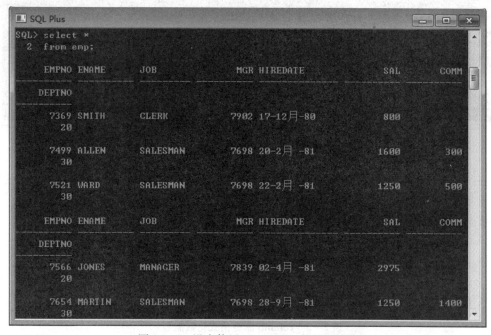

图 2－15　没有使用 set pagesize 的显示情况

图 2－16　设置 pagesize 之后的显示情况

上面的字段显示中有换行情况，可以设置 linesize 来改善这种情况。

实践 SQLPlus 格式化命令

四、实践 SQL * Plus 的格式化命令

首先介绍 describe 命令。describe 是显示表结构的命令，显示表有多少列、每列的数据类型和长度、是否为空。可以缩写为 desc。如图 2 – 17 所示。

图 2 – 17 describe 命令显示表结构

在 SQL * Plus 执行 sql 时，经常碰到显示结果输出的列较多，跨行输出，致使可读性很差，看起来特别乱。经常使用 column 命令进行格式设置，常用的格式化见表 2 – 3。使用 column 命令既可以设置显示列的别名，也可以设置显示列的格式。

（1）使用 column 命令设置别名

使用 column 命令设置别名的语法：column 原列名 heading 显示的新列名。

（2）使用 column 命令格式化数据显示

语法：column 列名 format 格式。

表 2 – 3 column 命令格式化数据显示

格式元素	说明	举例
9	设置 NUMBER 列的格式，代表一个数字字符	999 999
$	浮动的货币符号	$99
L	本地货币符号	L99
.	小数点位置	9999.9
,	千分位分隔符	9，999
An	设置［VAR］CHAR 类型的列宽度。如内容超过指定宽度，内容自动换行	A5

```
column c1 format a20   ——将列 c1（字符型）显示的最大宽度调整为 20 个字符
column c1 format 9999   ——将列 c1（num 型）显示的最大宽度调整为 4 个字符
column c1 heading c2   ——将 c1 的列名输出为 c2
```

将 select ＊from emp 的显示结果格式化，设置 empno 列显示为 4 位数字，mgr 为 99999 格式，job 格式为 A8，显示结果（部分截图）如图 2－18 所示。

图 2－18　column 命令格式化数据

使用 column 命令格式化数据后，格式会一直保持，除非重新设置显示格式或者取消该列的格式。取消该列的格式可以用 column column_name clear 命令完成。

在这里讲下 SQL＊Plus 的注释：一种是使用/＊……＊/，将注释的语句放在/＊和＊/之间；另一种利用 remark 命令，比如，remark '查询用户信息'，如图 2－19 所示。

图 2－19　使用 remark 命令增加 SQL＊Plus 的注释

在这里顺便介绍另一个能获取帮助的命令 help。使用 help 命令可以得到联机的命令帮助信息，如图 2－20 所示。

图 2－20　help 命令

任务 3　在 SQL * Plus 中使用变量

任务描述

在 SQL * Plus 中灵活使用变量，解决实际问题。

相关知识与任务实现

为了使数据处理更加灵活，在 SQL * Plus 中可以使用变量。SQL * Plus 中的变量在 SQL * Plus 中的整个启动期间一直有效，这些变量可以用于 SQL 语句、PL/SQL 块及文本文件。在执行这些代码时，先将变量替换为变量的值，然后再执行。

1. 用户自定义的变量

用户可以根据需要，自己定义变量。有两种类型的自定义变量：第一类变量不需要定义，可以直接使用，在执行代码时，SQL * Plus 将提示用户输入变量的值；第二类变量需要事先定义，并且需要赋初值。

第一类变量不需要事先定义，在 SQL 语句、PL/SQL 块及脚本文件中可以直接使用。这类变量的特点是在变量名前面有一个"&"符号，如图 2－21 所示。当执行代码时，如果发现有这样的变量，SQL * Plus 将提示用户逐个输入变量的值，当用变量值代替变量后，才执行代码。使用变量和不使用变量的语句的写法在形式上是一致的，比如字符型要加单引号。

图 2－21　变量名前加一个"&"符号

为了使用户在每次执行代码时不用多次输入变量的值，可以在变量名前加上“&&”符号。使用这种形式的变量，只需要在第一次遇到这个变量时输入变量的值，变量值将保存下来，以后就不需要不断输入了，如图 2 - 22 所示。

```
SQL> select *
  2  from emp
  3  where ename='&&name';
输入 name 的值:  SMITH
原值    3: where ename='&&name'
新值    3: where ename='SMITH'

     EMPNO ENAME      JOB              MGR HIREDATE              SAL       COMM DEPTNO
---------- ---------- --------- ---------- -------------- ---------- ---------- ------
      7369 SMITH      CLERK           7902 17-12月-80            800                20

SQL> /
原值    3: where ename='&&name'
新值    3: where ename='SMITH'

     EMPNO ENAME      JOB              MGR HIREDATE              SAL       COMM DEPTNO
---------- ---------- --------- ---------- -------------- ---------- ---------- ------
      7369 SMITH      CLERK           7902 17-12月-80            800                20
```

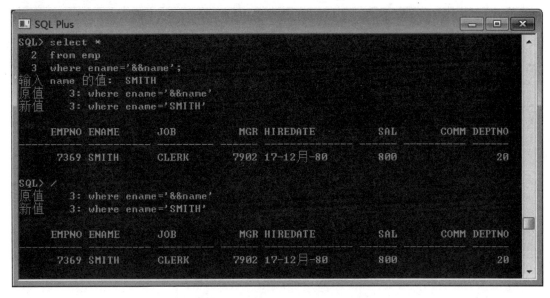

图 2 - 22　变量名前加“&&”符号

在 SQL * Plus 中可以使用的第二类自定义变量需要事先定义，而且需要提供初值。定义变量的命令是 DEFINE。定义变量的格式是：

```
DEFINE 变量名 = 变量值
```

变量经定义后，就可以直接使用了。实际上，用 DEFINE 命令定义的变量和使用“&”的变量在本质上是一样的。用 DEFINE 命令定义变量以后，由于变量已经有值，在使用变量时不再提示用户输入变量的值。

如果执行不带参数的 DEFINE 命令，系统将列出所有已经定义的变量，包括系统定义的变量和用“&”定义的变量，以及即将提到的参数变量，如图 2 - 23 所示。

```
SQL> DEFINE
DEFINE _DATE           = "15-9月 -16" (CHAR)
DEFINE _CONNECT_IDENTIFIER = "orcl" (CHAR)
DEFINE _USER           = "SCOTT" (CHAR)
DEFINE _PRIVILEGE      = "" (CHAR)
DEFINE _SQLPLUS_RELEASE = "1102000100" (CHAR)
DEFINE _EDITOR         = "Notepad" (CHAR)
DEFINE _O_VERSION      = "Oracle Database 11g Enterprise Edition Release 11.2.0.
1.0 - 64bit Production
With the Partitioning, OLAP, Data Mining and Real Application Testing options" (
CHAR)
DEFINE _O_RELEASE      = "1102000100" (CHAR)
DEFINE NAME            = "SMITH" (CHAR)
```

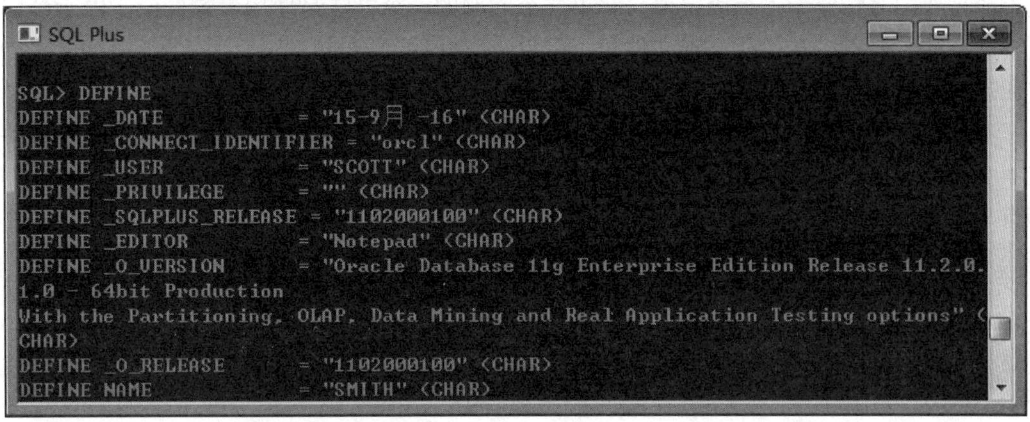

图 2 - 23　执行不带参数的 DEFINE 命令

例如，DEFINE salary = 3000。在这里定义了变量，在 SQL 语句中就可以直接使用这个变量了。在使用变量时，仍然用"& 变量名"的形式来引用变量的值，如图 2 – 24 所示。

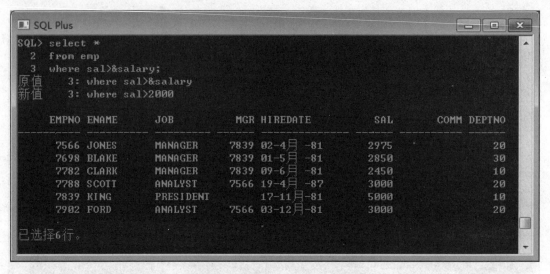

图 2 – 24   使用 DEFINE 定义变量

当一个变量不再使用时，可以将其删除。undefine 命令用于取消一个变量的定义，删除一个变量的命令格式为：undefine 变量名。

2. 参数变量

在 SQL * Plus 中，除了用户自定义的变量外，还有一类变量——参数变量。参数变量在使用时不需要事先定义，可以直接使用。

前面讲述了 get 和@ 命令的用法。这两个命令的作用是将一个文本文件加载到缓冲区中，使之执行。因为文本文件的内容是固定的，在执行期间不能被修改，所以只能执行固定的代码，这就为灵活的数据操作带来了一定的困难。例如，要查询某部门中员工的工资情况。部门号事先不确定，而是根据实际情况临时确定的。这样，在文本文件的 select 语句中就不能将部门号指定为一个固定值。解决这个问题的一个办法是使用参数变量。由于部门号是不确定的，所以，在执行文本文件时，可以将实际的部门号作为一个参数，在 select 语句中通过参数变量引用这个参数。

参数在 SQL * Plus 的命令行中指定的格式为：@ 文件名参数 1 参数 2 参数 3。这样在文本文件中可以用参数变量 &1，&2，&3，…分别引用参数 1，参数 2，参数 3，…。例如，脚本文件 aa 中的内容如下：

```
select ename fromemp where deptno = &1 and sal > &2;
```

执行上面的脚本文件：

```
@ aa 10 2000
```

3. 与变量有关的交互式命令

SQL＊Plus 还提供了几条交互式命令，主要包括 prompt、accept 和 pause。这几条命令主要用在文本文件中，用来完成灵活的输入、输出。

1）prompt 命令用来在屏幕上显示指定的字符串。

这条命令的格式为：prompt 字符串。注意：这里的字符串不需要单引号限定，即使是用空格分开的几个字样串，prompt 命令也只是简单地把其后的所有内容在屏幕上显示，如图 2－25 所示。

图 2－25　prompt 命令

2）accept 命令的作用是接收用户的键盘输入，并把用户输入的数据存放到指定的变量中，它一般与 prompt 命令配合使用。

accept 命令的格式为：

accept 变量名 变量类型 prompt 提示信息选项

其中变量名是指存放数据的变量，这个变量不需要事先定义，可直接使用。变量类型是指输入的数据的类型，目前 SQL＊Plus 只支持数字型、字符型和日期型数据的输入。prompt 用来指定在输入数据时向用户显示的提示信息。选项指定了一些附加的功能，可以使用的选项包括：hide 和 default。hide 功能使用户的键盘输入不在屏幕上显示，这在输入保密信息时非常有用。default 为变量指定默认值，在输入数据时，如果直接按 Enter 键，则使用该默认值。

从键盘输入一个数字型数据到变量 a，在输入之前，显示指定的提示信息，并为变量指定默认值，在输入数据时，直接按 Enter 键，变量的值就是默认值，如图 2－26 所示。

图 2－26　accept 命令

3）pause 命令的作用是使当前的执行暂时停止，在用户按 Enter 键后继续。一般情况下，pause 命令用在文本文件的两条命令之间，使第一条命令执行后出现暂停，待用户按 Enter 键后继续执行。

pause 命令的格式为：pause 文本。其中文本是在暂停时向用户显示的提示信息。

现在构造一个文本文件，来演示这几条命令的用法。文本文件 e. sql 的功能是统计某个

部门的员工工资，部门号需要用户从键盘输入。文本文件的内容如下：

```
prompt 工资统计现在开始
accept dno number prompt 请输入部门号:default  0
pause 请按 Enter 键开始统计...
select ename,sal from emp where deptno = &dno;
```

这个脚本文件的部分执行过程为：

```
@ e.sql
工资统计现在开始
请输入部门号:
请按 Enter 键开始统计...
原值 1:select ename,sal from emp where deptno = &dno;
新值 1:select ename,sal from emp where deptno =20;
ENAME           SAL
---------------------------------------

SMITH1000
JONES2975
SCOTT3000
ADAMS1100
FORD3000
```

如果希望生成一个报表，可以在 select 前加上 spool。

项目小结

SQL * Plus 是 Oracle 的客户端工具，借助 SQL * Plus 可以查看、修改数据库记录。在 SQL * Plus 中，可以运行 SQL * Plus 命令与 SQL 语句。

通常所说的 DML、DDL、DCL 语句都是 SQL 语句，它们执行完后，都可以保存在一个被称为 SQL buffer 的内存区域中，并且只能保存一条最近执行的 SQL 语句，可以对保存在 SQL buffer 中的 SQL 语句进行修改，然后再次执行。

除了 SQL 语句，在 SQL * Plus 中执行的其他语句，称为 SQL * Plus 命令。它们执行完后，不保存在 SQL buffer 的内存区域中，一般用来对输出的结果进行格式化显示，以便于制作报表。

这些命令有 SQL * Plus 的各种编辑命令，如追加文本、替换文本、删除命令、增加行、显示缓冲区内容、保存和运行等；SQL * Plus 编辑脚本文件的命令，如 save 命令、edit 命令；SQL * Plus 中环境变量的设置命令，如 set、show 命令；SQL * Plus 格式化命令；SQL * Plus 还可以灵活使用变量，解决实际问题。

项 目 作 业

一、选择题

1. 以下属于 SQL＊Plus 的命令的是 (　　　)。
   A. UPDATE　　　　　　　　　　B. EDIT
   C. SELECT　　　　　　　　　　D. ALTER TABLE

2. 用 SQL＊Plus 的 (　　) 命令可以查看表的结构信息，包括列的名称和数据类型。
   A. DESCRIPTION　　　　　　　B. DESC
   C. SHOW TABLE　　　　　　　D. SHOW USER

3. Oracle 的前端工具是 (　　　)。
   A. SQL＊Plus　　　　　　　　B. C＋＋
   C. PL/SQL　　　　　　　　　D. Java

4. 在 SQL＊Plus 中，运行 SQL 脚本程序的方式为 (　　　)。
   A. /　　　　　　　　　　　　B. @脚本
   C. EXE 脚本　　　　　　　　D. 不能在 SQL＊PLUS 中直接运行脚本

5. 用命令将 SQL＊Plus 缓冲区中的内容保存到文件中，使用的方法为 (　　　)。
   A. 将缓冲区的内容按 Ctrl＋C 组合键复制，再按 Ctrl＋V 组合键粘贴到文件中即可
   B. 使用 SAVE 命令，参数是文件路径
   C. 使用 WRITE 方式，参数是文件路径
   D. Oracle 会自动保存

6. 用来设置一行能够显示的字符长度的命令是 (　　　)。
   A. SET LINESIZE　　　　　　B. SET LINE
   C. SET LINEBUFFER　　　　　D. SET SIZELINE

7. 以下命令用来设置查询显示结果的列宽的是 (　　　)。
   A. SET COLUMN SIZE　　　　B. COLUMN 列 FORMAT 长度
   C. COLUMN 列长度　　　　　D. 长度 OF COLUMN 8

二、简答题

1. 如何使用 SQL＊Plus 的帮助命令获取某个命令的解释信息？
2. 如何使用 SQL＊Plus 来设置缓存区？
3. 如何设置 SQL＊Plus 的运行环境？

项目三

Oracle 数据库的管理

知识目标

1. 掌握 Oracle 11g 数据库的创建方法。
2. 掌握 Oracle 11g 数据库的删除方法。
3. 掌握数据库实例的启动与关闭方法。

能力目标

1. 能够正确创建 Oracle 数据库。
2. 能够删除 Oracle 数据库库。
3. 能够正确启动、关闭数据库实例。

任务 1　创建数据库

✎ 任务描述

使用数据库配置助手（Database Configuration Assistant，DBCA）创建数据库。

1. 设置创建数据库的基本信息。
2. 设置管理选项及存储位置。
3. 设置恢复选项及数据库组件。
4. 设置初始化参数。
5. 创建数据库。

创建数据库

📖 相关知识与任务实现

Oracle 数据库的存储结构分为物理存储结构和逻辑存储结构两种。物理存储结构主要用于描述 Oracle 数据库外部数据的存储，即在操作系统层面如何组织和管理数据，其与具体的操作系统有关。逻辑存储结构主要描述 Oracle 数据库内部数据的组织和管理方式，即在数据库管理系统的层面如何组织和管理数据，其与操作系统无关。物理存储结构具体表现为一系列的操作系统文件，是可见的；逻辑存储结构是物理存储结构的抽象体现，是不可见的，不过可以通过查询数据库数据字典了解逻辑存储结构信息。Oracle 数据库的物理存储结构与逻

项目三 Oracle 数据库的管理

辑存储结构既相互独立，又相互联系，如图 3 - 1 所示。

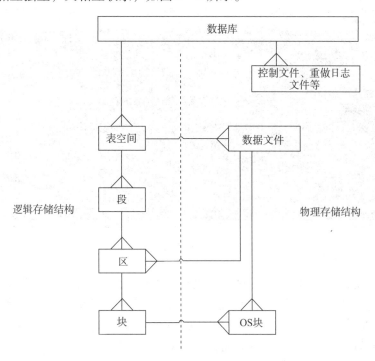

图 3 - 1 物理存储结构与逻辑存储结构的关系

Oracle 数据库的物理文件结构是由数据库的操作系统文件所决定的。每一个 Oracle 数据库的物理文件分为数据文件、日志文件和控制文件。

数据文件：是存储插入数据库中的实际数据的操作系统文件。数据以一种 Oracle 特有的格式被写入数据文件，其他程序无法读取数据文件中的数据。可在 SQL * Plus 中使用"select * from v$datafile;"命令查看相关数据文件，如图 3 - 2 和图 3 - 3 所示。

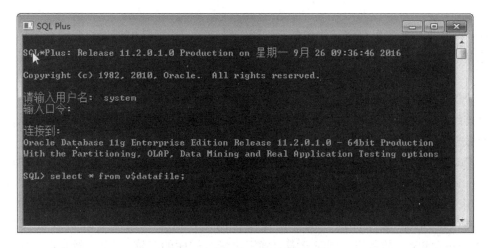

图 3 - 2 使用命令查看数据文件

图 3-3　查询数据文件结果

控制文件：是一个很小的（通常是数据库中最小的）文件，一般为 1～5 MB，为二进制文件。但它是数据库中的关键性文件，它对数据库的成功启动和正常运行都是至关重要的，这是因为它存储了在其他地方无法获得的关键信息。可在 SQL * Plus 中使用"select * from v$controlfile;"命令查看相关数据文件。

重做日志文件：当用户对数据库进行修改的时候，实际上是先修改内存中的数据，过一段时间后，再集中将内存中的修改结果成批地写入上面的数据文件中。Oracle 采取这样的做法，主要是出于性能上的考虑，因为针对数据操作而言，内存的速度比硬盘的速度要快成千上万倍。Oracle 是以循环方式来使用重做日志文件的，所以，每个数据库至少需要两个重做日志文件。当第一个重做日志文件被写满后，后台进程 LGWR（日志写进程）开始写入第二个重做日志文件；当第二个重做日志文件被写满后，又始写入第三个重做日志文件，依此类推。可在 SQL * Plus 中使用"select * from v$logfile;"命令查看相关数据文件。

Oracle 数据库的逻辑存储结构包括表空间、段、区、块。简单地说，逻辑存储结构之间的关系是：多个块组成区，多个区组成段，多个段组成表空间，多个表空间组成逻辑数据库。

一个区只能在一个数据文件中，一个段中的各个区可以分别在多个数据文件中。组成区的块是连续的。由于逻辑的块对应磁盘空间中某个固定大小的尺寸（一般为操作系统数据库的整数倍），所以，逻辑存储结构也是有大小的。

在 Oracle 11g 中，提供了两种创建数据库的方式：一种是利用数据库配置助理（Database Configuration Assistant，DBCA）工具的方式，DBCA 是 Oracle 提供的一个图像化用户界面的工具，用来帮助数据库管理员（DBA）快速、直观地创建数据库；另一种是利用命令行的方式，在创建 Oracle 数据库时，执行创建操作的用户必须是系统管理员或被授权使用 CREATE DATABASE 的用户，同时，需要确定全局数据库的名称、SID、所有者、数据库大小、重做日志文件和控制文件等，接下来使用 DBCA 创建数据库。在安装 Oracle 11g 的过程中，安装程序将创建一个默认的数据库。如果仅仅安装了 Oracle 数据库服务器软件，但没有创建数据库，这种情况下必须创建数据库。可以使用 DBCA 工具或命令的方式来创建一个新的数据库。

一、设置创建数据库的基本信息

①单击"开始"→"所有程序"→"Oracle – OraDB11g_home1"→"配置和移植工具"→"Database Configuration Assistant"，出现如图 3 – 4 所示的欢迎使用窗口。

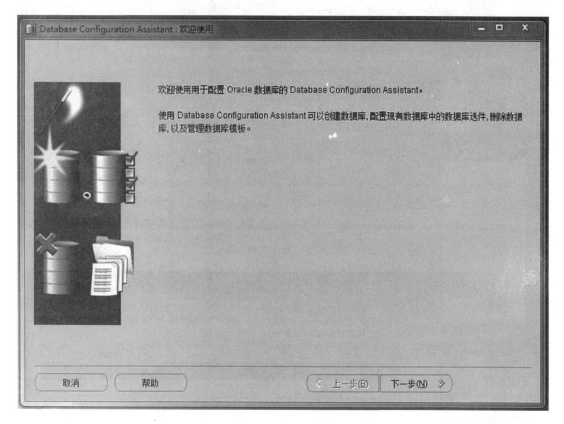

图 3 – 4 欢迎使用窗口

②单击"下一步"按钮，出现如图 3 – 5 所示的操作选择窗口，选择"创建数据库"单选按钮。

③单击"下一步"按钮，出现如图 3 – 6 所示的数据库模板窗口，选择"一般用途或事务处理"数据库模板。

④单击"下一步"按钮，出现如图 3 – 7 所示的数据库标识窗口，在"全局数据库名"文本框中输入要创建的数据库名。

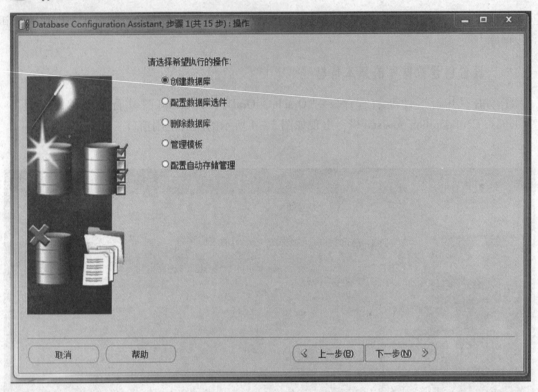

图 3-5　操作选择窗口

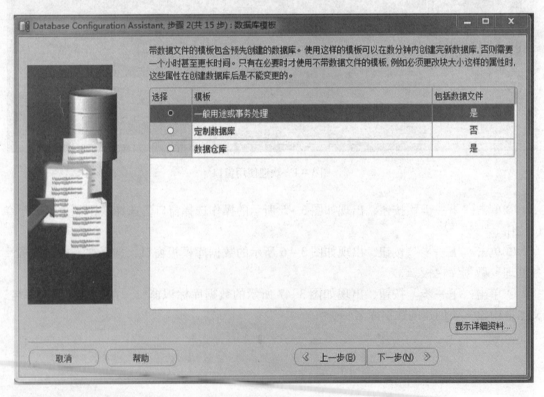

图 3-6　选择数据库模板

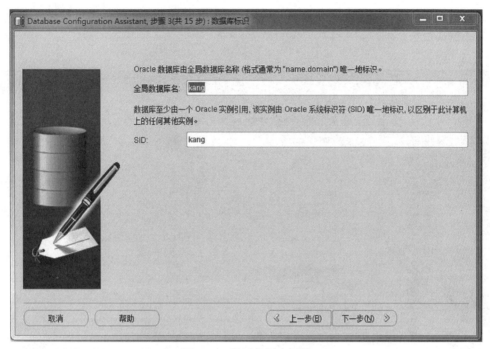

图 3 – 7　设置数据库标识

二、设置管理选项及存储位置

①单击"下一步"按钮，进入如图 3 – 8 所示的管理选项窗口，选择默认的"配置 Enterprise Manager"复选框即可。选择了这个选项，创建数据库时会自动配置 Oracle 11g 基于 Web 方式的 Database Control。

图 3 – 8　"管理选项"窗口

②单击"下一步"按钮。在如图 3-9 所示的数据库身份证明窗口中可以为所有的用户定义一个默认口令。

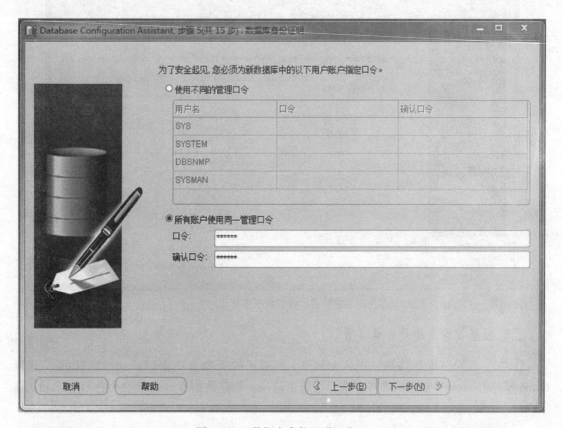

图 3-9 "数据库身份证明"窗口

③单击"下一步"按钮，进入如图 3-10 所示的存储选项窗口。该窗口用于选择数据库的存储机制，通常选择"文件系统"存储机制。

④单击"下一步"按钮，进入如图 3-11 所示的指定数据库文件所在位置窗口，设置数据库文件的存储位置。

三、设置恢复选项及数据库组件

①单击"下一步"按钮，进入如图 3-12 所示的恢复配置窗口，该窗口用于指定快速恢复区（Flash Recovery Area），用于简化用户的备份管理。快速恢复区可以说是磁盘上的一个存储目录，也可以使用 ASM 存储，这里可以按照具体的需要设置。同时，还可以在这个窗口中选择是否启动数据库的归档模式。

②单击"下一步"按钮，进入如图 3-13 所示窗口，在"示例方案"和"定制脚本"选项卡中，分别选择"示例方案"和"没有要运行的脚本"，如图 3-13 和图 3-14 所示。

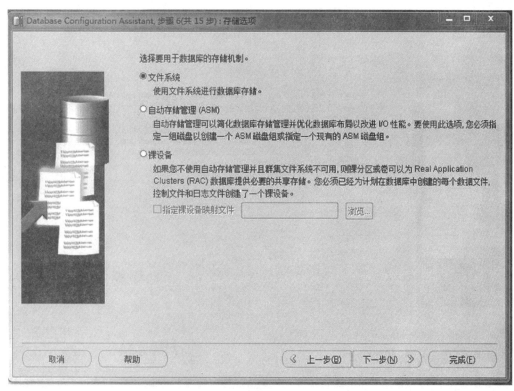

图 3 – 10　"存储选项"窗口

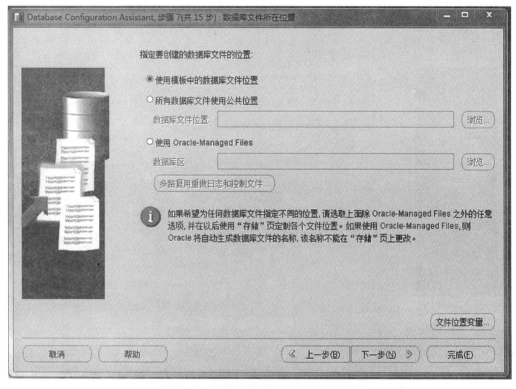

图 3 – 11　"数据库文件所在位置"窗口

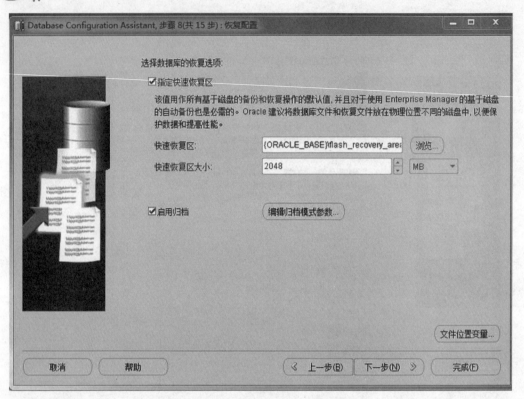

图 3-12 "恢复配置"窗口

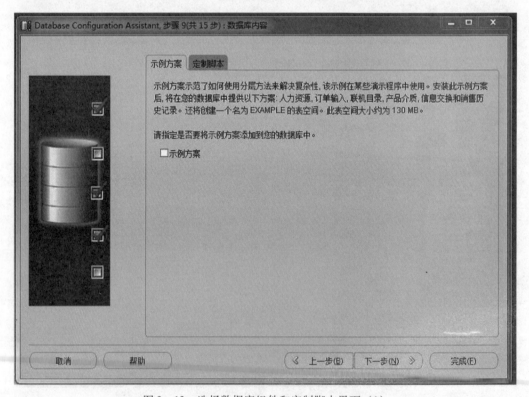

图 3-13 选择数据库组件和定制脚本界面（1）

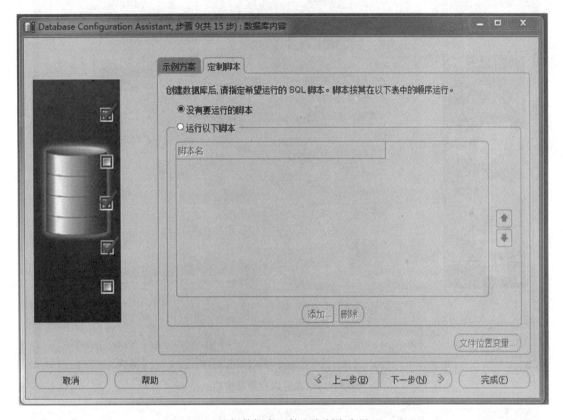

图 3 - 14   选择数据库组件和定制脚本界面（2）

四、设置初始化参数

单击"下一步"按钮，进入如图 3 - 15 所示的初始化参数界面。

①"内存"选项卡。用于对新建数据库实例的内存区大小进行设置，可以采用"典型"和"定制"两种方式进行，如图 3 - 15 所示。

②"调整大小"选项卡。Oracle 数据库的数据块大小对应磁盘上特定的物理数据库空间，用于存储数据库中的数据。一旦创建数据库之后，这个参数将不可修改，其大小为操作系统块的整数倍，如图 3 - 16 所示。

③"字符集"选项卡。如图 3 - 17 所示，在中文的 Windows 平台上，默认的字符集是 ZHS16GBK，一般不需要修改，但是在 Linux/UNIX 系统下，如果系统语言环境默认的不是中文，则可根据需要进行调整。

④"连接模式"选项卡。如图 3 - 18 所示，可以选择默认的"专用服务器模式"单选按钮。

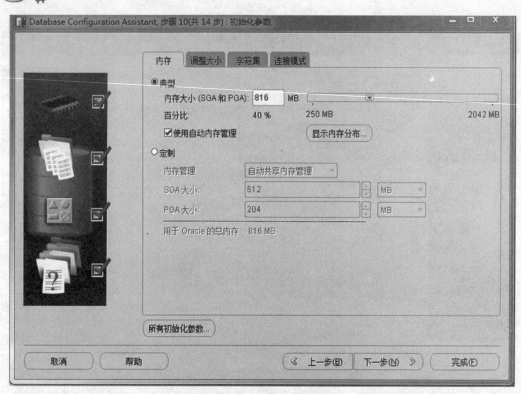

图 3 – 15 设置内存参数窗口

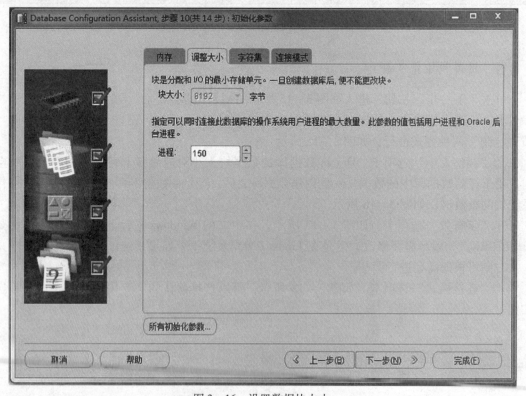

图 3 – 16 设置数据块大小

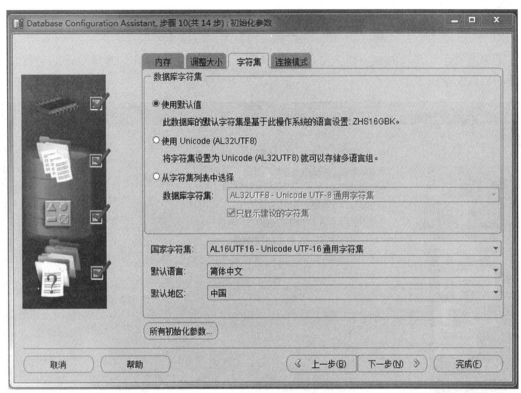

图 3 – 17　设置字符集

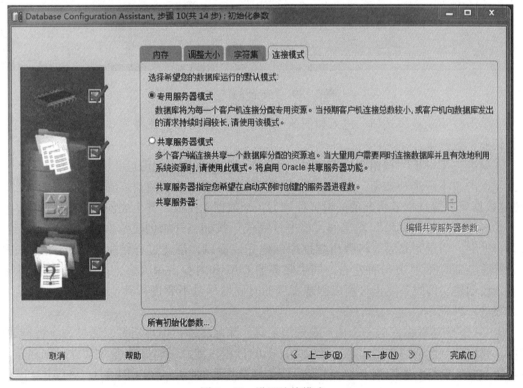

图 3 – 18　设置连接模式

五、创建数据库

①单击"下一步"按钮,进入如图 3 – 19 所示的安全设置窗口,选择 Oracle 建议使用增强的默认安全设置。

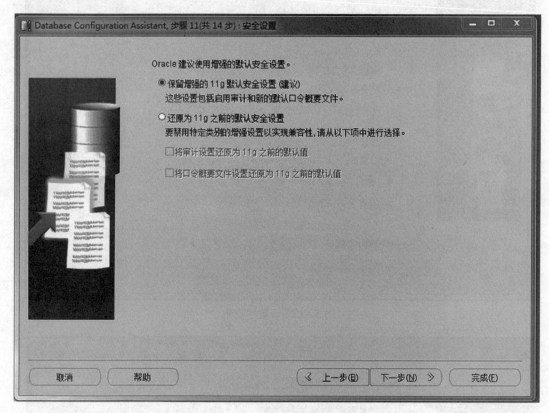

图 3 – 19 "安全设置"窗口

②单击"下一步"按钮,进入如图 3 – 20 所示的自动维护任务窗口,选择"启用自动维护任务"复选框。

③单击"下一步"按钮,进入如图 3 – 21 所示的数据库存储窗口。

④单击"下一步"按钮,进入如图 3 – 22 所示的创建选项窗口。在该窗口中可以选择"创建数据库"复选框或将此前的设置存储为一个数据库模板,并生成创建数据库脚本。

⑤选择"创建数据库"复选框,单击"完成"按钮,开始创建数据库,并显示创建的过程和进度。创建完成后,将弹出数据库创建完成窗口,创建过程结束。接下来是等待安装,普通电脑时间为 10 分钟左右,如果服务器 CPU 和内存占用太多,可能占得时间很长,甚至导致创建实例服务终止(所以创建实例的时候请尽量不要进行其他的操作),如图 3 – 23 和图 3 – 24 所示。

DBCA 是创建数据库的一个用户友好型工具,除此之外,用户还可以通过命令行创建数据库。利用命令行创建数据库是一个较为复杂的过程,涉及编辑文本参数文件、创建实例、创建数据库、执行必要的脚本等。主要介绍创建数据库的核心命令 CREATE DATABASE。一个 Oracle 数据库的最基本的构成(逻辑)为:

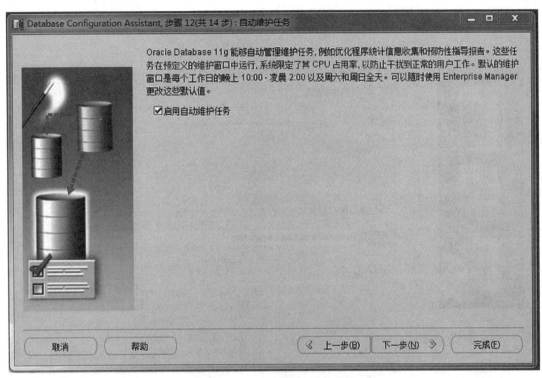

图 3 - 20 "自动维护任务"窗口

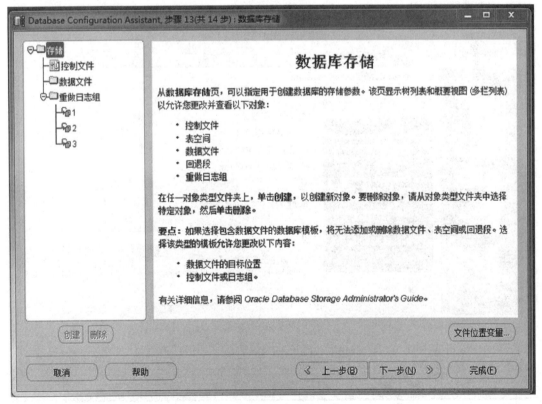

图 3 - 21 "数据库存储"窗口

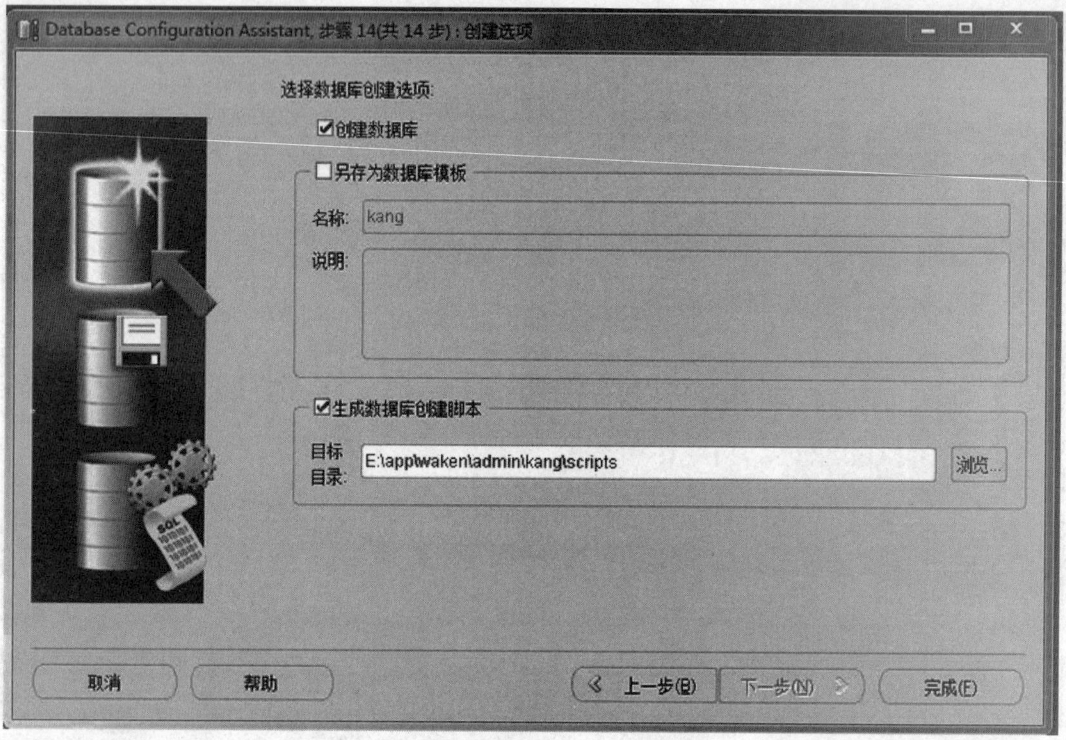

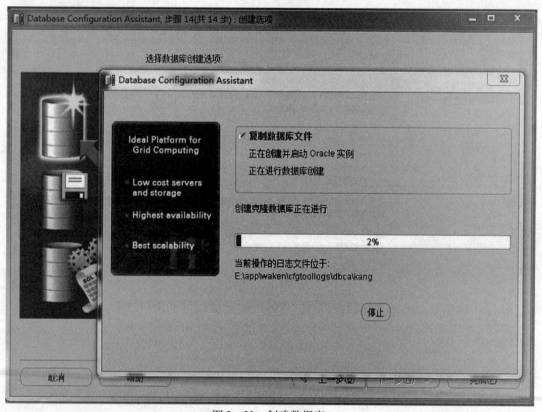

图 3 - 22　创建选项

图 3 - 23　创建数据库

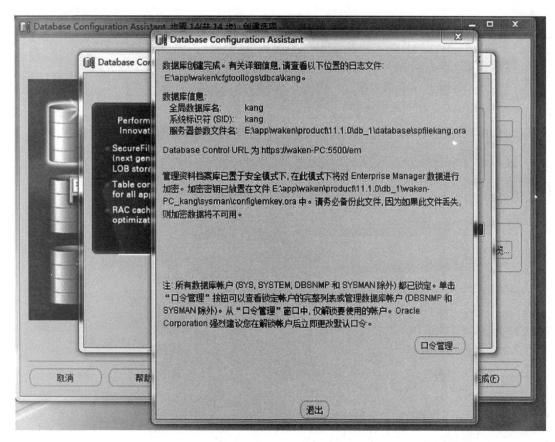

图 3 - 24 创建数据库完成

①system 表空间 1 个，用于存储"数据字典"；

②sysaux 表空间 1 个，用于存储"不属于数据字典，但 Oracle 管理所需要的表"；

③redo log 日志 2 组，用于"记录所有已提交数据及动作"；

④临时表空间 1 个，用于"内存排序"时，工作区空间不够的情况下；

⑤undo 表空间 1 个，用于"回退存储在磁盘上的未提交的数据"。

利用 CREATE DATABASE 命令创建数据库的基本语法如下：

```
CREATE DATABASE 数据库名
[USER 用户名 IDENTIFIED BY 密码]
[CONTROLFILE REUSE]
[MAXINSTANCES 整数]
[MAXLOGFILES 整数]
[MAXLOGMENBERS 整数]
[MAXLOGHISTOYR 整数]
[MAXDATAFILES 整数]
[LOGFILE[GROUP n]日志文件,…]
[DATAFILE 数据文件,…]
```

[SYSAUX DATAFILE 数据文件,…]

[DEFAULT TABLESPACE 表空间名]

[DEFAULT TEMPORARY TABLESPACE 临时表空间名 TEMPFILE 临时文件]

[UNDO TABLESPACE 撤销表空间名 DATAFILE 文件名]

[ARCHIVELOG SET 字符集]

下面使用 CREATE DATABASE 命令创建一个名为 test 的数据库，命令语句如下：

```
SQL > CREATE DATABASE test
USER SYS IDENTIFIED BY SYSPWD
USER SYSTEM IDENTIFIED BY SYSTEMPWD
CONTROLFILE REUSE
MAXINSTANCES 1
MAXLOGFILES 5
MAXLOGMENBERS 5
MAXLOGHISTOYR 1
MAXDATAFILES 100
LOGFIIE GROUP 1('/app/oracle/testdb/redo01.log')SIZE 10M,
GROUP 2('/app/oracle/testdb/redo01.log')SIZE 10M,
DATAFILE'/app/oracle/testdb/system01.dbf' SIZE 100M REUSE
EXT'ENT MANAGEMENT LOCAL
DEFAULT TABLESPACE tbst
DEFAULT TEMPORARY TABLESPACE temptsl
CHARACTER SET US7ASCII;
```

需要注意的是，在创建数据库之前，应首先创建实例，并确保实例已经启动，然后以 SYS 用户或者其他具有 SYSDBA 权限的用户连接实例，将实例启动到 NOMOUNT 状态，SGA 在内存中已经存在，并且后台进程已经启动。只有在这种情况下，才能执行 CREATE DATABASE 命令。为了确保用户能够连接到正确的实例，在此之前还需要设置系统变量 ORACLE – SID 的值。

任务 2　删除数据库

 任务描述

使用 DBCA 删除数据库。

相关知识与任务实现

①单击"开始"→"所有程序"→"Oracle – OraDB11g_home1"→"配置和移植工具"→"Database Configuration Assistant"，出现如图 3 – 25 所示的欢迎使用窗口。

②单击"下一步"按钮，出现"操作"窗口，选择"删除数据库"选项，如图 3 – 26 所示。

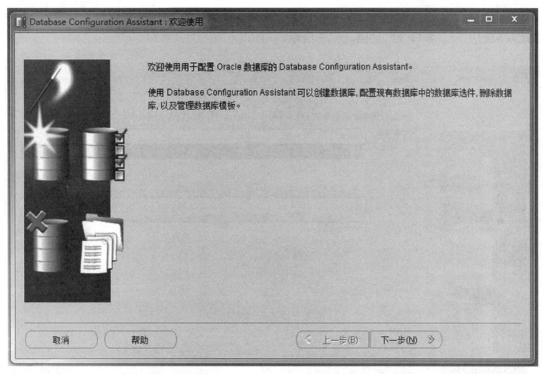

图 3 - 25　"欢迎使用"窗口

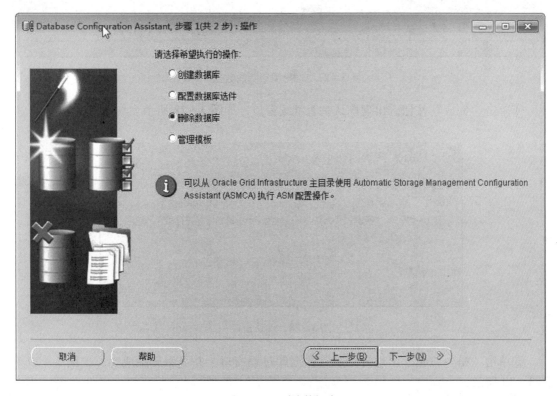

图 3 - 26　删除数据库

③选择需要删除的数据库，这里以任务 1 中建立的 KANG 为例，同时输入具有 SYSDBA
系统权限的用户名和口令，如图 3 – 27 所示。

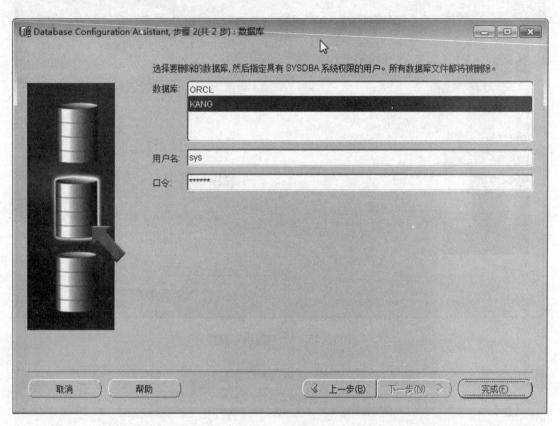

图 3 – 27   选择需删除的数据库

④单击"完成"按钮，出现确认是否继续窗口，如图 3 – 28 所示。

图 3 – 28   确认窗口

⑤单击"是"按钮，出现自动删除数据库过程窗口，并显示删除成功，如图 3 – 29 和
图 3 – 30 所示。

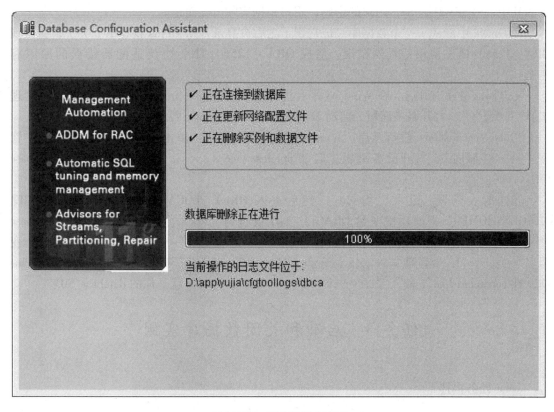

图 3 – 29　删除数据库进度

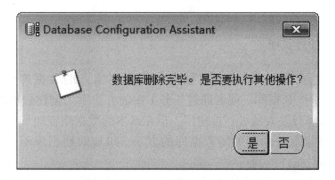

图 3 – 30　成功删除数据库

　　使用命令行删除数据库的语句是 DROP DATABASE < 数据库名 >。在删除之前，需要用户以 SYSDBA 或 SYSOPER 身份登录，并且将数据库以 MOUNT 模式启动。例如，删除数据库 test 的命令语句如下：

```
CONNECT SYS/SYSPWD AS SYSDBA;
SHUTDOWN IMMEDIATE;
STARTUP MOUNT;
DROP DATABASE test;
```

其中，SYSPWD 为 SYS 用户的密码，用户根据实际情况而定。

在 Oracle 中新建了一个数据库，把它删了之后再登录 SQL * Plus 就登不上去了，会出现 ORA - 12560：TNS：协议适配器错误。造成 ORA - 12560：TNS：协议适配器错误的原因有三个：

①监听服务没有开启。在 Windows 平台进行如下操作：单击"开始"→"程序"→"管理工具"→"服务"，打开服务面板，启动 oraclehome92TNSlistener 服务。

②database instance 没有开启。Windows 平台如下操作：单击"开始"→"程序"→"管理工具"→"服务"，打开服务面板，启动 oracleservice××××，×××× 就是你的 database SID。

③注册表问题。键入"regedit"，然后进入 HKEY_LOCAL_MACHINE\SOFTWARE\ORACLE\HOME0，将该环境变量 ORACLE_SID 设置为××××，×××× 就是你的 database SID。或者右击我的电脑，单击"属性"→"高级"→"环境变量"→"系统变量"→"新建"，变量名 = oracle_sid，变量值 = ××××，×××× 就是你的 database SID。或者在进入 SQL * Plus 前，在 command line 下输入"set oracle_sid = ××××"，×××× 就是你的 database SID。

任务 3　启动和关闭数据库实例

任务描述

1. 启动数据库实例。
2. 关闭数据库实例。

相关知识与任务实现

在安装 Oracle 数据库时，系统会根据安装步骤中输入的数据库标识即数据库实例（SID），默认安装 Oracle 数据库。或者通过任务 1 中的方法手工创建数据库之后，系统会默认启动数据库，数据库开发人员可直接使用。但在基本的数据库管理与日常维护中，数据库管理员（DBA）应该掌握启动和关闭数据库的方法，以应对数据库不同的实际运行情况，如维护、修改并提高数据库的执行效率等。

Oracle 是如何启动和关闭数据库实例的呢？每个启动的数据库至少对应一个实例。实例是 Oracle 用来管理数据库的一个实体，在服务器中，它由一组逻辑内存结构和一系列后台服务进程组成。当启动数据库时，这些内存结构和服务进程得到分配、初始化、启动，以便用户能够与数据库进行通信。一个实例只能访问一个数据库，而一个数据库可以有多个实例同时访问。

启动一个 Oracle 数据库时，都是按步骤进行的。每完成一个步骤就进入一个状态，以便保证数据库处于某种一致性的操作状态。可以通过在启动过程中设置选项，控制数据库进入一个状态。

Oracle 数据库的启动分为三个步骤：启动实例、装载数据库和打开数据库。要启动和关闭数据库，必须要以具有 Oracle 管理员权限的用户身份登录，通常也就是以具有 SYSDBA

权限的用户身份登录。一般常用 SYS 用户以 SYSDBA 连接来启动和关闭数据库。

一、启 动 数 据 库 实 例

1. STARTUP NOMOUNT

NOMOUNT 选项仅仅创建一个 Oracle 实例。步骤为：读取 init. ora 初始化参数文件、启动后台进程、初始化系统全局区（SGA）。Init. ora 文件定义了实例的配置，包括内存结构的大小，以及启动后台进程的数量和类型等。

2. STARTUP MOUNT

该命令创建实例并且安装数据库，但没有打开数据库。Oracle 系统读取控制文件中关于数据文件和 redo log 文件的内容，但并不打开这些文件。这种打开方式常在数据库维护操作时使用，如对数据文件的更名、改变 redo log 及打开归档方式、执行数据库的 full database recovery。在这种打开方式下，除了可以看到 SGA 系统列表外，系统还会给出 "Database mounted." 的提示。

3. STARTUP

该命令完成创建实例、安装实例和打开数据库三个步骤。此时数据库使数据文件和 redo log 文件在线，通常还会请求一个或者多个回滚段。这时系统除了可以看到前面 Startup Mount 方式下的所有提示外，还会给出 "Database opened" 的提示。此时，数据库系统处于正常工作状态，可以接受用户请求。

二、关 闭 数 据 库 实 例

1. SHUTDOWN NORMAL

这是数据库关闭 SHUTDOWN 命令的缺省选项。也就是说，如果输入 SHUTDOWN 这样的命令，就是执行 SHUTDOWN NORMAL 命令。发出该命令后，任何新的连接都不再允许连接到数据库。Oracle 将等待连接的所有用户都从数据库中退出后，才开始关闭数据库。采用这种方式关闭数据库，在下一次启动时不需要进行任何的实例恢复。但需要注意的是，采用这种方式，关闭一个数据库也许需要几天时间，或者更长。

2. SHUTDOWN IMMEDIATE

这是常用的一种关闭数据库的方式，想很快地关闭数据库，但又想让数据库干净地关闭，常采用这种方式。采用这种方式时，当前正在被 Oracle 处理的 SQL 语句立即中断，系统中任何没有提交的事务全部回滚。如果系统中存在一个很长的未提交的事务，采用这种方式关闭数据库也需要一段时间（该事务回滚时间）。系统不等待连接到数据库的所有用户退出系统，强行回滚当前所有的活动事务，然后断开所有的连接用户。

3. SHUTDOWN TRANSACTIONAL

该选项仅在 Oracle 8i 之后的版本才可以使用。该命令常用来计划关闭数据库，它使当前连接到系统且正在活动的事务执行完毕。运行该命令后，任何新的连接和事务都是不被允许的。在所有活动的事务完成后，数据库将以 SHUTDOWN IMMEDIATE 同样的方式关闭数据库。

4. SHUTDOWN ABORT

这是关闭数据库的最后一招，也是在没有任何办法关闭数据库的情况下才不得不采用的方式，一般不要采用。

项目小结

Oracle 数据库服务器有两个主要的组成部分：数据库和实例。数据库的结构分为逻辑结构和物理结构。实例由内存结构和一组后台进程组成。

通过本章的学习，读者能够查看数据文件、日志文件和控制文件，能够掌握使用数据库配置助手（Database Configuration Assistant）创建和删除数据库，并可以通过命令启动和关闭数据库实例。除了在本章介绍的几种启动和关闭数据库实例的主要方法外，读者还可以学习其他的方法。

项目作业

一、选择题

1. 系统中有权利启动和关闭数据库的用户是（   ）。
   A. hr   B. user   C. system   D. scott
2. 下列不属于 ORACLE 的逻辑结构的是（   ）。
   A. 区   B. 段   C. 数据文件   D. 表空间
3. Oracle 逻辑存储结构正确的是（   ）。
   A. tablespace—segment—osblock—block
   B. tablespace—segment—extent—block
   C. tablespace—extent—segment—block
   D. tablespace—extent—block – segment
4. 以下不属于数据库的物理组件的是（   ）。
   A. 表空间   B. 数据文件   C. 日志文件   D. 控制文件
5. 以下关于归档日志的说法正确的是（   ）。（多选）
   A. Oracle 在将填满的在线日志文件组归档时，要建立归档日志
   B. 在操作系统或磁盘故障中可保证全部提交的事务被恢复
   C. 数据库可运行在两种不同方式下：非归档模式和归档模式

D. 数据库在 ARCHIVELOG 方式下使用时，不能进行在线日志的归档

二、简答题

1. 简述 Oracle 数据库物理结构的组成。
2. 简述 Oracle 数据库逻辑结构的组成。
3. 自主创建一个数据库，名字为自己的姓名，然后尝试删除它。

项目四

Oracle 数据库表空间的管理与表的设计

知识目标

1. 掌握 Oracle 数据库表空间的不同类型、表空间的操作。
2. 熟悉创建与维护 Oracle 数据表的方法。
3. 熟悉 Oracle 11g 常用的数据类型、数据表的结构和记录。
4. 掌握 Oracle 数据库数据文件、表空间、对象的关系。
5. 熟悉数据记录的添加与修改的方法。

能力目标

1. 能创建、维护与删除表空间。
2. 能创建与维护 Oracle 数据表。
3. 能正确实施数据表的完整性和约束。
4. 能使用命令添加与修改数据记录。

任务1 创建、修改、删除表空间

 任务描述

1. 创建表空间。
2. 修改与删除表空间。

相关知识与任务实现

一个 Oracle 数据库可以有一个或多个表空间，而一个表空间则对应着一个或多个物理的数据库文件。表空间是存储模式对象的容器，容纳着许多数据库对象，比如数据表、视图、存储过程、函数、触发器等，一个数据库对象只能对应一个表空间（分区表和分区索引除外），但可以存储在该表空间所对应的一个或多个数据文件中。

表空间有两类：一类是系统表空间 SYSTEM 和从 Oracle 10g 开始引入的辅助系统表空间 SYSAUX，这两个表空间在创建数据库时新建，不能重命名、不能删除，包含了 Oracle 数据库的所有数据字典信息；另一类是非系统表空间，如用户表空间 USERS、临时表空间 TEMP、工具表空间 TOOLS、索引表空间 INDEX 及回退表空间 UNDO 等。

数据文件是 Oracle 数据库存储所有数据库数据的物理文件。表空间的物理组成元素就是数据文件，一个表空间可以包含多个数据文件，并且每个数据文件只能属于一个表空间。对数据文件的管理包括创建数据文件、向表空间添加数据文件、改变数据文件的大小及联机/脱机等操作。

一、创建表空间

1. 使用 OEM 方式创建表空间

任务：使用 OEM 为 orcl 数据库创建名为"OrclInfo"的永久表空间，对

创建表空间

应数据文件为"OrclInfo01.dbf"，数据文件的"文件目录"为"C:\APP\YMW\ORADATA\ORCL\"，文件大小为"100 MB"，满后自动扩展，增量为"50 MB"。

操作步骤如下：

①使用"SYS"用户的 SYSDBA 身份登录到 OEM 窗口，选择"服务器"选项卡，然后在"存储"区域单击"表空间"超链接，如图 4-1 所示。

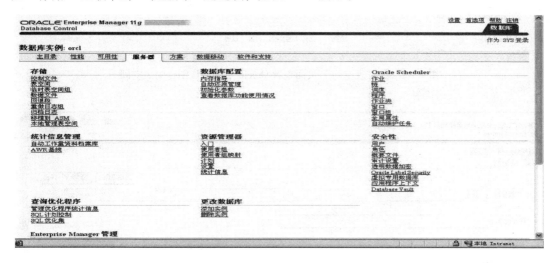

图 4-1 在"OEM"窗口的"服务器"选项卡中选择"表空间"选项

②打开如图 4-2 所示的"表空间"页面，在该页面可以看到 Oracle 系统默认创建的 6 个表空间（EXAMPLE、SYSAUX、SYSTEM、TEMP、UNDOTBS1、USERS）。

③单击"创建"按钮，进入"创建表空间"界面，并输入名称"OrclInfo"，选择类型为"永久"，其他选择默认值，即区管理方式为"本地管理"，表空间的类型为"永久"，表空间的状态为"读写"，如图 4-3 所示。

④单击数据文件右侧的"添加"按钮，打开添加数据文件页面，为表空间创建数据文件。在"文件名"文本框中输入数据文件的名称"OrclInfo01.dbf"；"文件目录"保留默认值不变，当然，也可以单击 ✎ 按钮打开"搜索和选择：目录"页面，重新选择文件目录；文件大小为 100 MB；在"存储"区域选择"数据文件满后自动扩展"复选框，增量设置为"50 MB"，如图 4-4 所示。单击"继续"按钮，返回"创建表空间"页面的"一般信息"选项卡。

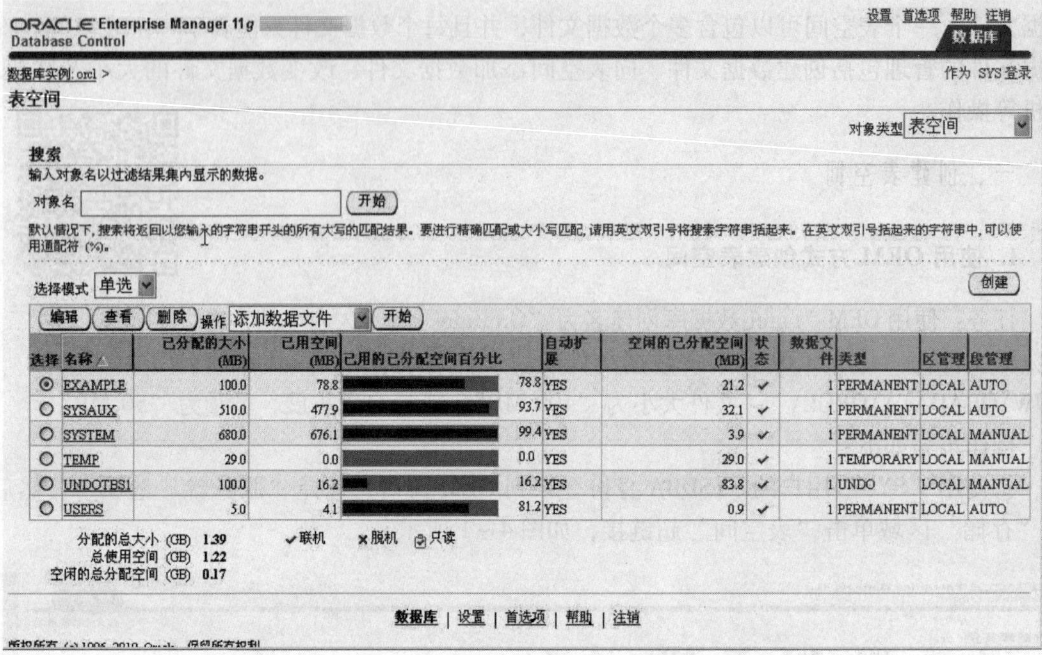

ORACLE Enterprise Manager 11g
Database Control
设置 首选项 帮助 注销
数据库

数据库实例: orcl >
作为 SYS 登录

表空间

对象类型 表空间

搜索
输入对象名以过滤结果集内显示的数据。

对象名 _____ 开始

默认情况下, 搜索将返回以您输入的字符串开头的所有大写的匹配结果。要进行精确匹配或大小写匹配, 请用英文双引号将搜索字符串括起来。在英文双引号括起来的字符串中, 可以使用通配符 (%)。

选择模式 单选

创建

编辑 查看 删除 操作 添加数据文件 开始

选择	名称	已分配的大小 (MB)	已用空间 (MB)	已用的已分配空间百分比		自动扩展	空闲的已分配空间 (MB)	状态	数据文件	类型	区管理	段管理
⦿	EXAMPLE	100.0	78.8		78.8	YES	21.2	✓	1	PERMANENT	LOCAL	AUTO
○	SYSAUX	510.0	477.9		93.7	YES	32.1	✓	1	PERMANENT	LOCAL	AUTO
○	SYSTEM	680.0	676.1		99.4	YES	3.9	✓	1	PERMANENT	LOCAL	MANUAL
○	TEMP	29.0	0.0		0.0	YES	29.0	✓	1	TEMPORARY	LOCAL	MANUAL
○	UNDOTBS1	100.0	16.2		16.2	YES	83.8	✓	1	UNDO	LOCAL	MANUAL
○	USERS	5.0	4.1		81.2	YES	0.9	✓	1	PERMANENT	LOCAL	AUTO

分配的总大小 (GB) 1.39　　✓ 联机　✗ 脱机　🔒 只读
总使用空间 (GB) 1.22
空闲的总分配空间 (GB) 0.17

数据库 | 设置 | 首选项 | 帮助 | 注销

版权所有 (c) 1996, 2010 Oracle. 保留所有权利。

图 4-2　在 "表空间" 页面查看 Oracle 系统默认创建的表空间

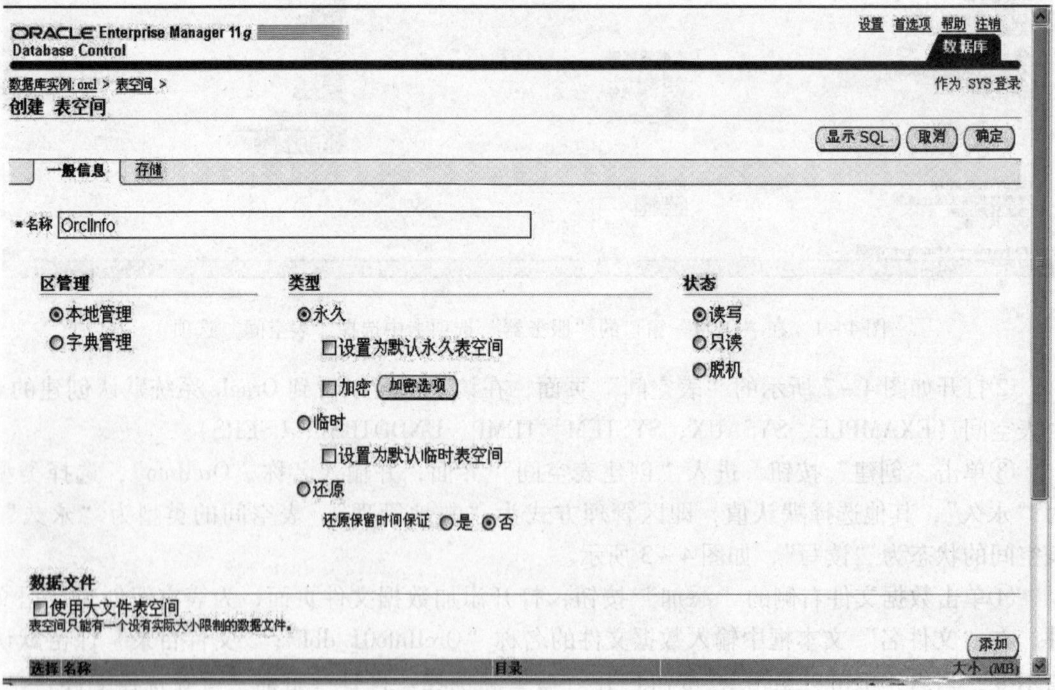

ORACLE Enterprise Manager 11g
Database Control
设置 首选项 帮助 注销
数据库

数据库实例: orcl > 表空间 >
作为 SYS 登录

创建 表空间

显示 SQL 取消 确定

一般信息 存储

*名称 OrclInfo

区管理
⦿ 本地管理
○ 字典管理

类型
⦿ 永久
　□ 设置为默认永久表空间
　□ 加密 加密选项
○ 临时
　□ 设置为默认临时表空间
○ 还原
　还原保留时间保证 ○ 是 ⦿ 否

状态
⦿ 读写
○ 只读
○ 脱机

数据文件
□ 使用大文件表空间
表空间只能有一个没有实际大小限制的数据文件。

添加

选择	名称	目录	大小 (MB)

图 4-3　创建 OrclInfo 表空间页面

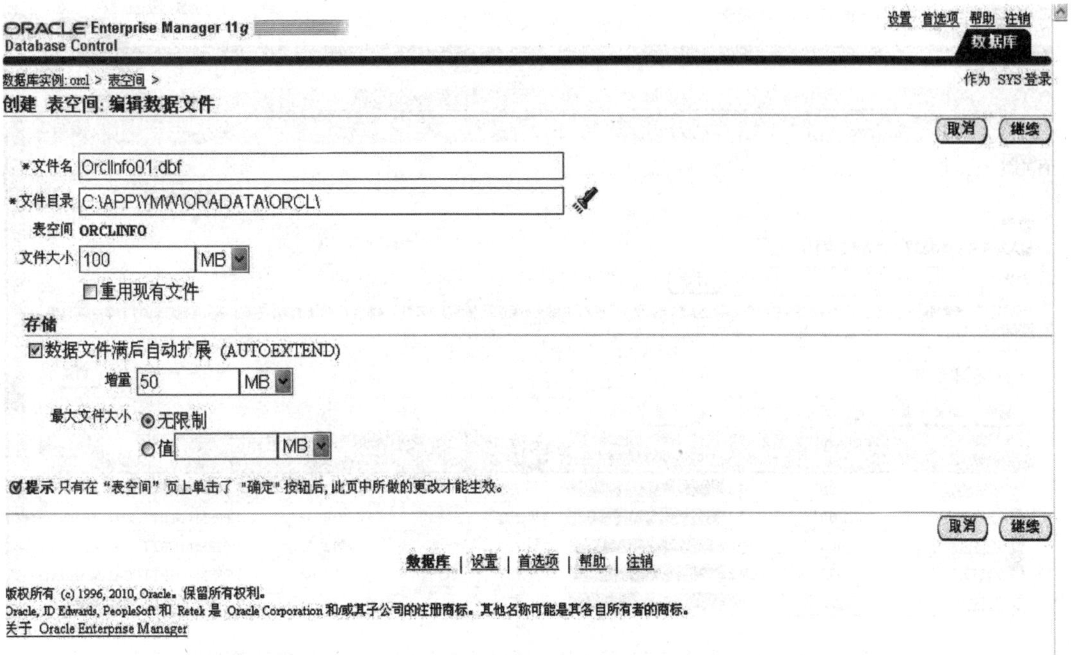

图 4 – 4　添加数据文件 OrclInfo01. dbf 页面

⑤单击"显示 SQL"按钮，查看创建表空间的 SQL 语句，如图 4 – 5 所示。

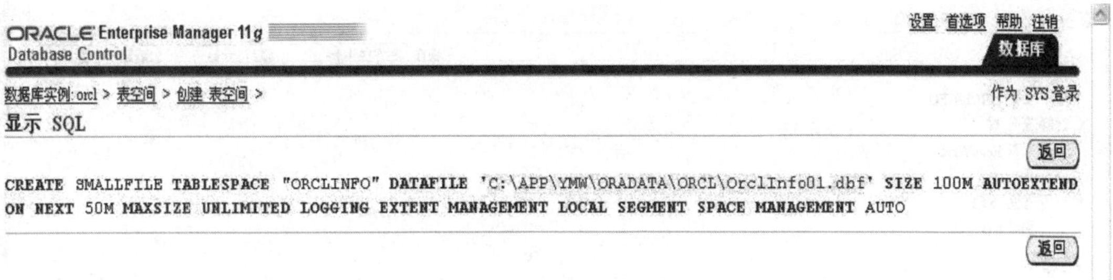

图 4 – 5　显示创建 OrclInfo 表空间的 SQL 命令

⑥在"创建表空间"页面单击右上方的"确定"按钮，在"表空间"页面出现"已成功创建对象"的确认信息，如图 4 – 6 所示，表示表空间已成功创建。

⑦在"表空间"页面选择"ORCLINFO"表空间，然后单击"查看"按钮，打开"查看表空间：ORCLINFO"页面，在该页面可以查看表空间 ORCLINFO 的相关信息，如图 4 – 7 所示。

2. 使用命令方式创建临时表空间

创建表空间命令的基本语法如下：

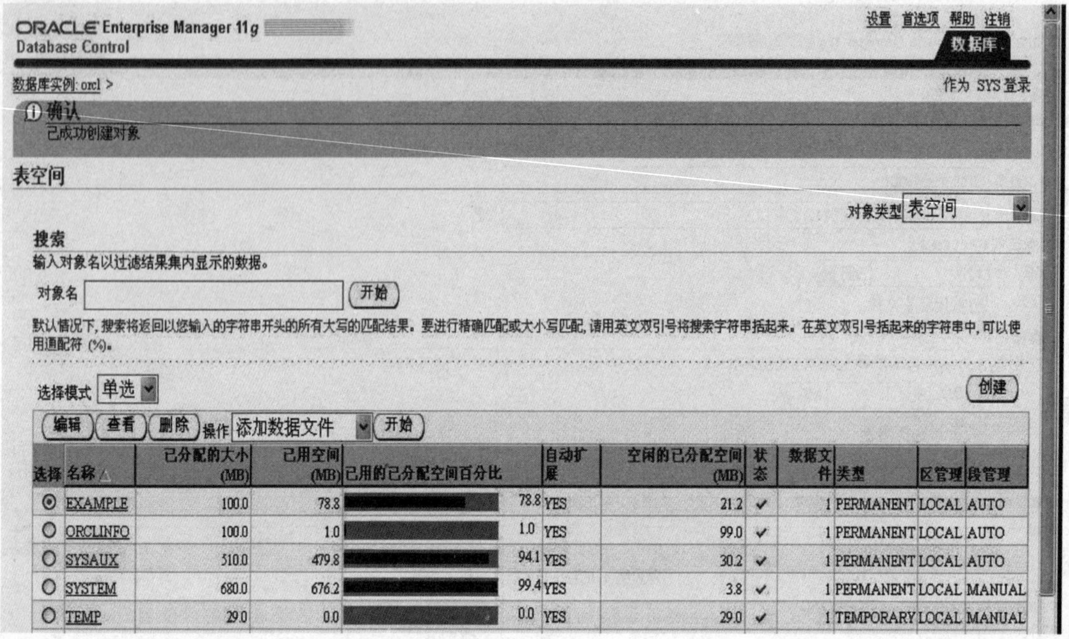

图 4-6　在"表空间"页面出现"已成功创建对象"的确认信息

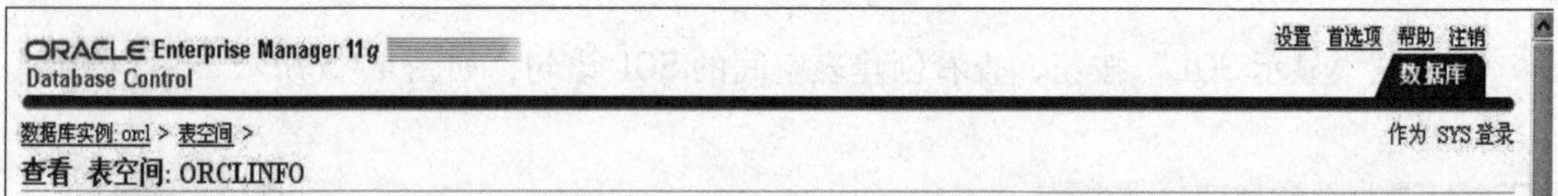

表空间

选择	名称 △	已分配的大小 (MB)	已用空间 (MB)	已用的已分配空间百分比	自动扩展	空闲的已分配空间 (MB)	状态	数据文件	类型	区管理	段管理
⊙	EXAMPLE	100.0	78.8	78.8	YES	21.2	✓	1	PERMANENT	LOCAL	AUTO
○	ORCLINFO	100.0	1.0	1.0	YES	99.0	✓	1	PERMANENT	LOCAL	AUTO
○	SYSAUX	510.0	479.8	94.1	YES	30.2	✓	1	PERMANENT	LOCAL	AUTO
○	SYSTEM	680.0	676.2	99.4	YES	3.8	✓	1	PERMANENT	LOCAL	MANUAL
○	TEMP	29.0	0.0	0.0	YES	29.0	✓	1	TEMPORARY	LOCAL	MANUAL

图 4-7　查看表空间 ORCLINFO 的信息

```
Create[Smallfile |Temporary |Bigfile |Undo]Tablespace  <表空间名称>
Datafile  <数据文件路径与名称>
Size  <数据文件大小>
[Autoextend On |OFF][Next <增量>][Maxsize Unlimited |<数据文件的最大
值>]
[Online |Offline][Logging |NoLogging][Compress |NoCompress]
[Permanent |Temporary][Extent Management Local |Dictionary]
[Autoallocate |Uniform Size <盘区大小数值>]
[Segment Space Management Auto |Manual]
```

任务：使用命令方式创建"ORCLNORMAL"临时表空间，对应的数据文件为"OrclNormal01. dbf"，文件目录为"C:\APP\YMW\ORADATA\ORCL\"，文件大小为"100 MB"。

使用"SYS"用户的 SYSDBA 身份登录到 SQL * Plus，在命令栏里输入创建"OrclNormal"的临时表空间的 SQL 命令，对应的数据文件为"OrclNormal01. dbf"，大小为"100 MB"，如图 4 - 8 所示。

```
SQL*Plus: Release 11.2.0.1.0 Production on 星期日 3月 26 15:30:45 2017

Copyright (c) 1982, 2010, Oracle.  All rights reserved.


连接到:
Oracle Database 11g Enterprise Edition Release 11.2.0.1.0 - Production
With the Partitioning, OLAP, Data Mining and Real Application Testing options

SQL> CREATE SMALLFILE TEMPORARY TABLESPACE "ORCLNORMAL"
  2  TEMPFILE 'C:\APP\YMW\ORADATA\ORCL\OrclNormal01.dbf' SIZE 100M ;

表空间已创建。

SQL>
```

图 4 - 8 使用命令创建 ORCLNORMAL 临时表空间

二、修改与删除表空间

1. 使用 OEM 方式修改与删除表空间

任务：使用 OEM 修改表空间"ORCLINFO"的状态为只读，添加一个数据文件"OrclInfo02. dbf"，文件目录为"C:\APP\YMW\ORADATA\ORCL\"，文件大小为"200 MB"，满后自动扩展，增量为"100 MB"，删除表空间"ORCLINFO"。

操作步骤如下：

①使用 OEM 修改 ORCLINFO 表空间。在"表空间"页面选择需要编辑的表空间 ORCLINFO，然后单击"编辑"按钮，打开"编辑表空间：ORCLINFO"页面，如图 4 - 9 所示。

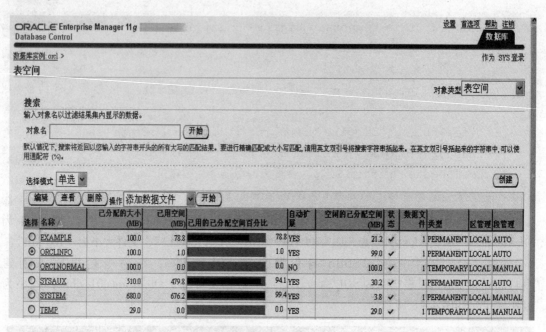

图 4-9　进入"编辑表空间：ORCLINFO"页面

②在该页面可以进行修改表空间的名称、设置表空间的读写状态和可用状态、添加或删除数据文件、选择压缩选项等操作。如图 4-10 所示，修改表空间"ORCLINFO"状态为只读。

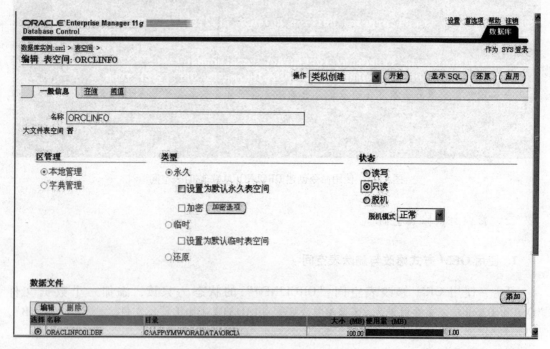

图 4-10　修改表空间"ORCLINFO"状态为只读

③如果要为表空间添加数据文件，单击"数据文件"区域的"添加"按钮，进入"添加数据文件"页面，指定数据文件的名称、文件目录、文件大小和存储参数后，单击"继

续"按钮即可完成数据文件的添加。如图 4 - 11 所示，添加数据文件"OrclInfo02. dbf"，文件目录为"C：\APP\YMW\ORADATA\ORCL\"，文件大小为"200 MB"，满后自动扩展，增量为"100 MB"。

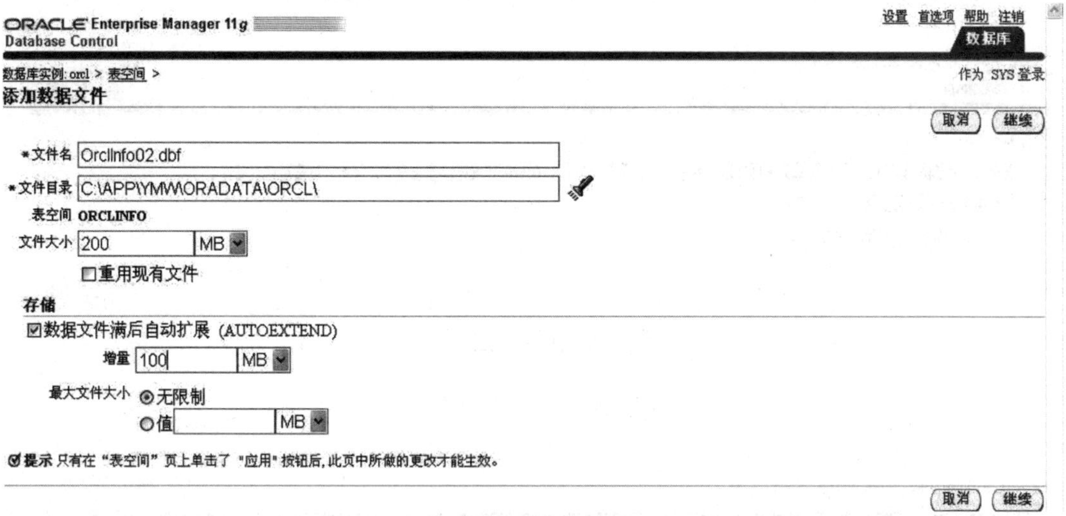

图 4 - 11　添加数据文件页面

④表空间修改完成后，单击"应用"按钮，显示成功修改信息，如图 4 - 12 所示。

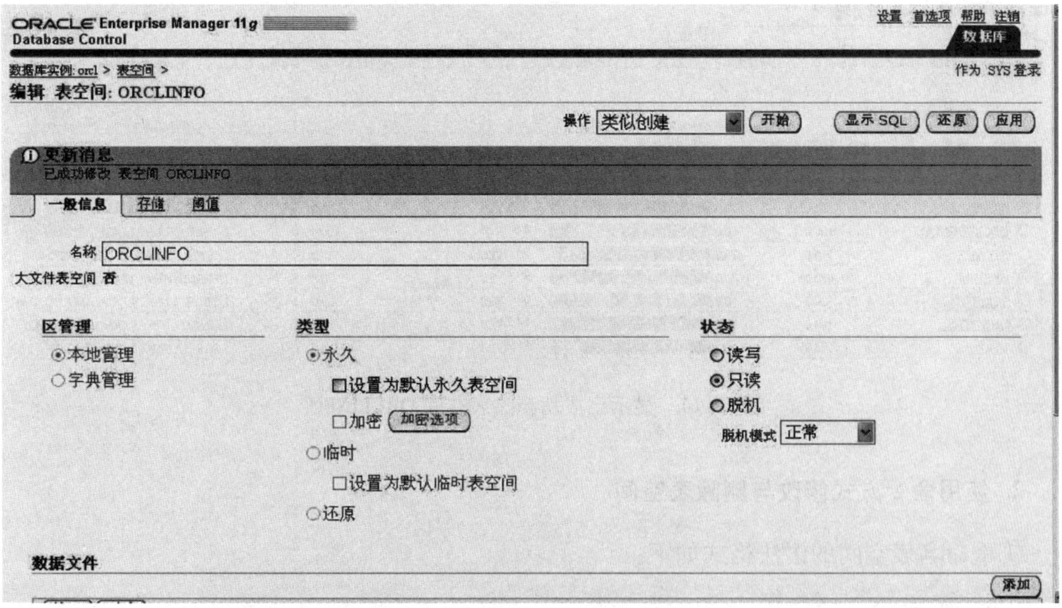

图 4 - 12　显示修改成功

⑤使用 OEM 删除 ORCLINFO 表空间。在"表空间"页面选择需要删除的表空间 ORCLINFO，然后单击"删除"按钮，打开删除表空间的"警告"页面，如图 4 - 13 所示。

在"警告"页面中有一个"从存储删除相关联的数据文件"复选框，如果选中该复选框，则表空间中的数据文件也会全部删除；如果取消该复选框的选中状态，则只会删除表空间而不删除其中的数据文件。默认情况下，该复选框是选中状态。在"警告"页面单击"删除"按钮，完成表空间的删除操作。返回表空间页面，显示"已成功删除"，如图 4 – 14 所示。

图 4 – 13 删除表空间的"警告"页面

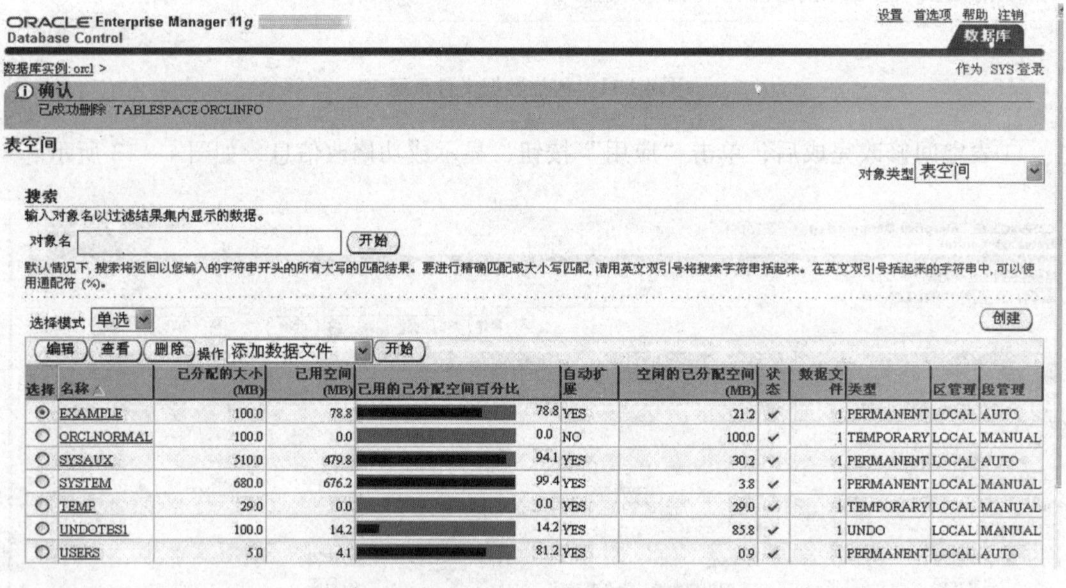

图 4 – 14 显示已成功删除表空间 ORCLINFO

2. 使用命令方式修改与删除表空间

①重命名表空间的语法格式如下：

```
Alter Tablespace <表空间原名称> Rename To <表空间新名称>;
```

②设置表空间的读写状态。表空间在创建时如果不指定状态，默认为读写状态，除了读写状态之外，还有只读状态。设置表空间读写状态的语法格式如下：

```
Alter Tablespace <表空间名称> Read Only|Read Write;
```

③设置表空间的可用状态。表空间的可用状态是指表空间的联机和脱机状态，如果把表空间设置成联机状态，那么表空间就可被用户操作；反之，设置成脱机状态，表空间就是不可用的。设置表空间的可用状态的语法格式如下：

```
Alter Tablespace <表空间名称> Online |Offline[Normal |Temporary |
Immediate];
```

④设置用户默认的表空间。Oracle 用户的默认永久表空间为 USERS，默认临时表空间为 TEMP。也允许使用非 USERS 表空间作为默认的永久性表空间，使用非 TEMP 表空间作为默认的临时表空间。

设置默认的永久性表空间的语法格式如下：

```
Alter Database Default Tablespace <永久性表空间名称>;
```

设置默认的临时表空间的语法格式如下：

```
Alter Database Default Temporary Tablespace <临时表空间名称>;
```

⑤修改表空间的默认类型。

可以使用 Alter Database 命令修改表空间的默认类型，例如，修改表空间默认类型为 BIGFILE，命令如下所示：

```
Alter Database Set Default bigfile Tablespace;
```

⑥删除表空间。

当某个表空间不再需要时，可以删除该表空间，这要求用户具有 Drop Tablespace 的系统权限。

使用命令方式删除表空间，也可选择把表空间中的数据文件一并删除。删除表空间的语法格式如下：

```
Drop Tablespace <表空间名称>[Including Contents[And Datafiles]]
```

任务：使用命令修改表空间"ORCLNORMAL"，名称为"ORCLNEW"，修改数据文件"OrclNormal01. dbf"的大小为 200 MB，最后删除表空间"ORCLNEW"。

操作步骤如下：

①在命令行中输入命令 ALTER TABLESPACE " ORCLNORMAL " RENAME TO " ORCLNEW "，修改表空间名为 ORCLNEW，如图 4 – 15 所示。

```
SQL>
SQL> ALTER TABLESPACE "ORCLNORMAL" RENAME TO "ORCLNEW"
  2 ;

表空间已更改。

SQL>
```

图 4 – 15 使用命令修改表空间名

②把表空间 ORCLNEW 对应的数据文件"ORCLNORMAL01. dbf"的大小修改为 200 MB，如图 4 – 16 所示。

```
SQL> ALTER DATABASE TEMPFILE 'C:\APP\YMW\ORADATA\ORCL\ORCLNORMAL01.DBF' RESIZE 200M;
数据库已更改。
```

图 4 – 16　使用命令修改数据文件大小

③将表空间 ORCLNEW 及其数据文件一并删除，如图 4 – 17 所示。

```
SQL> DROP tablespace OrclNew including contents and datafiles;
表空间已删除。
```

图 4 – 17　使用命令删除表空间

任务 2　表的创建与修改

 任务描述

1. 创建表。
2. 修改表结构，并给表添加约束。

相关知识与任务实现

方案是一系列数据库对象的集合，是数据库中存储数据的一个逻辑表示或描述。方案对象有表、索引、触发器、数据库链接、PL/SQL 包、序列、同义词、视图、存储过程、存储函数等，非方案对象有表空间、用户、角色、概要文件等。

在 Oracle 数据库中，每个用户都拥有自己的方案，创建了一个用户，就创建了一个同名的方案，方案与数据库用户是对应的。但在其他关系型数据库中，两者却没有这种对应关系，所以，方案和用户是两个完全不同的概念，要注意加以区分。在默认情况下，一个用户所创建的所有数据库对象均存储在自己的方案中。

例如，"SYS"用户创建了一个表"Student"，则"SYS"用户查询此表数据时，使用命令"SELECT * FROM Student"，但是，如果其他用户查询此表数据，必须使用命令"SELECT * FROM SYS. Student"。

表是数据库中最基本和最重要的模式对象，是数据实际存放的地方，其他许多数据库对象（索引、视图等）都以表为基础。

关系数据库中的表，其存储数据的逻辑结构是一张二维表，由行和列两部分组成。表中的一行为一条记录，描述一个实体；表中的一列用于描述实体的一个属性。

按照存储内容的不同，表分为系统表和用户表。系统表又称为数据字典，用于存储管理用户数据和数据库本身的数据，记录数据、口令、数据文件的位置等。用户表是由用户建立的，用于存放用户的数据。

按照数据保存时间的长短，表分为永久表和临时表。永久表指表中的数据可以长期保存，通常所讲的表即指永久表。临时表指暂时存放在内存中的表。当会话结束时，临时表由系统自动删除。

按照表的结构不同，表分为普通表、分区表（Partitioned Table）、簇表（Clusterd Table）、索引组织表（Index – organized Table，IOT）等。普通表就是最常见的各种应用系统的数据表。分区表中各分区是独立的，可以单独进行管理和操作。簇表是一组表的集合，这些表具有相同的数据块，共享共同的字段，并且经常在一起使用。索引组织表与普通表不同，它的数据是以主键存储方式存储在 B – tree 索引结构中的。

一、创建表

1. 使用 OEM 方式创建表

任务：使用 OEM 创建名为 STUDENT（学生）、CLASS（班级）的表，并查看表的结构。

创建表

操作步骤如下：

①使用"SYS"用户的 SYSDBA 身份登录到 OEM 窗口，切换到"方案"选项卡，在"数据库对象"区域单击"表"超链接，如图 4 – 18 所示，打开"表"页面。

ORACLE Enterprise Manager 11 g
Database Control

设置 首选项 帮助 注销
数据库

作为 SYS 登录

数据库实例: orcl

主目录　性能　可用性　服务器　**方案**　数据移动　软件和支持

数据库对象
表
索引
视图
同义词
序列
数据库链接
目录对象
重组对象

程序
程序包
程序包体
过程
函数
触发器
Java 类
Java 源

实体化视图
实体化视图
实体化视图日志
刷新组
维

更改管理
字典基线
字典比较
字典同步

数据掩码
定义
格式库

用户定义类型
数组类型
对象类型
表类型

XML DB
配置
资源
访问控制列表

工作区管理器
工作区

文本管理器
文本索引
查询日志

图 4 – 18　在 OEM 页面的"方案"选项卡中选择"表"超链接

②在"表"页面的"方案"文本框中直接输入表所在的方案，也可以单击其右侧的"手电筒"图标 ✐，打开"搜索和选择：方案"页面，在该页面的方案列表中选择方案"SYS"，如图 4 – 19 所示。

③单击方案下面的"开始"按钮就可以看到该方案下面的数据表的列表，如图 4 – 20 所示。

④在"表"页面单击"创建"按钮，进入"创建表：表组织"页面，这里选择"标准（按堆组织）"单选按钮，如图 4 – 21 所示。

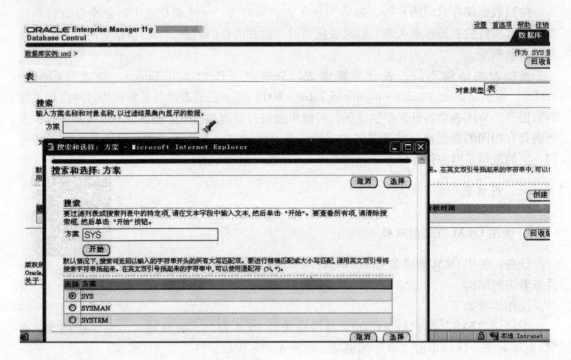

图 4-19 在"搜索和选择:方案"页面选择方案"SYS"

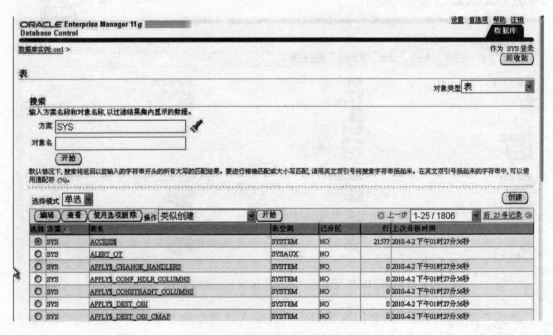

图 4-20 查看 SYS 方案下的数据表

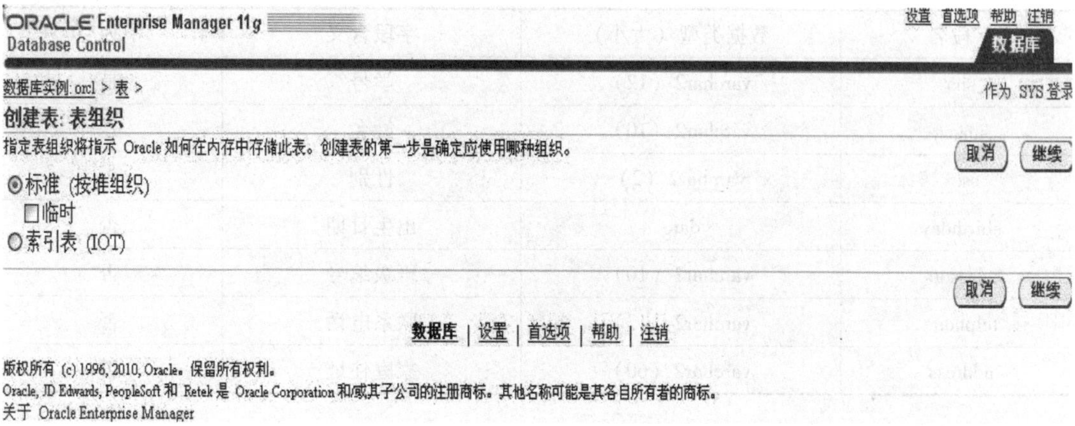

图 4 - 21 选择"表组织"

⑤在"创建表:表组织"页面单击"继续"按钮,打开"创建表"页面的"一般信息"选项卡,如图 4 - 22 所示。

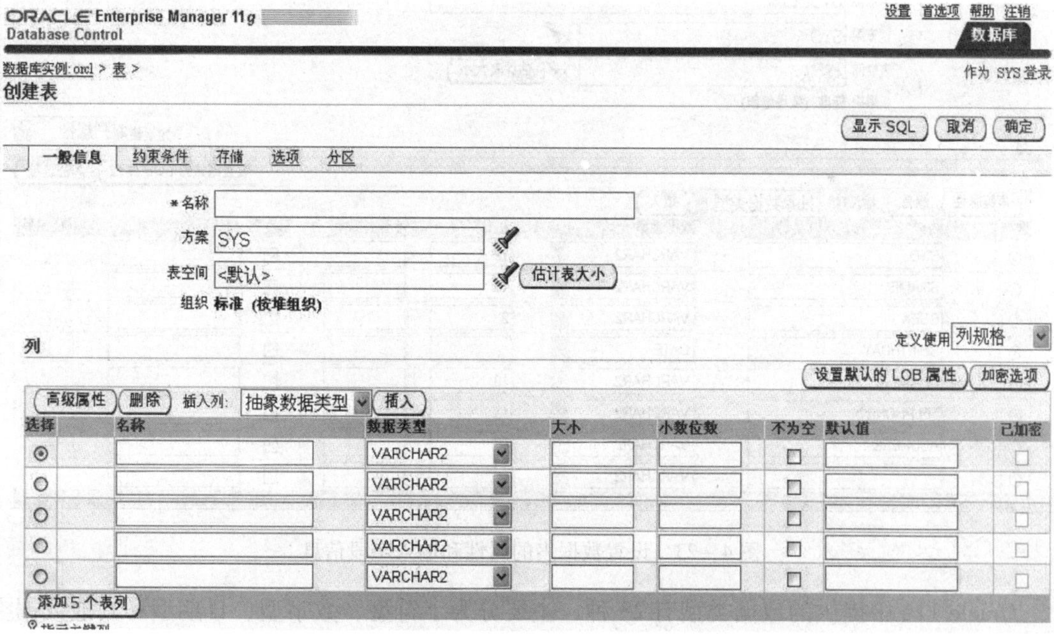

图 4 - 22 "创建表"页面的"一般信息"选项卡

⑥在"一般信息"选项卡的"名称"文本框中输入数据表的名称"STUDENT",在"方案"文本框中输入或选择对应的方案"SYS",在"表空间"文本框中保持默认,也可以选择自己创建的表空间。然后在字段列表中按照数据表 STUDENT 的初始结构数据,如表 4 - 1 所示依次输入字段名、数据类型(大小)、字段含义、不为空,结果如图 4 - 23 所示。

表 4 – 1　Student（学生表）的初始结构数据

字段名	数据类型（大小）	字段含义	不为空
sno	varchar2（12）	学号	是
sname	varchar2（10）	姓名	是
ssex	varchar2（2）	性别	否
sbirthday	date	出生日期	否
classno	varchar2（10）	班级编号	否
telephone	varchar2（13）	联系电话	否
address	varchar2（60）	家庭住址	否

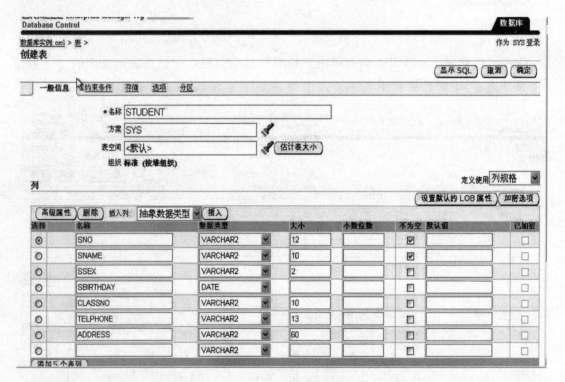

图 4 – 23　设置数据表的属性和输入字段信息

Oracle 11g 中提供的数据类型有 23 种，主要分为字符型、数字型、日期型和其他数据类型四种。

●　字符型

Oracle 11g 中，字符型主要包括非 Unicode 字符和 Unicode 字符。根据数据长度是否可变，又可以分为固定长度的数据类型和可变长度的数据类型。

●　数字型

Oracle 11g 中，数字型主要包括 number 和 float 两种类型，可以用它们来表示整数和小数，常用的是 number 类型。

●　日期型

Oracle 11g 中，日期型主要包括 date 和 timestamp 两种类型。

● 其他数据类型

Oracle 11g 中，使用 LOB（Large Object）数据类型存储非结构化数据，例如，二进制文件、图形文件或其他外部分。

⑦单击"确定"按钮，完成"STUDENT"的创建，并返回到对应的方案页面，如图 4 - 24 所示。

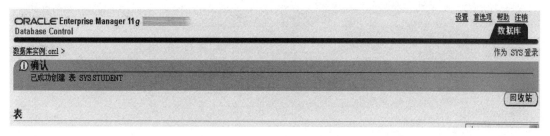

图 4 - 24   成功创建表 "SYS. STUDENT" 的 "表" 页面

⑧在"表"页面的"对象名"文本框中直接输入"STDUENT"，单击"开始"按钮，查找到刚刚创建的"STUDENT"表，如图 4 - 25 所示。

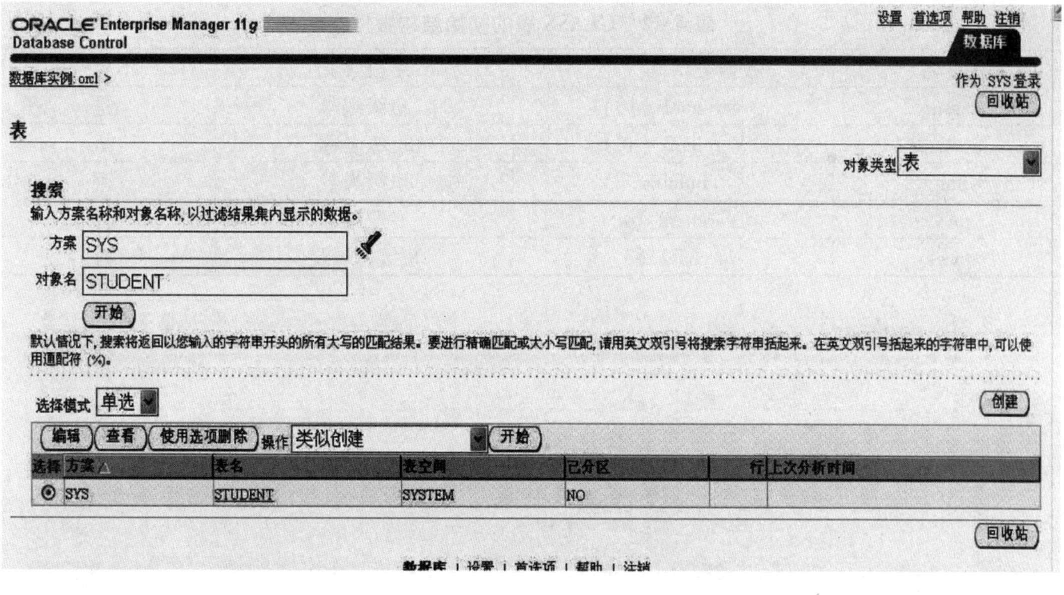

图 4 - 25   查找 "STUDENT" 表页面

⑨在查找到的结果中选中"STUDENT"表，单击查看，如图 4 - 26 所示，可以看到表的结构。

⑩重复上述步骤完成"CLASS"表的创建，数据表 CLASS 的初始结构数据见表 4 - 2。创建完成后，查看 CLASS 表的结构，如图 4 - 27 所示。

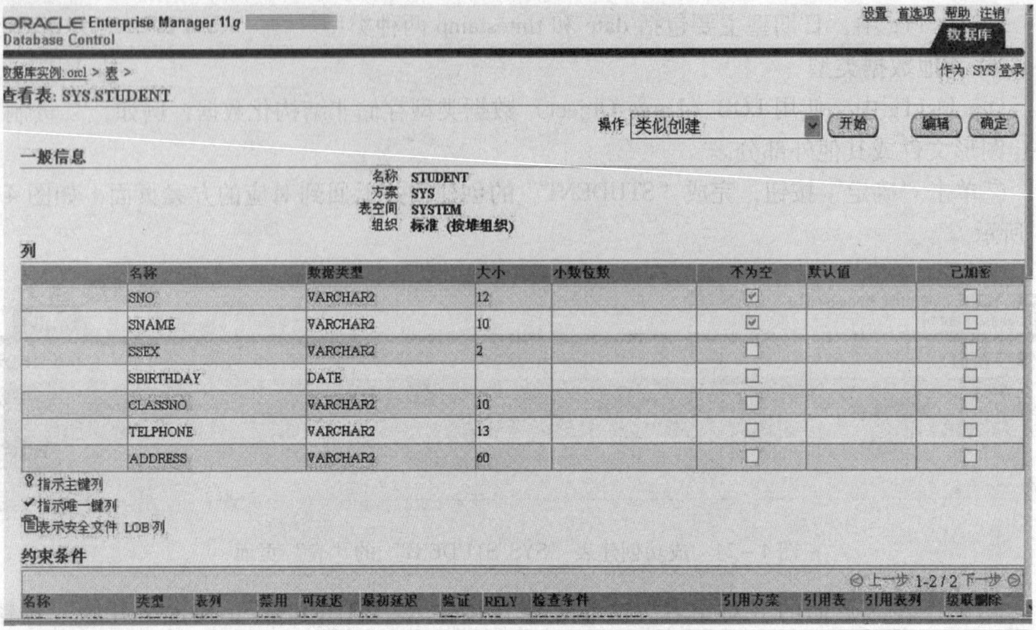

图 4 - 26 查看 "STUDENT" 表结构

表 4 - 2 CLASS 表的初始结构数据

字段名	数据类型（大小）	字段含义	不为空
classno	Varchar2（10）	班级编号	是
classname	Varchar2（40）	班级名称	是
num	number	班级人数	否
pno	Varchar2（4）	专业编号	否
counselor	varchar2（8）	班级辅导员	否

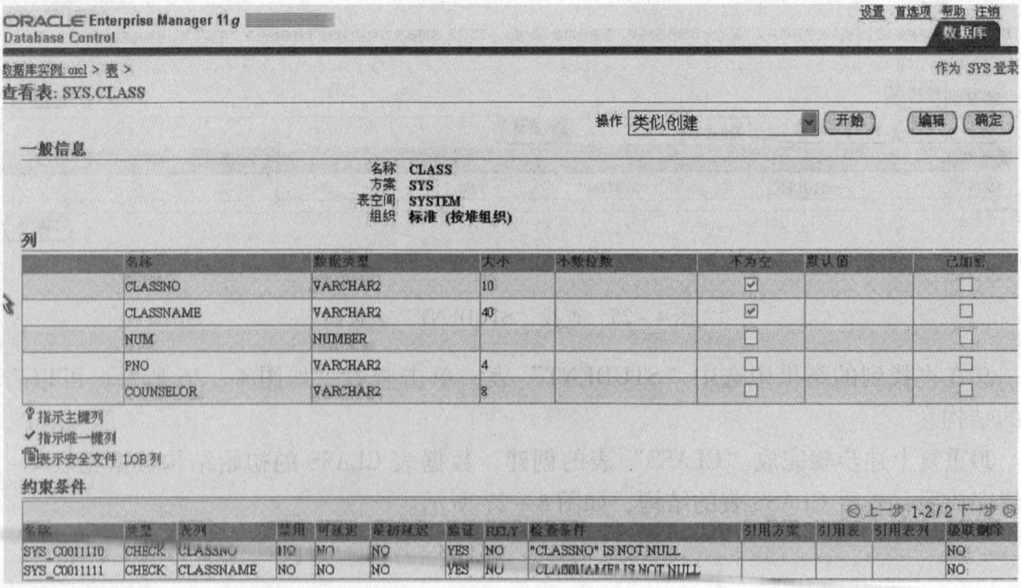

图 4 - 27 查看 "CLASS" 表结构

2. 使用命令方式创建表

创建表的语法格式：

```
Create Table[ <方案名称 >]. <表名 >
(
 <列名 > <数据类型 >[NULL |NOT NULL][default <默认值 >]
[ <约束 >]
);
```

查看表结构的语法格式如下：

```
DESC[ <方案名称 >]. <表名 >;
```

任务：使用命令方式创建 Professional（专业）表，并查看表结构。该表的初始结构数据见表 4 – 3。

表 4 – 3　Professional（专业）表的初始结构数据

字段名	数据类型（大小）	字段含义	不为空
pno	varchar2（4）	专业编号	是
pname	varchar2（20）	专业名称	是
deptno	varchar2（2）	系部编号	否
team_director	varchar2（8）	专业负责人	否

操作步骤如下：

①在命令行中输入创建表的命令，如图 4 – 28 所示。

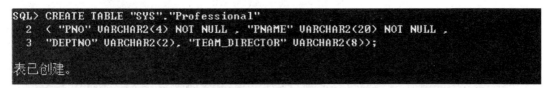

图 4 – 28　使用命令创建 Professional 表

②使用命令 DESC 方案名．表名查看数据表 Professional 的结构，如图 4 – 29 所示。

图 4 – 29　使用命令查看 Professional 表结构

3. 使用 Oracle SQL Developer 创建表

任务：使用 SQL Developer 创建数据表 DEPARTMENT（系部），该表的初始结构数据见

表4-4。

表4-4 DEPARTMENT（系部）表的初始结构数据

字段名	数据类型（大小）	字段含义	不为空
deptno	varchar2（2）	系部编号	是
deptname	varchar2（50）	系部名称	是
leader	varchar2（8）	系部领导	否

操作步骤如下：

①启动"Oracle SQL Developer"，连接 Oracle 数据库，以指定用户"SYS"和口令"123"连接到 ORCL 数据库，角色选择 SYSDBA。连接信息对话框如图4-30 所示。

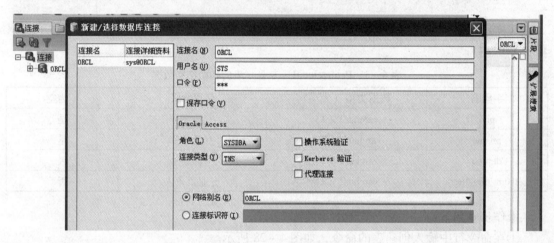

图4-30 连接信息对话框

②在"Oracle SQL Developer"左侧树形结构中右击"表"节点，在弹出的快捷菜单中选择"新建表"命令，如图4-31 所示。

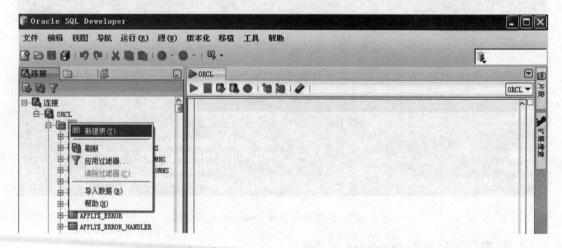

图4-31 在"表"节点的快捷菜单中选择"新建表"命令

③打开如图 4 - 32 所示的"创建表"对话框,在该对话框中选择默认方案"SYS",在"名称"文本框中输入"Department"。

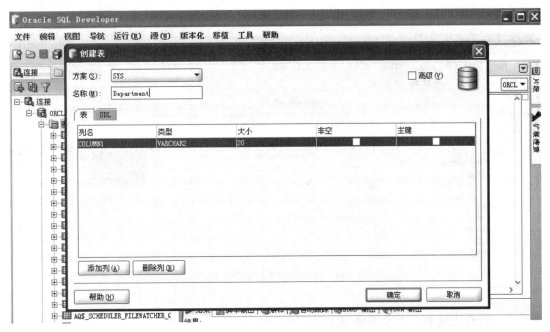

图 4 - 32 "创建表"对话框的初始界面

④在第一行的"列名"位置输入"deptno","类型"保留"VARCHAR2"不变,在"大小"位置输入"2",选中"非空"。然后单击"添加列"按钮,增加新的空白列,再依次输入"列名""大小",选择"类型",新增 2 个表列的表结构如图 4 - 33 所示。

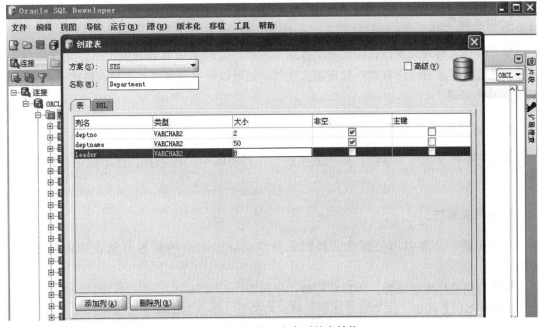

图 4 - 33 新增 2 个表列的表结构

⑤设置完成后，单击"确定"按钮，完成了数据表的创建，关闭"创建表"对话框，在"Oracle SQL DEVELOPER"中的"表"节点下将新增 DEPARTMENT 子节点。查询结果如图 4 – 34 所示。

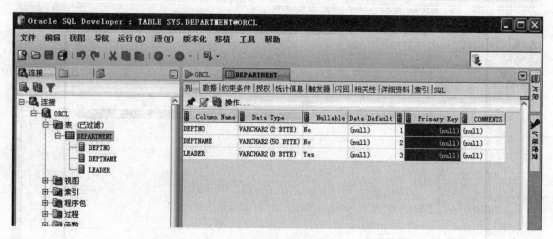

图 4 – 34　查询 DEPARTMENT 表的结构

二、修改表结构，并给表添加约束

在数据库中存储数据，必须保证数据的正确性、准确性、一致性和完整性。Oracle 使用完整性约束（integrity constraints）来防止不合法的数据写入数据库。约束可以通过使用CREATE TABLE 语句指定，也可以创建表之后使用 ALTER TABLE 添加或修改。

Oracle 数据库的完整性可以分为以下三类：

1. 域完整性

域完整性又称列完整性，指定一个数据集对某一个列是否有效并确定是否允许为空值。域完整性通常是通过使用有效性检查来实现的，还可以通过限制数据类型、格式或者可能的取值范围来实现。

2. 实体完整性

实体完整性又称行完整性，要求表中的每一行有唯一的标志符，这个标志符就是主关键字。

3. 参照完整性

参照完整性又称引用完整性。参照完整性保证主表中的数据与从表中的数据的一致性。

从数据完整性角度来看，约束有五种，分别是：

①NOT NULL 约束：用于对实体完整性进行约束，指定表中某个列不允许为空值，必须为该列提供值。

②UNIQUE 约束：用于对实体完整性进行约束，使某个列或某些列的组合唯一，防止出现冗余值。

③PRIMARY KEY 约束：用于对实体完整性进行约束，使某个列或某些列的组合唯一，也是表的主关键字。

④FOREIGN KEY 约束：用于实体对参照（关系）完整性进行约束，使某个列或某些列为外关键字，其值与从表的主关键字匹配，实现引用完整性。

⑤CHECK 约束：用于对域完整性进行约束，指定表中的每一行数据必须满足的条件。

修改表结构，并给表添加约束有以下几种方式：

1. 使用 OEM 方式修改表结构，并给表添加约束

任务：使用 OEM 给 STUDENT（学生）表添加字段 SSCORE，数据类型 NUMBER，并创建 CHECK 约束，约束名为"入学成绩检查"，检查条件为" >＝300"。把字段 SNO 设为主键。为 STUDENT（学生）表和 CLASS（班级）表创建 FOREIGN KEY 约束，约束名为"双表班级编号检查"，外键约束设置在 CLASSNO 字段上。

操作步骤如下：

①在"表"页面的"对象名"文本框中直接输"STDUENT"，单击"开始"按钮查找到刚刚创建的"STUDENT"表，如图 4 - 35 所示。

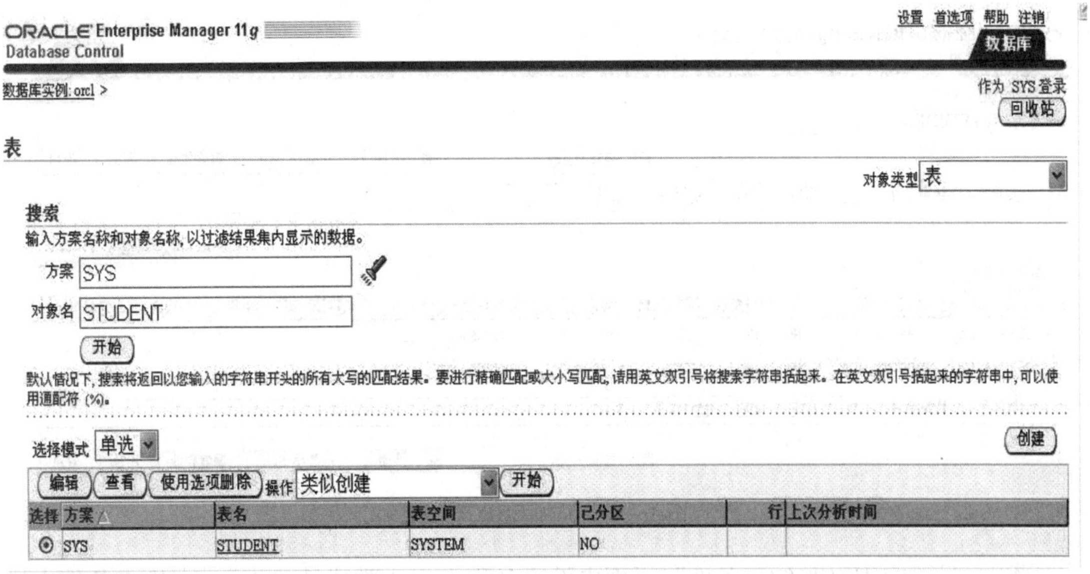

图 4 - 35　查找"STUDENT"表页面

②单击"编辑"按钮，在页面的"一般信息"选项卡中，列的最后添加名称 SSCORE，数据类型 NUMBER，如图 4 - 36 所示。

③单击"约束条件"，选择约束条件"CHECK"，单击"添加"按钮，如图 4 - 37 所示。

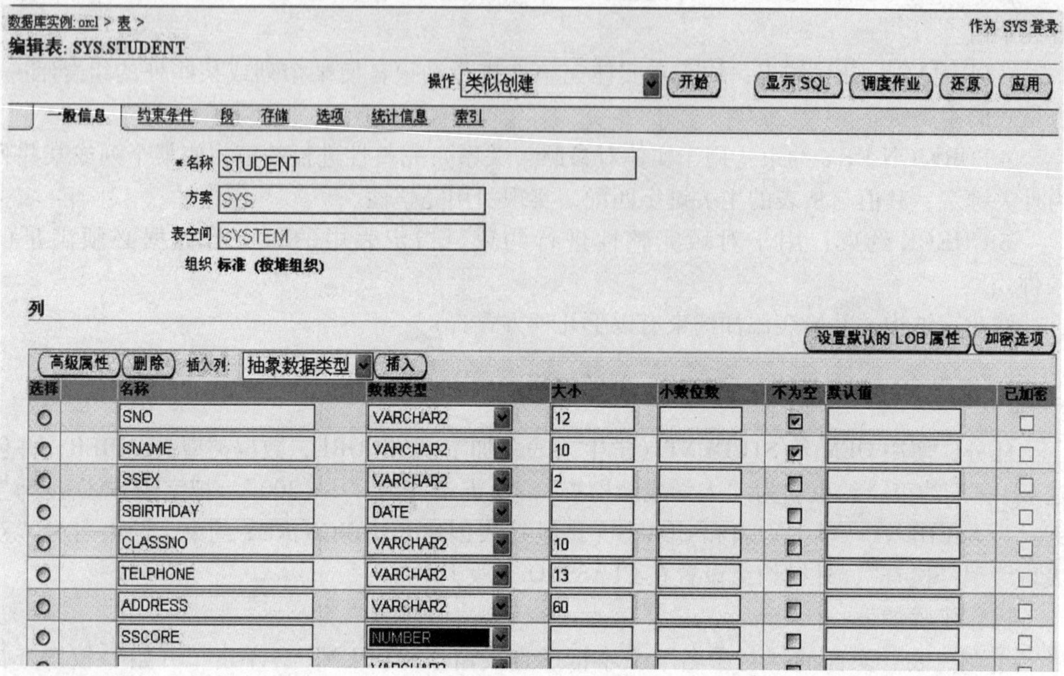

图 4 - 36 添加字段 SSCORE

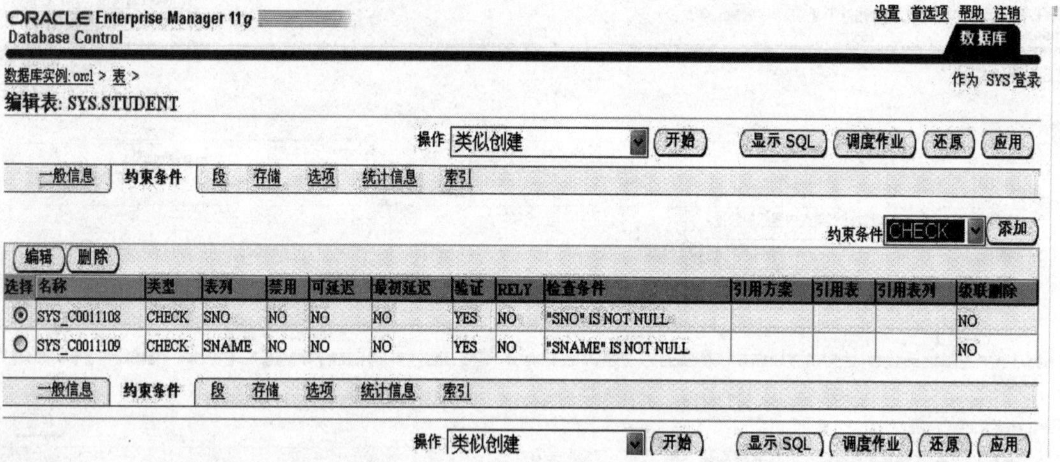

图 4 - 37 添加 CHECK 约束

④在"添加 CHECK 约束条件"页面中设置名称为"入学成绩检查",在检查条件中输入"sscore >= 300",如图 4 - 38 所示。

⑤单击"继续"按钮,选择约束条件"PRIMARY",单击"添加"按钮,如图 4 - 39 所示。

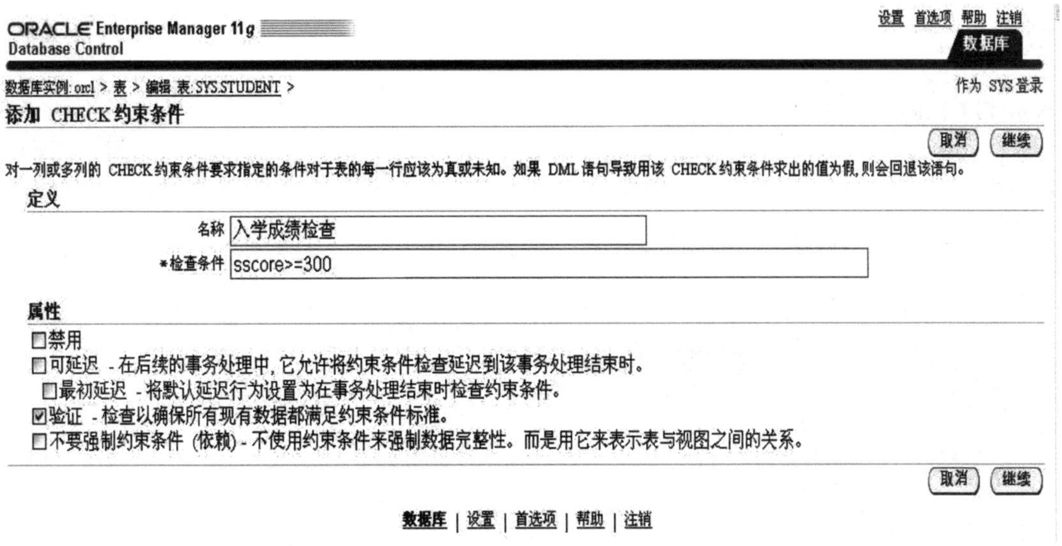

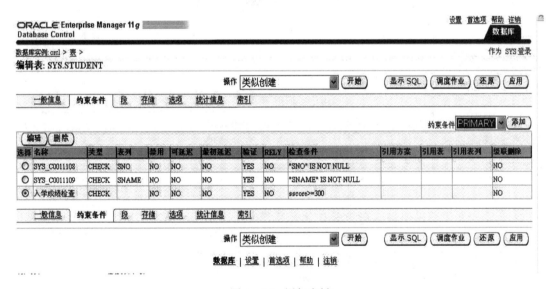

图 4 - 38　设置约束名为"入学检查"的 CHECK 约束

图 4 - 39　添加主键

⑥设置约束名称为"主键",在可用列表中选择"SNO",单击"移动"按钮添加到所选列,如图 4 - 40 所示。

⑦单击"继续"按钮,返回到约束条件页面,可以看到当前添加的约束。单击"应用"按钮保存本次修改,如图 4 - 41 所示。

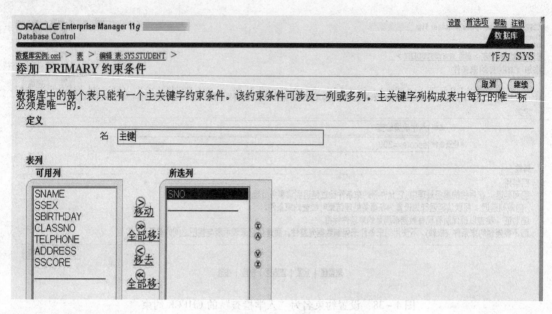

图 4-40　设置字段"SNO"为主键

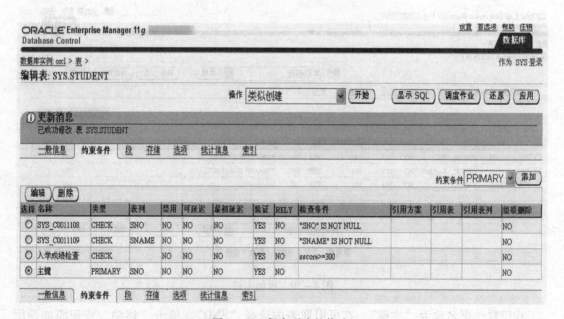

图 4-41　保存对表的修改

⑧在"表"页面的"对象名"文本框中直接输入"STDUENT"，单击"开始"按钮查找"STUDENT"表，如图 4-42 所示。

⑨单击"编辑"按钮，在"约束条件"选项卡中选择约束条件"FOREIGN"，单击"添加"按钮，如图 4-43 所示。

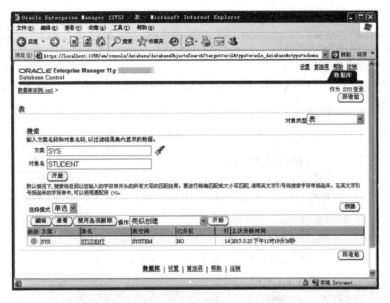

图 4-42 查找"STUDENT"表页面

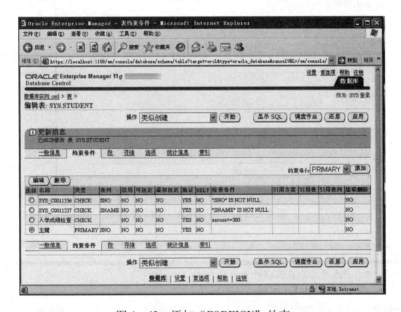

图 4-43 添加"FOREIGN"约束

⑩输入约束名"双表班级编号检查",在可用列中选择"CLASSNO",单击"移动"按钮添加到所选列,如图 4-44 所示。

⑪单击"引用表" 🖋 ,在"搜索和选择:方案和表"页面中,输入方案"SYS"、表"CLASS",在搜索结果中选取表"CLASS",单击"选择"按钮,如图 4-45 所示。

⑫单击"开始"按钮,在可用列中选择"CLASSNO",单击"移动"按钮添加到所选列,如图 4-46 所示。

⑬单击"应用"按钮,保存本次修改,如图 4-47 所示。注意设置的外键关联,表"CLASS"中字段"CLASSNO"必须为主键。

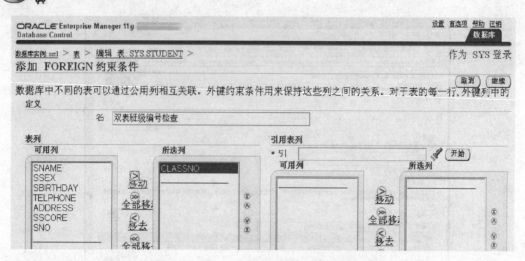

图 4 – 44　输入约束名 "双表班级编号检查"

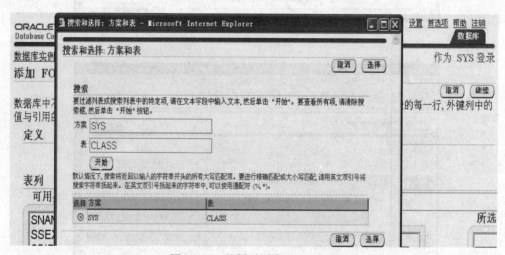

图 4 – 45　选择引用表 "CLASS"

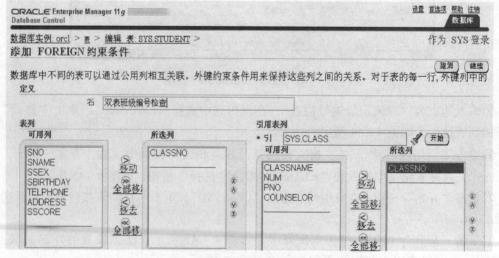

图 4 – 46　选择关联外键字段 "CLASSNO"

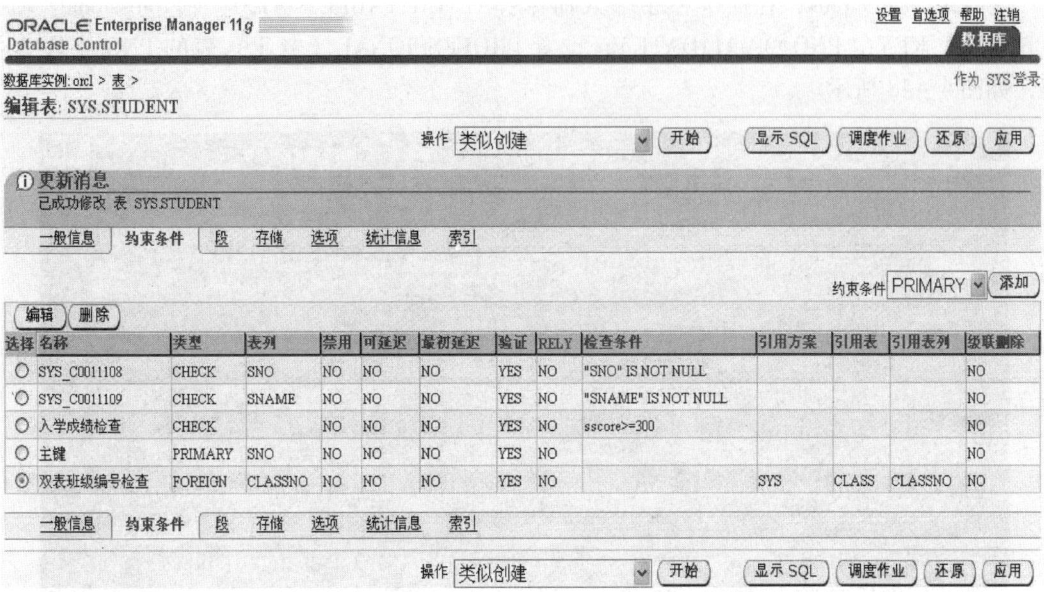

图 4 - 47 保存修改

2. 使用命令方式修改表结构，并给表添加约束

修改表的语法格式：

```
ALTER TABLE[ < 方案名 >. ] < 表名 >
[ADD( < 字段名 > < 类型( 长度) > [ , < 字段名 > < 类型( 长度) > …] )]
[DROP[COLUMN < 字段名 >] |( < 字段名 > , < 字段名 > [ , < 字段名 > …] )]
[MODIFY( < 字段名 > 字段类型[ DEFAULT < 值 > |NOT NULL |NULL]
[ , < 字段名 > 字段类型[ DEFAULT < 值 > |NOT NULL |NULL] ] )];
```

其中，ALTER 为修改关键字；ADD 表示增加字段；DROP 表示删除字段；MODIFY 表示修改字段。

添加约束的语法格式：

```
ALTER TABLE[ < 方案名 >. ] < 表名 >
ADD([ CONSTRAINT < 约束名 > < 约束类型 > ( 约束条件表达式) ] );
```

删除约束的语法格式：

```
ALTER TABLE[ < 方案名 >. ] < 表名 >
DROP([ CONSTRAINT < 约束名 > < 约束类型 > ( 约束条件表达式) ] ); --
```

任务：使用命令修改 PROFESSIONAL（专业）表的 PNO 字段为主键。给 CLASS（班级）表的 NUM 字段添加 CHECK 约束，约束名为"班级人数检查"，检查条件" >15"。使用命令为 CLASS（班级）表和 PROFESSIONAL（专业）表创建 FOREIGN KEY 约束，约束名为"双表专业编号检查"，外键约束设置在 PNO 字段上。

操作步骤如下：

①登录 SQL * Plus，在命令栏中输入命令：ALTER TABLE " SYS". " Professional" ADD
(PRIMARY KEY("PNO") VALIDATE)，设置 PROFESSIONAL （专业）表的 PNO 字段为主
键，如图 4 - 48 所示。

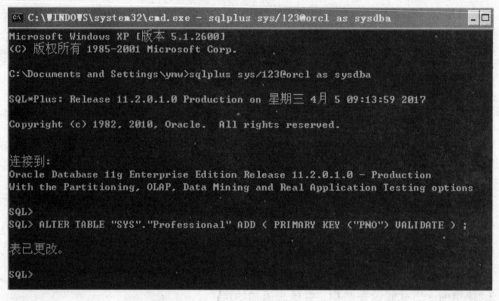

图 4 - 48　命令设置 PNO 字段为主键

②在命令栏中输入命令：ALTER TABLE " SYS". " CLASS" ADD(CONSTRAINT " 班级人
数检查" CHECK(num > 15) VALIDATE)。给 CLASS （班级）表的 NUM 字段添加 CHECK 约
束，约束名为"班级人数检查"，检查条件" > 15"，如图 4 - 49 所示。

```
SQL>
SQL>
SQL>
SQL> ALTER TABLE "SYS"."CLASS"
  2  ADD ( CONSTRAINT "班级人数检查" CHECK (num>15) VALIDATE ) ;
表已更改。
```

图 4 - 49　给 NUM 字段添加 CHECK 约束

③在命令栏中输入命令：ALTER TABLE " SYS". " CLASS" ADD （CONSTRAINT " 双表专业
编号检查" FOREIGN KEY (" PNO") REFERENCES " SYS". " PROFESSIONAL" (" PNO")
VALIDATE)。为 CLASS （班级）表和 PROFESSIONAL （专业）表创建 FOREIGN KEY 约束，
约束名为"双表专业编号检查"，外键约束设置在 PNO 字段上，如图 4 - 50 所示。

```
SQL> ALTER TABLE "SYS"."CLASS"
  2  ADD ( CONSTRAINT "双表专业编号检查" FOREIGN KEY ("PNO")
  3  REFERENCES "SYS"."PROFESSIONAL" ("PNO") VALIDATE ) ;
表已更改。
```

图 4 - 50　设置"双表专业编号检查"

任务3　数据记录的添加与修改

任务描述

1. 在 Oracle SQL Developer 中新增、修改和删除表的记录。
2. 在 Oracle SQL Developer 中导入 Excel 文件内容。
3. 在 Oracle SQL Developer 中使用命令的方式新增、修改、删除表的记录。

相关知识与任务实现

Oracle SQL Developer 是 Oracle 公司出品的一个免费的集成开发环境。其是一个免费非开源的用以开发数据库应用程序的图形化工具，使用 SQL Developer 可以浏览数据库对象、运行 SQL 语句和脚本、编辑和调试 PL/SQL 语句。另外，还可以创建执行和保存报表。因此，下面的任务在 SQL Developer 中完成，以便熟悉其相关操作。

在 Oracle SQL Developer 中新增和修改、删除表的记录

一、在 Oracle SQL Developer 中新增、修改和删除表的记录

任务：在 Oracle SQL Developer 中，对"STUDENT"表新增如表 4-5 所示的记录数据，并对"STUDENT"表的记录进行修改、删除。

表 4-5　在"STUDENT"表新增的记录数据

SNO	SNAME	SSEX	SBIRTHDAY	CLASSNO
100001	张三	男	1992-01-03	RJ01
100002	李丽	女	1993-12-05	WL01
TELPHONE		ADDRESS		SSCORE
13812345689		江苏省太仓市健雄路 1 号		456
13878964563		江苏省太仓市济南路 1 号		317

操作步骤如下：

①在 Oracle SQL Developer 主窗口左侧窗格的"表"中右击，选择"应用过滤器"，如图 4-51 所示。

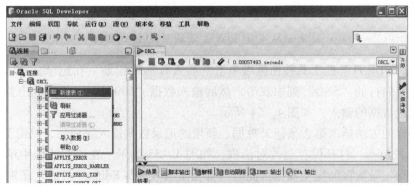

图 4-51　使用"表"的"应用过滤器"

②在过滤器页面中选择"OBJECT_NAME""LIKE",输入要查找的表名"student",单击"确定"按钮,如图4-52所示。

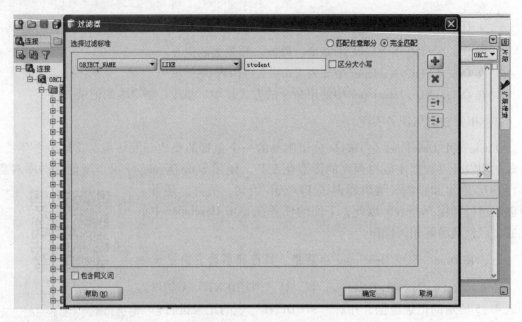

图4-52　查找表"STUDENT"

③在 Oracle SQL Developer 主窗口右侧窗格的"STUDENT"中切换到"数据"选项卡,如图4-53所示,在该选项卡可以插入、修改和删除记录数据。

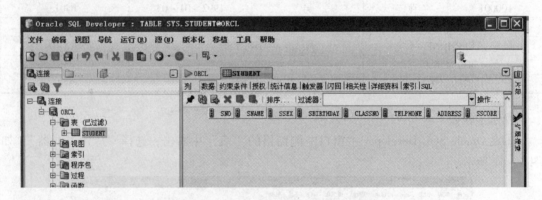

图4-53　"STUDENT"表的"数据"选项卡

④在"STUDENT"的工具按钮区域单击"插入行"按钮，在记录显示区域插入一个空白行,在空白行的"SNO"列中双击,然后输入数据"100001"。依次双击其他输入数据的位置,完成数据的输入,如图4-54所示。

⑤按同样的方法插入第2条记录数据。新增的记录数据输入完成后,单击工具按钮区域的"刷新"按钮，打开保存更改对话框,如图4-55所示。在该对话框中单击"是"按钮,完成新增记录数据的提交操作,此时,将会显示"Data Editor-日志"子窗口。

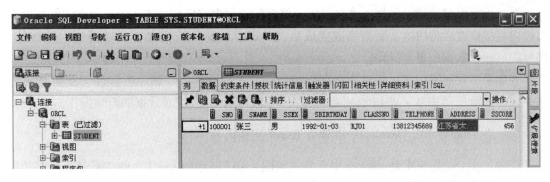

图 4 – 54 在"STUDENT"表中添加一行记录

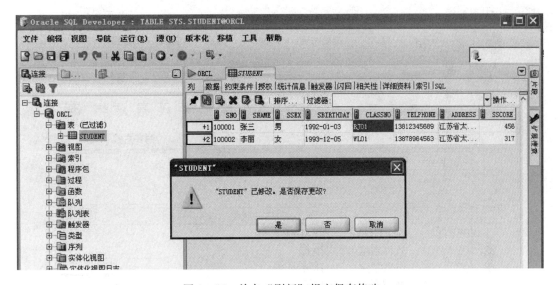

图 4 – 55 单击"刷新"提交保存修改

⑥单击"提交"按钮 ，"STUDENT"表中新插入的 2 条记录数据如图 4 – 56 所示。

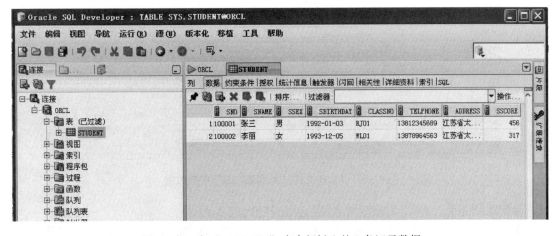

图 4 – 56 在"STUDENT"表中新插入的 2 条记录数据

⑦如果需要修改记录数据，直接双击要修改的数据内容区域，进入编辑状态，在数据编辑栏内直接修改数据内容。数据修改完成后，单击"刷新"按钮🔄或者"提交"按钮📤，即可完成记录数据的更新操作。

⑧如果需要删除记录，先选中待删除的记录行，然后单击"删除所选行"按钮❌进行删除。接着单击"刷新"按钮🔄或者"提交"按钮📤，完成记录数据的删除操作。

二、在 Oracle SQL Developer 中导入 Excel 文件内容

任务：在 Oracle SQL Developer 中，导入如图 4 – 57 所示的 Excel 文件"系部表"中的数据到表"DEPARTMENT"中去。

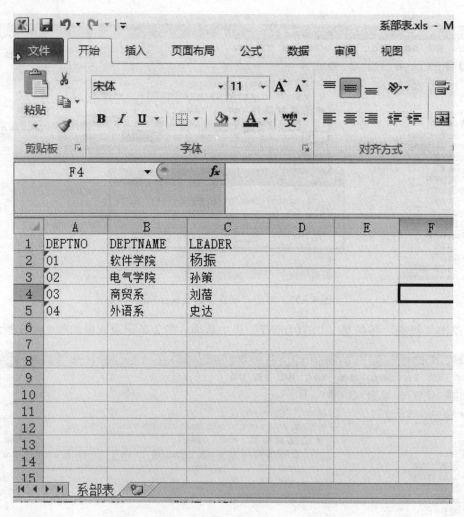

图 4 – 57 Excel 文件"系部表 . xls"中的数据

操作步骤如下：

①在"Oracle SQL Developer"主窗口左侧依次展开"ORAL"→"表"→"DEPARTMENT"，右键单击，在弹出的快捷菜单中选择"导入数据"命令，如图 4 – 58 所示。

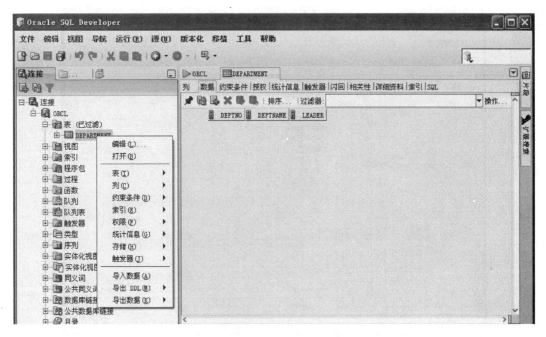

图 4 - 58　选择"导入数据"

②在"打开"页面中选择导入数据源"系部表.xls",单击"打开"按钮,如图 4 - 59 所示。

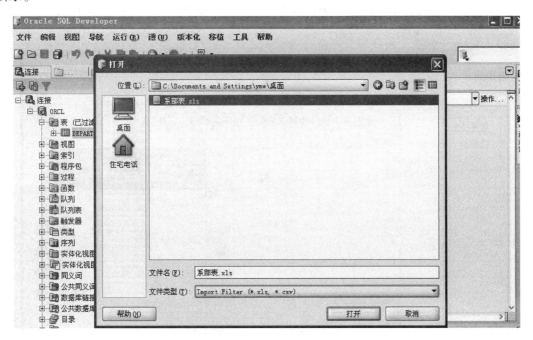

图 4 - 59　选择导入数据源"系部表.xls"

③打开"数据导入向导 - 数据预览"对话框,在"工作表"下拉列表中选择"系部表",选择复选框"标题",单击"下一步"按钮,如图 4 - 60 所示。

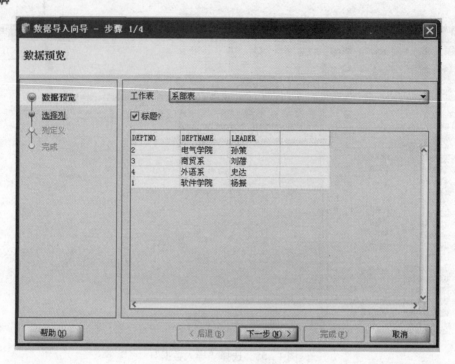

图 4-60　数据预览页面

④打开"数据导入向导－选择列"对话框，单击"全部添加"按钮≫，将"可用列"
列表中的全部列添加到"所选列"中，单击"下一步"按钮，如图 4-61 所示。

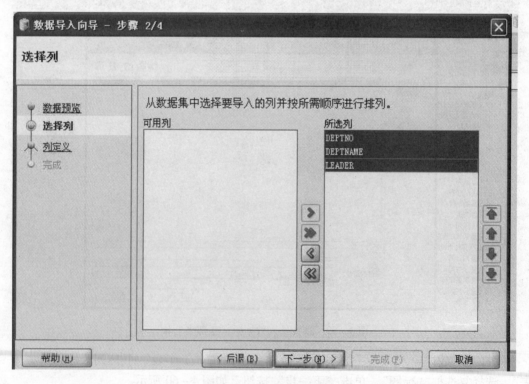

图 4-61　选择所有列

⑤打开"数据导入向导－列定义"对话框，检查表名、源数据列和目标表列是否对应，单击"下一步"按钮，如图 4－62 所示。

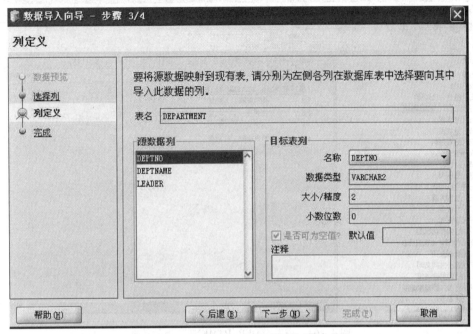

图 4－62　检查表名、源数据列和目标表列

⑥打开"数据导入向导－完成"对话框，单击"验证"按钮，单击"完成"按钮完成"DEPARTMENT"的数据导入，如图 4－63 所示。

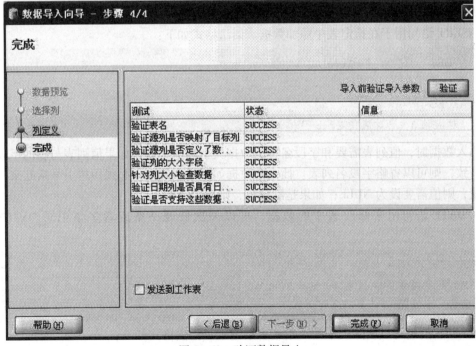

图 4－63　验证数据导入

⑦单击"刷新"按钮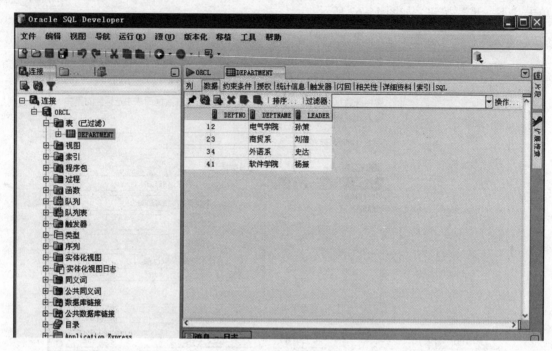，查看导入后"DEPARTMENT"表中的数据，如图 4 - 64 所示。

图 4 - 64   查看"DEPARTMENT"表的数据

三、在 Oracle SQL Developer 中使用命令的方式新增、修改、删除表的记录

数据操纵语言（DML）用来操纵表或视图中的数据。INSERT 命令插入数据，UPDATE 命令更新数据，DELETE 删除数据，SELECT 命令查询数据。

INSERT 语句用于在指定表中添加数据。语法格式如下：

```
INSERT  INTO  table_name
(字段名 1,字段名 2,…)
VALUES
('对应值 1','对应值 2',…);
```

插入数据时，值列表需要和字段名称的数据类型顺序一致，如果值列表与表的字段顺序数量一致，则可以省略字段名列表。插入的数据如果是字符型，必须用单引号括起来；如果是空值，则值需要设为 NULL；如果是默认值，则用 DEFAULT。

UPDATE 语句用来修改表中的数据，可以一次修改一条或者多条记录。语法格式如下：

```
UPDATE table_name
SET 需要修改的字段名 = '更改的值'
WHERE 指定的条件;
```

DELETE 语句可以删除表中的一条或多条记录。语法格式如下：

```
DELETE FROM table_name
WHERE 指定的条件;
```

删除表的记录还可以使用 TRUNCATE 命令，使用该命令可以释放占用的数据块表空间，并且不写入日志文件，执行效率高，但此操作不支持回滚。语法格式如下：

```
TRUNCATE TABLE table_name
```

1. 在 Oracle SQL Developer 中使用命令的方式新增表的记录

任务：在 Oracle SQL Developer 中使用命令的方式对"CLASS"表新增如表 4 – 6 所示的记录数据。

表 4 – 6 "CLASS"表中新增的记录数据

CLASSNO	CLASSNAME	NUM	PNO	COUNSELOR
RJ01	软件 1 班	40	1101	王媛
WL01	网络 1 班	30	1203	武城

操作步骤如下：

①在 Oracle SQL Developer 主窗口右侧单击"ORCL"选项卡，在命令窗口中输入插入第 1 行的命令：insert into class(classno, classname, num, pno, counselor) values ('RJ01 ', '软件 1 班 ', '40 ', '1101 ', '王媛 ');，如图 4 – 65 所示。

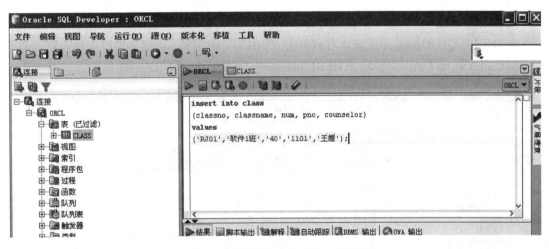

图 4 – 65　使用命令插入第 1 行记录

②单击"执行"按钮▶，没有错误后单击"提交"按钮，在下面的"消息 – 日志"窗口显示"1 行已插入"，如图 4 – 66 所示。

③重复上述步骤插入第 2 行记录，筛选出 CLASS 表，在"数据"选项卡中查看插入的数据，如图 4 – 67 所示。

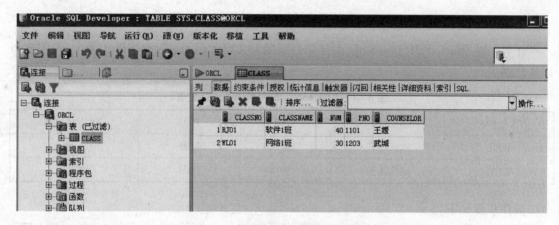

图 4 – 66   执行插入语句并提交

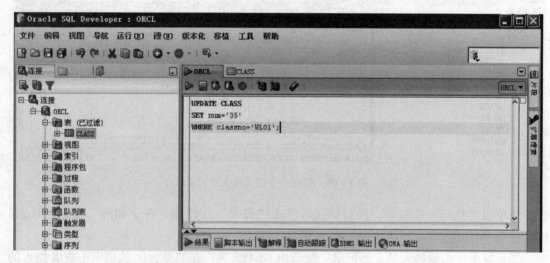

图 4 – 67   使用命令插入第 2 行记录

2. 在 Oracle SQL Developer 中使用命令的方式修改表的记录

任务：把"CLASS"表中班级编号为"WL01"的人数修改为 35。

在 Oracle SQL Developer 主窗口右侧单击"ORCL"选项卡，在命令窗口中输入修改命令 UPDATE CLASS SET num = '35' WHERE classno = 'WL01';，如图 4 – 68 所示。

图 4 – 68   修改 WL01 班级人数为 35

单击"执行"按钮▶，没有错误后单击"提交"按钮，在下面的"消息 – 日志"窗口显示已提交，如图 4 – 69 所示。

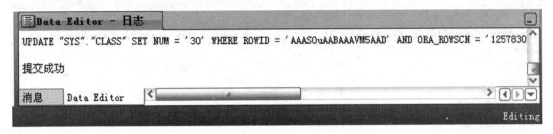

图 4 – 69　执行更新语句并提交

在 CLASS 表的"数据"页面中查看更新后的数据，如图 4 – 70 所示。

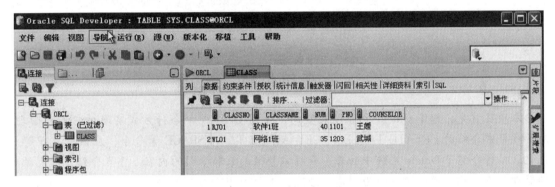

图 4 – 70　查看更新后的数据

3. 在 Oracle SQL Developer 中使用命令的方式删除表的记录

任务：删除"CLASS"表中班级编号为"RJ01"的记录。

在 Oracle SQL Developer 主窗口右侧单击"ORCL"选项卡，在命令窗口中输入删除命令 DELETE FROM CLASS WHERE CLASSNO = 'RJ01';，如图 4 – 71 所示。

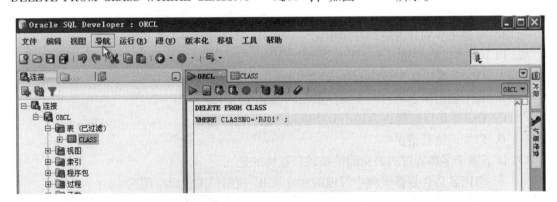

图 4 – 71　删除班级编号为"RJ01"的记录

单击"执行"按钮▷，在 CLASS 表的"数据"页面中查看当前数据，如图 4 – 72 所示。

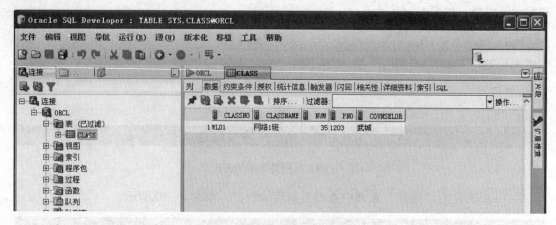

图 4-72　查看删除后的数据

项目小结

本项目首先介绍了 Oracle 中管理表空间，使用 OEM 或命令行方式实现对它们的管理。对于项目中介绍的 CREATE TABLESPACE、ALTER TABLESPACE 等命令，应该着重理解与记忆。接着介绍了 Oracle 系统中的表、数据完整性约束和索引的内容。重点介绍了对表结构的管理，表结构管理的操作分为创建、修改、查看和删除四个部分。

项目作业

一、选择题

1. 以下关于表空间的描述，不正确的是（　　　）。
   A. 只能属于一个数据库　　　　　　　　B. 包括一个或多个数据文件
   C. 可进一步划分为逻辑存储单元　　　　D. 可以属于多个数据库

2. 以下说法正确的是（　　　）。
   A. Oracle 是以区为最小 I/O 读写单元
   B. 每个数据块总是对应着操作系统的每个块
   C. Oracle 是以数据块为最小 I/O 读写单元
   D. 以上说法都错误

3. 以下关于字典管理的表空间的描述，正确的是（　　　）。
   A. 空闲区是在数据字典中管理的　　　　B. 使用位图记录空闲区
   C. 空闲区是在表空间中管理的　　　　　D. 以上都是

4. 以下关于本地管理的表空间的描述，正确的是（　　　）。
   A. 空闲区是在表空间中管理的　　　　　B. 使用位图记录空闲区
   C. 位值指示空闲区或占用区　　　　　　D. 以上都是

5. 以下删除数据的语句不能把数据删除的是（　　　）。

A. DELETE authoes   B. DELETE FROM authors

C. TRUNCATE TABLE authors   D. DELETE authors WHERE 1 = 2

6. 以下对规则和 CHECK 约束的描述，错误的是（   ）。

    A. 规则需要先创建成对象后才可以使用，而 CHECK 约束可以直接使用

    B. 规则对象创建一次后可以反复使用，而 CHECK 对象只能针对某些字段使用一次

    C. 创建规则时，要在规则内设置一个变量；而创建 CHECK 对象时，需要设置一个常量

    D. 使用时，规则要绑定，而 CHECK 约束不需要绑定就可以使用

7. 下面关于 UNIQUE 的描述错误的是（   ）。

    A. 设置了 UNIQUE 的字段的值必须唯一

    B. 设置了 UNIQUE 的字段的值不能为 NULL

    C. 设置了 PRIMARY KEY 的字段一定设置了 UNIQUE 属性

    D. 设置了 UNIQUE 的字段一定有索引

8. 使用 CREATE TABLE 语句可以创建（   ）。

    A. 视图   B. 用户   C. 表   D. 函数

二、简答题

1. 简述表空间和数据文件之间的关系。

2. 简要介绍表空间、段、区和数据块之间的关系。

3. 简述 Oracle 数据表的各类约束及作用。

项目五

数据查询的应用

知识目标

1. 理解 SQL 的概念。
2. 掌握 SQL 语言的分类。
3. 了解运算符与表达式。
4. 掌握各种函数的用法。
5. 熟悉 select 语句的基本结构与使用方法。

能力目标

1. 能使用 select 语句进行基本查询。
2. 能使用 select 语句进行分组查询。
3. 能使用 select 语句进行多表连接查询。
4. 能创建与使用子查询。
5. 能创建与使用联合查询。

任务 1　单表数据查询

任务描述

1. 创建与使用基本查询。
2. 创建与使用条件查询。
3. 创建与使用分组查询。

相关知识与任务实现

　　SQL（Structured Query Language）语言是用于数据库查询的结构化语言。SQL 是高级的非过程化编程语言，允许用户在高层数据结构上工作。它不要求用户指定对数据的存放方法，也不需要用户了解具体的数据存放方式，所以，具有完全不同底层结构的不同数据库系统可以使用相同的 SQL 语言作为数据输入与管理的接口。它以记录集合作为操纵对象，所有的 SQL 语句接收集合作为输入，返回集合作为输出。这种集合特性允许一条 SQL 语句的输出作为另一条 SQL 语句的输入，所以 SQL 语言可以嵌套，这使它具有极大的灵活性和强大的功能。在多数情况下，其他语言中需要一大段程序实现的一个单独事件，只需要一个 SQL 语句就可以达到目的，这也意味着用 SQL 语言可以写出非常简洁的语句。

SQL 语言包含四个部分：

①DQL——数据查询语言（如 select 语句）；

②DML——数据操纵语言（如 insert、update、delete 语句）；

③DDL——数据定义语言（如 create、drop 等语句）；

④DCL——数据控制语言（如 commit、rollback 等语句）。

本项目主要使用 SQL 语言中的 DQL 数据查询语言完成任务。

select 语句的一般格式如下：

```
select <字段名或表达式列表> from[方案名]. <数据表名或视图名>
[where <条件表达式>]
[group by <分组的字段名或表达式>]
[having <筛选条件>]
[order by <排序的字段名或表达式>][ASC|DESC]]
```

select 语句的使用方法：

①select 是查询语句必需的关键字。

②from 子句是 select 语句所必需的子句，用于标识从中检索数据的一个或多个数据表表名或视图。

③where 子句用于设定检索条件，以返回需要的记录。

④group by 子句用于将查询结果按指定的一个字段或多个字段的值进行分组统计，分组字段或表达式的值相等的被分为同一组。

⑤having 子句与 group by 子句配合使用，用于对由 group by 子句分组的结果进一步限定搜索条件。

⑥order by 子句用于将查询结果按指定的字段进行排序。

查询代码可以在 SQL * Plus 中进行，也可以在 SQL Developer 中完成，下面选取 SQL Developer 完成各项任务。

一、创建与使用基本查询

1. 查询表的全部信息

任务：查询"STUDENT"表所有学生的全部信息。

创建与使用基本查询

①在 Oracle SQL Developer 主窗口右侧的"ORCL"工作表的脚本输入区域，输入如下所示的 SQL 查询语句：SELECT * FROM SYS. STUDENT;，如图 5 - 1 所示。在选择列表中使用 * 表达式指定返回源表中的所有列。

②执行语句。在"ORCL"工作表的工具按钮区域单击"执行语句"按钮 ▷，在下方的"结果"窗格中显示 SQL 语句的查询结果，如图 5 - 2 所示。

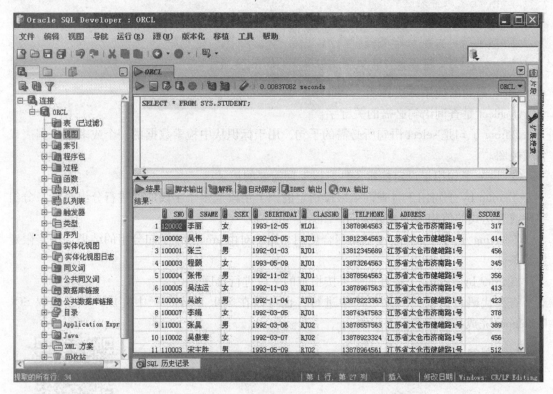

图 5 - 1 查询"STUDENT"表所有学生的全部信息

图 5 - 2 查询"STUDENT"表中所有学生的全部信息

也可以在"ORCL"工作表的工具按钮区域单击"运行脚本"按钮，在下方的"脚本输出"窗格将会显示查询的结果，如图 5 - 3 所示。

2. 查询表的指定列信息

任务：查询"STUDENT"表中所有学生的"SNO""SNAME""TELPHONE"信息。

在 Oracle SQL Developer 主窗口右侧的"ORCL"工作表的脚本输入区域，输入如下所示的 SQL 查询语句：SELECT sno, sname, telphone FROM SYS. STUDENT;，单击"执行"按

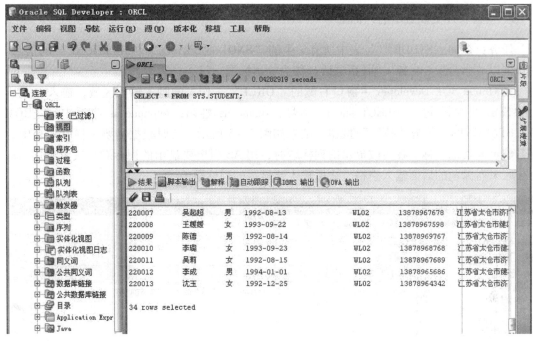

图 5 - 3 查询"STUDENT"表所有学生的全部信息

钮，结果如图 5 - 4 所示。查询表中指定列时，在 SELECT 后面书写列名，如果多列，之间用逗号隔开。

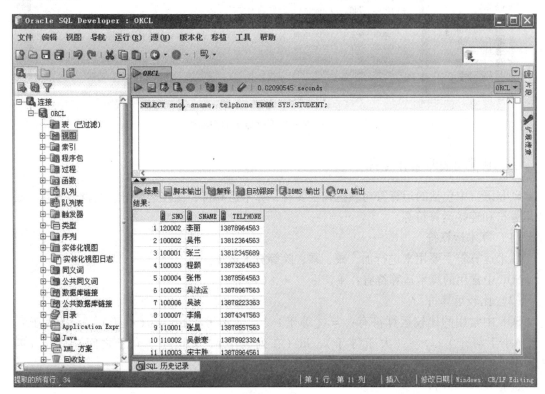

图 5 - 4 查询"STUDENT"表中所有学生的部分信息

3. 查询表并更改显示的列标题

任务：查询"STUDENT"表中所有学生的"SNO""SNAME""TELEPHONE"的信息，并分别以"学号""姓名""联系电话"作为输出标题。

在 Oracle SQL Developer 主窗口右侧的"ORCL"工作表的脚本输入区域，输入如下所示的 SQL 查询语句：SELECT sno as 学号, sname as 姓名, telephone as 联系电话 FROM SYS. STUDENT;。单击"执行"按钮，结果如图 5-5 所示。有时根据需要，将原来表中的列名显示为其他名称。在更改显示的列标题时，用 AS 引出要显示的列标题，或者不用 AS，而在原来列标题的后面输入空格，之后输入要显示的列标题。

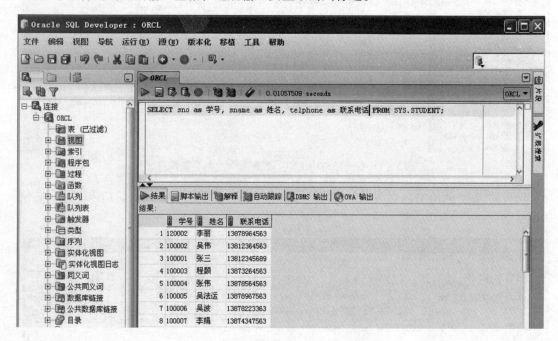

图 5-5　查询表并更改显示的列标题

二、创建与使用条件查询

SQL 语言中包括的运算符与表达式主要有：算术运算符、比较运算符、逻辑运算符、集合运算符和连接运算符等。

（1）算术运算符

算术运算符主要用来进行加、减、乘、除等算术运算。

SQL 中常用的算术运算符有：+、-、*、( ) 等。

（2）比较运算符

SQL 中常用的比较运算符有：=（等于）、!=（不等于）、<（小于）、>（大于）、<=（小于等于）、>=（大于等于）、in（在列表中）、between（介于之间）、like（匹配）等。

（3）逻辑运算符

SQL 语言中常用的逻辑运算符有：and（与）、or（或）、not（非）。逻辑运算符的优先顺序为 not > and > or。

（4）集合运算符

集合运算符又称为谓词运算符。常用的集合运算符有：union、intersect、minus。

（5）连接运算符

用来连接多个字段，或者将多个字符串连接起来。

操作符的优先级别：算术 > 连接 > 比较 > 逻辑。

1. 查询表中指定行

任务：查询"STUDENT"表中学号为"100001"的学生的全部信息。

在 Oracle SQL Developer 主窗口右侧的"ORCL"工作表的脚本输入区域，输入如下所示的查询语句：SELECT * FROM SYS. STUDENT WHERE sno = '100001';，单击"执行"按钮，结果如图 5 - 6 所示。这里使用关键字 WHERE 指定条件，搜索所要查询的行。

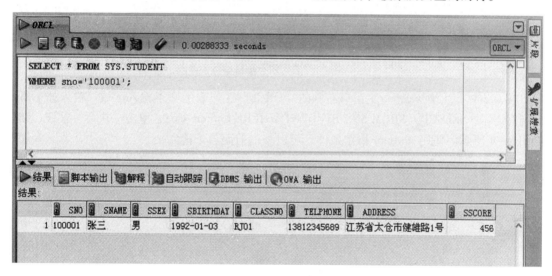

图 5 - 6 查询学号为"100001"的信息

2. 查询不重复的行

任务：查询"STUDENT"表中"CLASSNO"的所有信息，并使用 Distinct 去除重复的记录。

在 Oracle SQL Developer 主窗口右侧的"ORCL"工作表的脚本输入区域，输入如下所示的查询语句：SELECT DISTINCT classno FROM SYS. STUDENT;，单击"执行"按钮，结果如图 5 - 7 所示。有时根据需要，要使用关键字 DISTINCT 取消重复显示的行，使这些行就显示一次。

3. 查询表中前若干行

任务：查询"STUDENT"表中前 5 个学生信息。

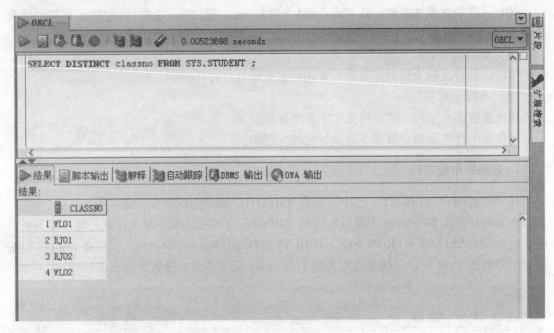

图 5-7　查询不重复的行

在 Oracle SQL Developer 主窗口右侧的"ORCL"工作表的脚本输入区域，输入如下所示的查询语句：SELECT * FROM SYS. STUDENT WHERE rownum <6;，单击"执行"按钮，结果如图 5-8 所示。使用 rownum 指定条件，可以查询前面若干行。

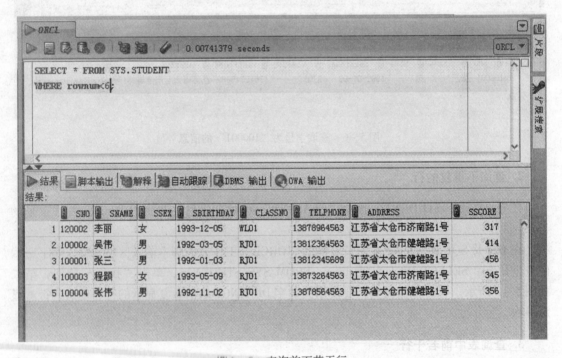

图 5-8　查询前面若干行

4. 指定条件查询

任务：查询"STUDENT"表中出生日期在"1992 – 10 – 30"以前的男生信息；查询"STUDENT"表中姓"吴"的女生信息；查询"RJ01"和"RJ02"班入学成绩大于420的学生信息；查询成绩在380～420之间的学生信息；查询所有入学成绩>500或者姓"张"的学生信息。

①在 Oracle SQL Developer 主窗口右侧的"ORCL"工作表的脚本输入区域，输入如下所示的查询语句：SELECT * FROM SYS. STUDENT WHERE sbirthday < ' 1992 – 10 – 30 ' AND ssex = '男';，单击"执行"按钮，结果如图5 – 9 所示。当查询要同时满足多个条件时，使用逻辑运算符 and 进行多个条件的连接。

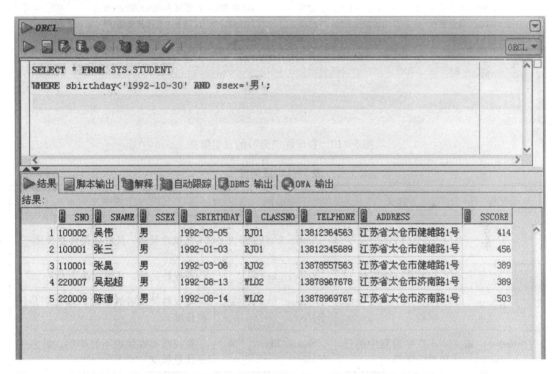

图5 – 9 查询出生日期在"1992 – 10 – 30"以前的男生信息

②在 Oracle SQL Developer 主窗口右侧的"ORCL"工作表的脚本输入区域，输入如下所示的查询语句：SELECT * FROM SYS. STUDENT WHERE sname like '吴%' AND ssex = '女';，单击"执行"按钮，结果如图5 – 10 所示。在这个查询中，姓"吴"的信息使用了通配符%，它代表吴姓后面可以有0到多个字符。有关通配符的使用见表5 – 1。

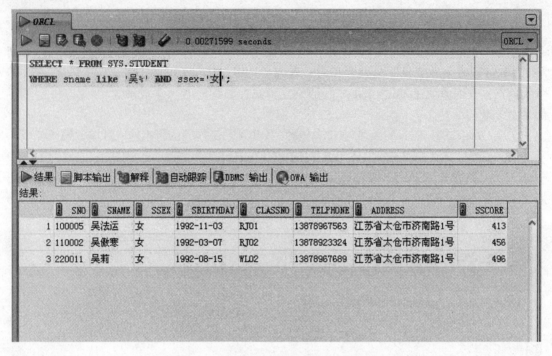

图 5 - 10 查询姓"吴"的女生信息

表 5 - 1 通配符

通配符	含义	示例	说明
%	替代 0 个或多个字符	Sname like'吴%'	查找姓吴的，且姓名是任意长度
_	仅替代一个字符	Sname like'吴_'	查找姓吴的，且姓名是 2 个字
[charlist]	字符列中的任何单一字符	Sname like'[吴,李]%'	查找姓吴或者姓李的，且名字是任意长度
[^charlist] 或者 [! charlist]	不在字符列中的任何单一字符	Sname like'[^吴,李]%'	查找既不姓吴也不姓李的，且名字是任意长度

③在 Oracle SQL Developer 主窗口右侧的 "ORCL" 工作表的脚本输入区域，输入如下所示的查询语句：SELECT * FROM SYS. STUDENT WHERE classno IN（'RJ01'，'RJ02'）and sscore >420;，单击"执行"按钮，结果如图 5 - 11 所示。其中 IN 代表在某个集合中，NOT IN 代表不在某个集合中。

④在 "Oracle SQL Developer" 主窗口右侧的 "ORCL" 工作表的脚本输入区域，输入如下所示的查询语句：SELECT * FROM SYS. STUDENT WHERE sscore BETWEEN 380 and 420;，单击"执行"按钮，结果如图 5 - 12 所示。BETWEEN…and…表示一个闭区间，指示大于等于某个值或小于等于某个值。

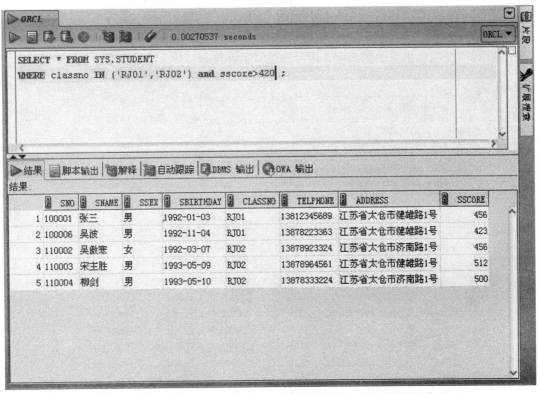

图 5 - 11　查询"RJ01"和"RJ02"班入学成绩大于 420 的学生信息

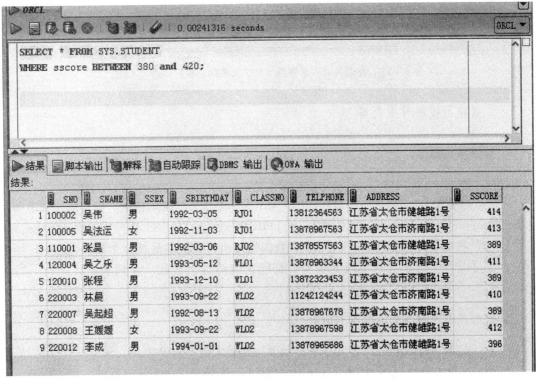

图 5 - 12　查询成绩在 380 ~ 420 之间的学生信息

⑤在 Oracle SQL Developer 主窗口右侧的 "ORCL" 工作表的脚本输入区域，输入如下所示的查询语句：SELECT * FROM SYS. STUDENT WHERE sscore >500 or sname like '张%';，单击 "执行" 按钮，结果如图 5 – 13 所示。逻辑运算符 or，代表非此即彼。

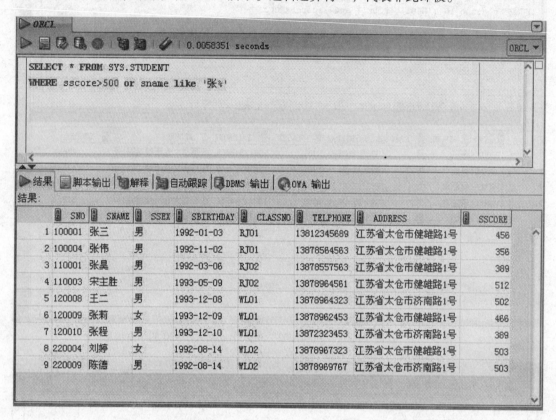

图 5 – 13 查询所有入学成绩 >500 或者姓 "张" 的学生信息

三、创建与使用分组查询

1. 分组查询数据

任务：查询 "STUDENT" 表并分班显示人数。

在 Oracle SQL Developer 主窗口右侧的 "ORCL" 工作表的脚本输入区域，输入如下所示的查询语句：SELECT classno，COUNT(sno) FROM SYS. STUDENT GROUP by classno;，单击 "执行" 按钮，结果如图 5 – 14 所示。数据先分组，分组之后统计个数。count() 函数中的参数可以写任何非空的字段或者 *，都能正确统计出人数。* 代表统计一行一行的记录。

2. 分组查询并筛选满足要求的记录

任务：查询 "STUDENT" 表并分班显示学生人数大于 7 人班级。

在 Oracle SQL Developer 主窗口右侧的 "ORCL" 工作表的脚本输入区域，输入如下所示的查询语句：SELECT classno，COUNT(sno) FROM SYS. STUDENT GROUP by classno HAVING

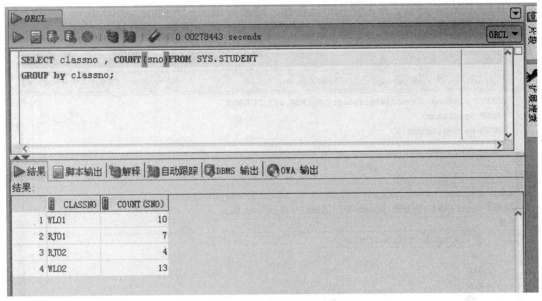

图 5 - 14 查询表并分班显示人数

COUNT(sno) >7;,单击"执行"按钮,结果如图 5 - 15 所示。需要说明的是,在分组查询的结果中进行筛选时,使用 HAVING 关键字书写筛选条件。

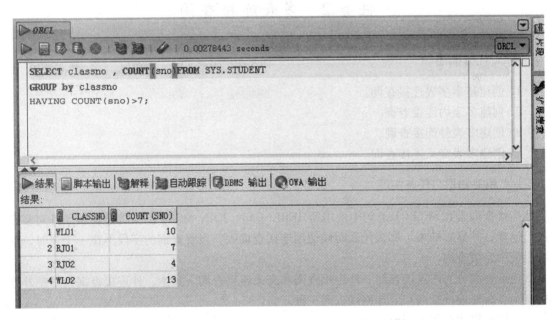

图 5 - 15 查询表并分班显示人数 >7 的班级编号

3. 分组查询时进行排序

任务:查询"STUDENT"表中各个班级的平均成绩并升序显示。

在 Oracle SQL Developer 主窗口右侧的"ORCL"工作表的脚本输入区域,输入如下所示的查询语句:SELECT classno, round(avg(sscore),0)FROM SYS. STUDENT GROUP by classno

ORDER by avg(sscore);，单击"执行"按钮，结果如图 5-16 所示。ORDER by 可以对结果进行排序，默认是升序排列，也可以加 ASC 代表升序；如果降序排列，使用 DESC。

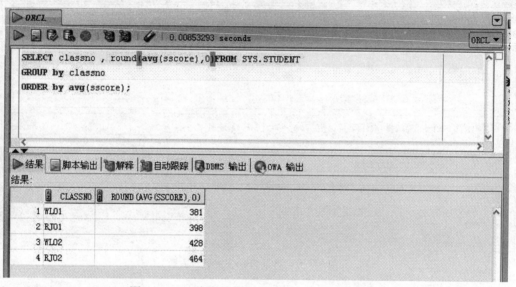

图 5-16　查询表并分班显示人数 >7 的班级编号

任务 2　多表连接查询

任务描述

1. 创建基本多表连接查询。
2. 创建多表内连接查询。
3. 创建多表外连接查询。
4. 创建多表交叉连接查询。

相关知识与任务实现

连接查询是在 SELECT 语句中使用 WHERE 子句、JOIN 关键字，来构建连接条件对多表进行连接，并显示结果。那么什么时候使用连接查询呢？当要查询的字段不在一个表时，就可以使用连接查询。

连接查询分为内连接查询、外连接查询和交叉连接查询。其中，外连接查询包括左外连接查询、右外连接查询和全外连接查询 3 种。

连接的格式有如下两种。

格式一：

```
Select <输出字段或表达式列表 >
From[ <方案名 >.] <表 1 或视图 1 >[别名 1],[ <方案名 >.] <表 2 或视图 2 >
[别名 2]
    [Where <表 1. 列名 > <连接操作符 > <表 2. 列名 >]
```

连接操作符可以是 = 、<> 、! = 、 > 、 < 、<= 、>= ，当操作符是 " = "时，表示等值连接。

格式二：

```
Select <输出字段或表达式列表 >
From[ <方案名 >.] <表1或视图1 >[别名1]
 <连接类型 >[ <方案名 >.] <表2或视图2 >[别名2]
On <连接条件 >
```

其中，"连接类型"用于指定所执行的连接查询的类型，内连接为 Inner Join，外连接为 Out Join，交叉连接为 Cross Join，左外连接为 Left Join，右外连接为 Right Join，完整外连接为 Full Join。

一、创建基本连接多表查询

1. 两表连接查询

创建基本连接多表查询和
创建多表交叉连接查询

任务：查询 "sys. student" 表和 "sys. score" 表中所有学生的信息。

在 Oracle SQL Developer 主窗口右侧的 "ORCL" 工作表的脚本输入区域，输入如下所示的查询语句：select * from sys. student，sys. score WHERE sys. student. sno = sys. score. sno;，单击 "执行" 按钮，结果如图 5 – 17 所示。

	SNO	SNAME	SSEX	SBIRTHDAY	CLASSNO	TELPHONE	ADDRESS	SSCORE	SNO_1	CNAME	SCORE
1	100002	吴伟	男	1992-03-05	RJ01	13812364563	江苏省太仓市健雄路1号	414	100002	体育	80
2	100001	张三	男	1992-01-03	RJ01	13812345689	江苏省太仓市健雄路1号	456	100001	数据库	90
3	100002	吴伟	男	1992-03-05	RJ01	13812364563	江苏省太仓市健雄路1号	414	100002	数据库	70
4	120002	李丽	女	1993-12-05	WL01	13878964563	江苏省太仓市济南路1号	317	120002	数据库	82
5	110001	张昊	男	1992-03-06	RJ02	13878557563	江苏省太仓市济南路1号	389	110001	体育	92
6	110002	吴傲寒	女	1992-03-07	RJ02	13878923324	江苏省太仓市济南路1号	456	110002	数据库	90
7	220001	李皓	男	1993-09-21	WL02	13878456456	江苏省太仓市济南路1号	378	220001	数据库	72
8	220002	黄丹	女	1992-08-13	WL02	13878967563	江苏省太仓市健雄路1号	453	220002	数据库	90
9	220001	李皓	男	1993-09-21	WL02	13878456456	江苏省太仓市济南路1号	378	220001	体育	87
10	220002	黄丹	女	1992-08-13	WL02	13878967563	江苏省太仓市健雄路1号	453	220002	体育	80
11	100001	张三	男	1992-01-03	RJ01	13812345689	江苏省太仓市健雄路1号	456	100001	体育	70
12	100001	张三	男	1992-01-03	RJ01	13812345689	江苏省太仓市健雄路1号	456	100001	英语	80
13	120002	李丽	女	1993-12-05	WL01	13878964563	江苏省太仓市济南路1号	317	120002	体育	88
14	100002	吴伟	男	1992-03-05	RJ01	13812364563	江苏省太仓市健雄路1号	414	100002	英语	60
15	110002	吴傲寒	女	1992-03-07	RJ02	13878923324	江苏省太仓市济南路1号	456	110002	体育	80
16	110001	张昊	男	1992-03-06	RJ02	13878557563	江苏省太仓市济南路1号	389	110001	数据库	72
17	120002	李丽	女	1993-12-05	WL01	13878964563	江苏省太仓市济南路1号	317	120002	英语	78
18	110001	张昊	男	1992-03-06	RJ02	13878557563	江苏省太仓市济南路1号	389	110001	英语	82

提取的所有行：21　　　　　　第 2 行，第 37 列

图 5 – 17　两表连接查询

在这个任务中，from 关键字后书写了 2 张表，如果不加 WHERE 条件，显示的记录个数是 student 的记录数乘以 score 的记录数，也就是两张表做了一个笛卡儿积，记录中出现很多垃圾数据。添加 WHERE 条件是将学生的正确选修课程的信息显示出来。

2. 多表连接查询

任务：查询"sys. student"表、"sys. score"表、"sys. class"表中所有学生的数据库成绩信息，显示结果包括"SNO""CNAME""SCORE""COUNSELOR"字段。

在 Oracle SQL Developer 主窗口右侧的"orcl"工作表的脚本输入区域，输入如下所示的查询语句：select sys. student. sname, sys. score. cname, sys. score. score, sys. class. counselor from sys. student, sys. score, sys. class where sys. student. sno = sys. score. sno and sys. class. classno = sys. student. classno and sys. score. cname = '数据库'，单击"执行"按钮，结果如图 5 – 18 所示。

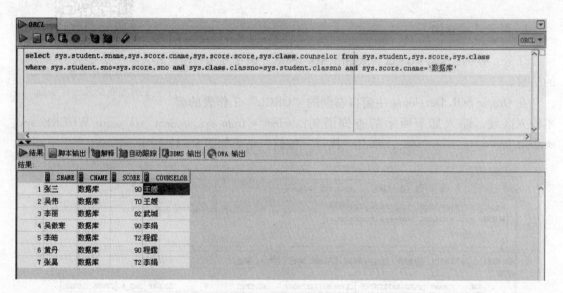

图 5 – 18　多表连接查询

二、创建多表内连接查询

任务：从"sys. student"表中查询在"sys. score"表中学号相同的所有学生的课程成绩，要求显示结果包括"SNAME""CNAME""SCORE"字段。

内连接查询 inner join 会显示两表同时符合条件的组合，通过 on 来指定连接条件。

在 Oracle SQL Developer 主窗口右侧的"ORCL"工作表的脚本输入区域，输入如下所示的查询语句：select sys. student. sname, sys. score. cname, sys. score. score from sys. student inner join sys. score on sys. student. sno = sys. score. sno，单击"执行"按钮，结果如图 5 – 19 所示。

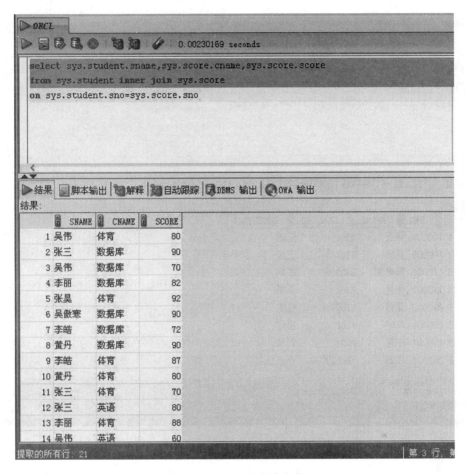

图 5 – 19 多表内连接查询

三、创建多表外连接查询

指定条件的内连接，仅仅返回符合连接条件的条目。外连接则不同，返回的结果不仅包含符合连接条件的行，还包括左表（左外连接时）、右表（右外连接时）或者两边连接（全外连接时）的所有数据行。

1. 创建左外连接查询

任务：从"sys. student"表中查询在"sys. class"表中有对应的班级的学生信息，显示结果包括"SNO""SNAME""CLASSNO""COUNSELOR"字段。

左外连接查询 left join 显示符合条件的数据行，同时显示左边数据表不符合条件的数据行，右边没有对应的条目显示 NULL。

在 Oracle SQL Developer 主窗口右侧的"ORCL"工作表的脚本输入区域，输入如下所示的查询语句：select sys. student. sno, sys. student. sname, sys. class. classno, sys. class. counselor from sys. student left join sys. class on sys. student. classno = sys. class. classno，单击"执行"按钮，结果如图 5 – 20 所示。

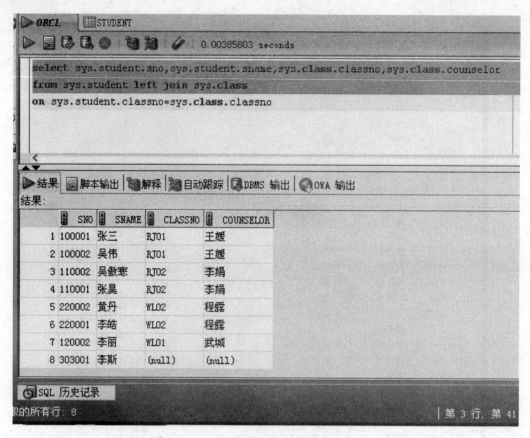

图 5 – 20 　多表左外连接查询

2. 创建右外连接查询

任务：查询 "sys. student" 表和 "sys. class" 表中有哪些班级没有对应的学生信息，显示结果包括 "SNO" "SNAME" "CLASSNO" "COUNSELOR" 字段。

右外连接查询 right join 显示符合条件的数据行，同时显示右边数据表不符合条件的数据行，左边没有对应的条目显示 NULL。

在 Oracle SQL Developer 主窗口右侧的 "ORCL" 工作表的脚本输入区域，输入如下所示的查询语句：select sys. student. sno, sys. student. sname, sys. class. classno, sys. class. counselor from sys. student right join sys. classon sys. student. classno = sys. class. classno，单击 "执行"，结果如图 5 – 21 所示。

3. 创建完全连接查询

任务：查询 "sys. student" 表、"sys. class" 表和 "sys. score" 表中所有学生的班级情况和成绩，显示结果包括 "SNO" "SNAME" "CLASSNO" "CNAME" "SCORE" "COUNSELOR" 字段。

完全连接查询 full join 显示符合条件的数据行，同时显示左右不符合条件的数据行，相应地，左右两边显示 NULL，即显示左连接、右连接和内连接的并集。

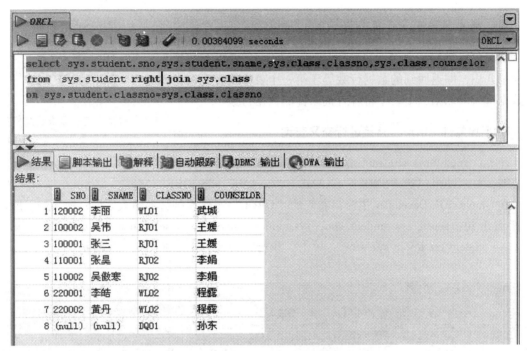

图 5-21　多表右外连接查询

在 Oracle SQL Developer 主窗口右侧的 "ORCL" 工作表的脚本输入区域，输入如下所示的查询语句：select sys. student. sno, sys. student. sname, sys. class. classno, sys. score. cname, sys. score. score, sys. class. counselor from sys. student full join sys. class on sys. student. classno = sys. class. classno full join sys. score on sys. student. sno = sys. score. sno，单击 "执行" 按钮，结果如图 5-22 所示。

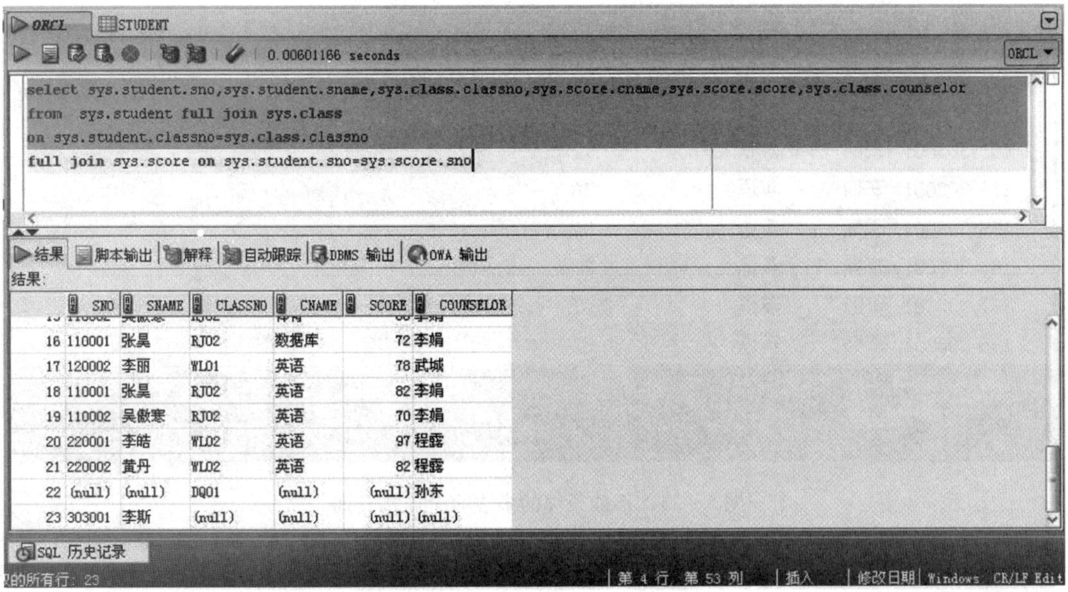

图 5-22　多表完全连接查询

四、创建多表交叉连接查询

交叉连接查询 cross join 会返回被连接的两个表所有数据行的笛卡儿积，即返回到的数据行数等于第一个表中符合查询条件的数据行数乘以第二个表中符合查询条件的数据行数。

创建基本连接多表查询和
创建多表交叉连接查询

1. 不加条件 where，直接进行交叉查询

任务：查询"sys. student"表和"sys. score"表中所有学生的成绩，显示结果包括"SNO""SNAME""CNAME""SCORE"字段。

在 Oracle SQL Developer 主窗口右侧的"ORCL"工作表的脚本输入区域，输入如下所示的查询语句：select sys. student. sno，sys. student. sname，sys. score. cname，sys. score. score from sys. student cross join sys. score，单击"执行"按钮，结果如图 5 - 23 所示。

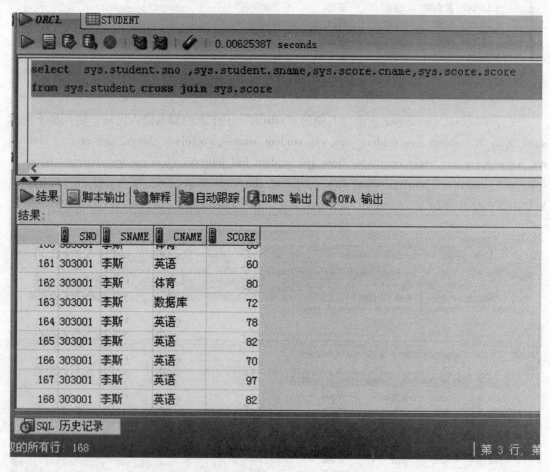

图 5 - 23　不加条件的多表完全连接查询

在使用 cross join 关键字交义连接表时，由于生成的是两个表的笛卡儿积，因而不能使用 on 关键字，只能在 WHERE 子句中定义搜索条件。如果有 WHERE 子句，往往会先生成

行数为两个表行数乘积的数据表，然后根据 WHERE 条件从中选择。因此，如果两个需要求交集的表太大，查询速度将会非常慢，不建议使用。

2. 加条件 WHERE 进行交叉查询

任务：查询"sys. student"表和"sys. score"表中所有学生的成绩，显示结果包括"SNO""SNAME""CNAME""SCORE"字段。

在 Oracle SQL Developer 主窗口右侧的"ORCL"工作表的脚本输入区域，输入如下所示的查询语句：select sys. student. sno，sys. student. sname，sys. score. cname，sys. score. score from sys. student cross join sys. score WHERE sys. student. sno = sys. score. sno，单击"执行"按钮，结果如图 5 – 24 所示。

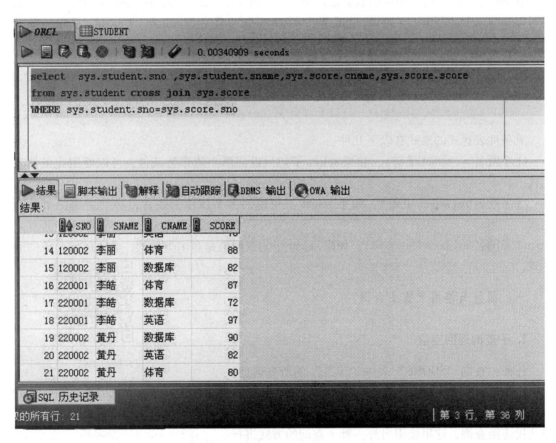

图 5 – 24 加条件的多表完全连接查询

任务 3 子 查 询

任务描述

1. 创建与使用单值子查询。

2. 创建与使用多值子查询。

3. 创建与使用相关子查询。

📦 相关知识与任务实现

子查询其实就是嵌套查询，如果一个查询语句嵌套在另一个查询语句中，那么称该查询语句为子查询。子查询在主查询之前执行，主查询使用子查询的结果。

子查询可以返回单个结果，可以返回多个结果，也可以不返回结果。如果子查询返回单个值结果，则为单值子查询，可以在主查询中对其使用相应的单行记录比较运算符；如果子查询返回多个结果，则为多值子查询，此时不允许对其使用单行记录比较运算符。

在 dql 和 dml 语句中都可以嵌套使用 select 子句。即 select、insert、update 和 delete 语句都可以嵌套 select 子句。在一般情况下，select 子句将作为以 where 或 having 子句引导的条件。

常见语法格式如下：

```
select 字段列表 from table1
where 表达式 operator(select 字段列表 from table2);
```

其条件表达式的形式有以下几种：

①字段名 = (select 子句)，如果 select 子句只返回单个值作为条件，可以使用此条件表达式。

②字段名 in(select 子句)，如果 select 子句返回多个值作为条件，必须使用此条件表达式。

③字段名 exists(select 子句)，如果 select 子句返回值是布尔类型的，必须使用此条件表达式。

一、创建与使用单值子查询

1. 子查询返回空值

任务：查询"SCORE"表中"王二"的所有信息。

由于"SCORE"表中只有学号字段"SNO"，没有姓名字段
"SNAME"，所以要通过学生信息表"STUDENT"查找到"王二"的学号"SNO"的值。可以使用连接查询，这里使用另外一种子查询的方式进行。

创建与使用单值子查询和
创建与使用多值子查询

在 Oracle SQL Developer 主窗口右侧的"ORCL"工作表的脚本输入区域，输入如下所示的查询语句：select * from sys. score where sno = (select sno from sys. student where sname = ' 王二')，单击"执行"按钮，结果如图 5 - 25 所示。

此时单独执行子查询语句 select sno from sys. student where sname = '王二'，验证子查询为空值，如图 5 - 26 所示。

在执行 select * from sys. student 来验证的"STUDENT"表中没有叫"王二"的学生，如图 5 - 27 所示。

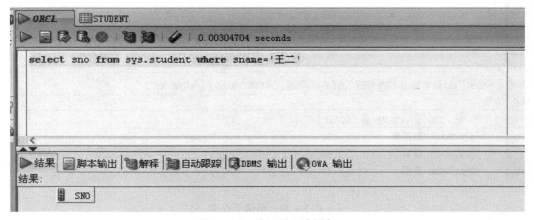

图 5-25　单值子查询返回空值

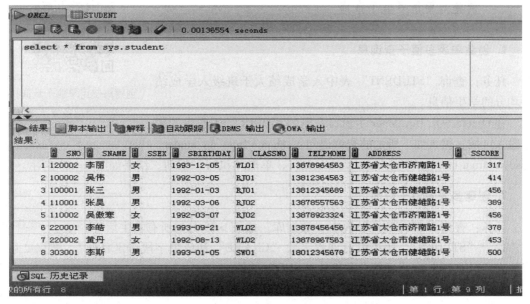

图 5-26　验证子查询语句

图 5-27　验证"STUDENT"表中没有"王二"

2. 子查询返回单值

任务：查询"SCORE"表中"李丽"的所有信息。

通过刚刚的查询，确定在"STUDENT"表中包含"李丽"的学生信息。在 Oracle SQL Developer 主窗口右侧的"ORCL"工作表的脚本输入区域，输入如下所示的查询语句：select * from sys. score where sno = (select sno from sys. student where sname = '李丽');，单击"执行"按钮，结果如图 5 - 28 所示。

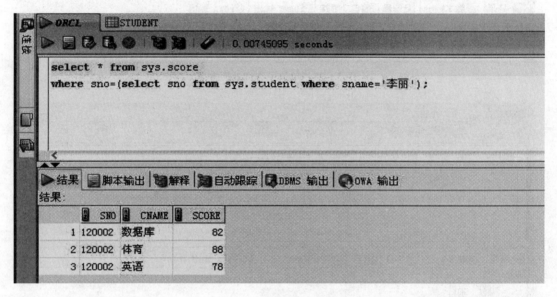

图 5 - 28　单值子查询

二、创建与使用多值子查询

1. 创建单表多值子查询息

任务：查询"STUDENT"表中入学成绩大于班级入学成绩平均分的学生信息。

创建与使用单值子查询和
创建与使用多值子查询

在 Oracle SQL Developer 主窗口右侧的"ORCL"工作表的脚本输入区域，输入如下所示的查询语句：select * from sys. student where sscore > any(select avg (sscore) from sys. student group by classno);，单击"执行"按钮，结果如图 5 - 29 所示。

2. 创建多表多值子查询

任务：查询"STUDENT"表中"数据库"成绩 >85 分的所有学生信息。

由于"STUDENT"表中没有课程字段"CNAME"和成绩字段"SCORE"，所以要通过成绩表"SCORE"查找到符合条件的"SNO"的值。

在 Oracle SQL Developer 主窗口右侧的"ORCL"工作表的脚本输入区域，输入如下所示的查询语句：select * from sys. student where sno in(select sno from sys. score where cname = '数

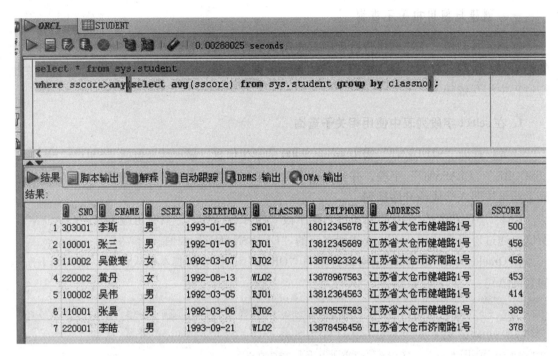

图 5 – 29　单表多值子查询

据库' and score > 85）;，单击"执行"按钮，结果如图 5 – 30 所示。

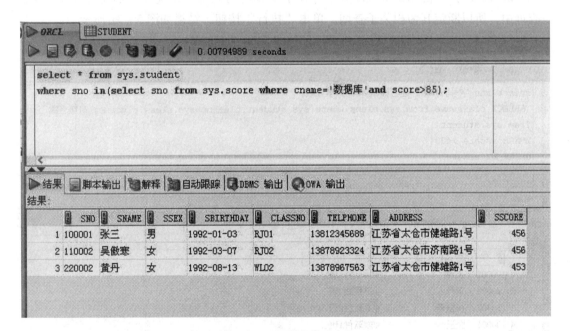

图 5 – 30　多表多值子查询

三、创建与使用相关子查询

在相关查询中，子查询执行过程中需要用到主查询的相关结果，即子查询在主查询返回的结果集上执行（针对主查询的每一行结果，子查询都要执行一次）。子查询和主查询在执行过程中相互依赖。

1. 在 select 字段列表中使用相关子查询

任务：查询"STUDENT"表中 sscore >400 的学生信息，显示结果包括"SNO""SNAME""SSCORE""CLASSNO"字段，并分别显示为"学号""姓名""入学成绩""班级名称"。显示结果按照入学成绩升序排列。

由于"STUDENT"表中没有班级名称字段"CLASSNAME"，只有班级编号"CLASSNO"，所以要通过班级表"CLASS"查找到对应的"CLASSNAME"的值。

在 Oracle SQL Developer 主窗口右侧的"ORCL"工作表的脚本输入区域，输入如下所示的查询语句：

```
select sno 学号,sname 姓名,sscore 入学成绩,(SELECT classname from sys.
class where sys.student.classno = sys.class.classno）班级名称 from sys.
student WHERE sscore >400 ORDER BY sscore;
```

其中，只看子查询，发现（SELECT classname from sys. class where sys. student. classno = sys. class. classno）中的 sys. student 并不存在于子查询的 FROM 语句中，而是存在于外层的主查询中，所以断定其为相关子查询。单击"执行"按钮，结果如图 5-31 所示。

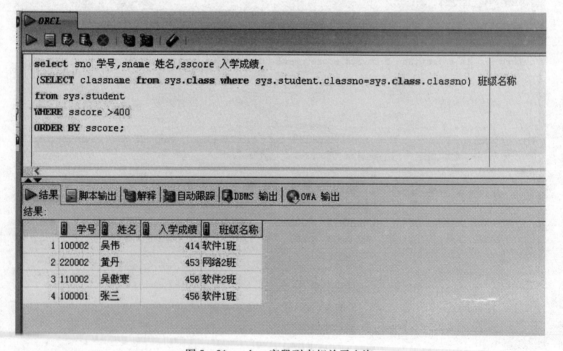

图 5-31　select 字段列表相关子查询

2. 在 where 语句中使用相关子查询

任务：查询"CLASS"表中没有出现在"STUDENT"表中的所有班级信息。

在 Oracle SQL Developer 主窗口右侧的"ORCL"工作表的脚本输入区域，输入如下所示的查询语句：select * from sys. class where classno not in（SELECT classno from sys. student where student. classno = class. classno），单击"执行"按钮，结果如图 5 - 32 所示。

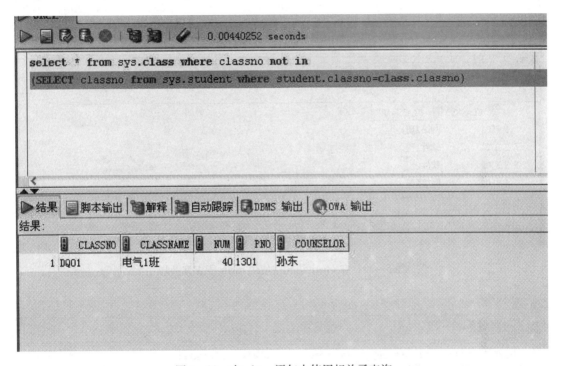

图 5 - 32　在 where 语句中使用相关子查询

3. 在 where 语句中使用 exists 子查询

任务：分别查询"CLASS"表中出现和没有出现在"STUDENT"表中的所有班级信息。

①使用 exists 查询两表都有的班级信息。在 Oracle SQL Developer 主窗口右侧的"ORCL"工作表的脚本输入区域，输入如下所示的查询语句：select classno, classname from sys. class where exists（SELECT classno from sys. student where student. classno = class. classno），单击"执行"按钮，结果如图 5 - 33 所示。

②使用 exists 查询在"STUDENT"表中没出现的班级信息。在 Oracle SQL Developer 主窗口右侧的"ORCL"工作表的脚本输入区域，输入如下所示的查询语句：select classno, classname from sys. class where not exists（SELECT classno from sys. student where student. classno = class. classno），单击"执行"按钮，结果如图 5 - 34 所示。

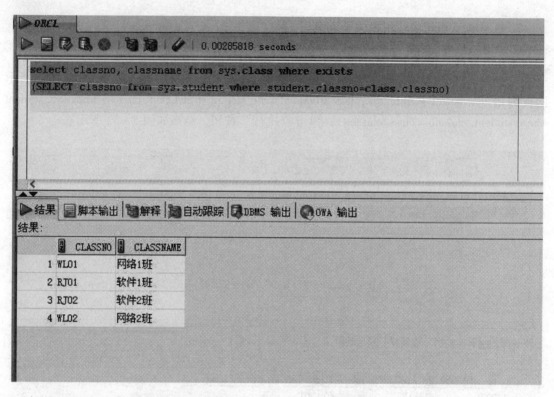

图 5 - 33　在 where 语句中使用 exsits 子查询 (1)

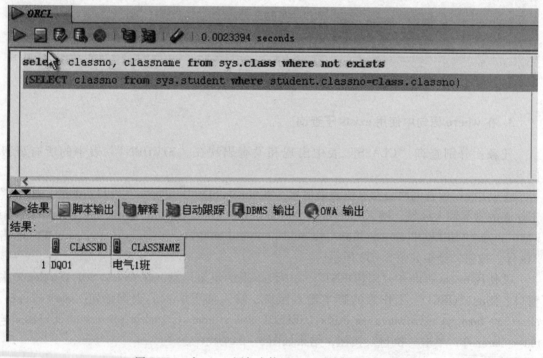

图 5 - 34　在 where 语句中使用 exsits 相关子查询 (2)

项 目 小 结

SQL 称为结构化查询语言。SQL 在许多关系型数据管理系统中使用，其功能不仅仅是查询，它集数据查询、数据操纵、数据定义和数据控制功能于一体。本项目重点介绍了 DQL 语句的用法，包括基本查询、运用单行子查询和多行子查询、相关子查询等。掌握 SQL 语言、灵活运用查询语句是 Oracle 数据库管理员的必备条件，并为后续程序设计和开发奠定基础。

项 目 作 业

一、选择题

1. 如果在 where 子句中有两个条件要同时满足，应该用逻辑符（   ）来连接。
   A. OR   B. NOT   C. AND   D. NONE
2. 在从两个表中查询数据时，连接条件要放在（   ）子句中。
   A. FROM   B. WHERE   C. HAVING   D. GROUP BY
3. DELETE FROM S WHERE 年龄 >60 语句的功能是（   ）。
   A. 从 S 表中删除年龄大于 60 岁的记录
   B. S 表中年龄大于 60 岁的记录被加上删除标记
   C. 删除 S 表
   D. 删除 S 表的年龄列
4. 在建表时，如果希望某列的值在一定的范围内，应建立（   ）约束。
   A. CHECK   B. NOT NULL   C. PRIMART KEY   D. FOREIGN KEY
5. 下列子句在 SELECT 语句中用于对结果集进行排序的是（   ）。
   A. HAVING 子句   B. WHERE 子句   C. FROM 子句   D. ORDER BY 子句
6. 为了去除结果集中重复的行，可在 SELECT 语句中使用关键字（   ）。
   A. ALL   B. DISTINCT   C. SPOOL   D. HAVING
7. GROUP BY 子句的作用是（   ）。
   A. 查询结果的分组条件   B. 组的筛选条件
   C. 限定返回的行的判断条件   D. 对结果集进行排序
8. HAVING 子句的作用是（   ）。
   A. 查询结果的分组条件   B. 组的筛选条件
   C. 限定返回的行的判断条件   D. 对结果集进行排序

二、简答题

1. 简述 SELECT 子句的嵌套使用方式。
2. 简述内连接和外连接的区别。
3. 简述连接查询和联合查询的区别。

项目六

PL/SQL 在数据库中的应用

知识目标

1. 熟练掌握 PL/SQL 语言的概念。
2. 熟悉 PL/SQL 的基本结构和基本规则。
3. 掌握 PL/SQL 的数据类型、常量、变量、表达式等基础语法。
4. 掌握 PL/SQL 的条件控制语句和循环控制语句。
5. 掌握 PL/SQL 的异常处理方法。
6. 掌握用 Oracle 的系统函数编写 PL/SQL 程序。

能力目标

1. 能使用 PL/SQL 定义常量、变量。
2. 能使用 PL/SQL 进行顺序输出。
3. 能使用 PL/SQL 进行选择结构输出。
4. 能使用 PL/SQL 进行循环结构输出。
5. 能使用 PL/SQL 进行异常处理。
6. 能使用记录类型完成数据查找。

任务 1 使用 PL/SQL 定义与处理数据

任务描述

1. 使用 PL/SQL 定义常量、变量并输出。
2. 使用 PL/SQL 编写程序，对数据进行简单处理并输出。

相关知识与任务实现

SQL 语言可以对数据库进行各种操作，但其是作为独立语言在 SQL * Plus 环境中使用的，是非过程性的，语句之间相互独立。在实际应用中，许多事务处理应用都是过程性的，前后语句之间是有关联的。为了克服 SQL 语言的这个缺点，Oracle 公司在标准 SQL 语言的基础上发展了自己的语言——PL/SQL（Procedural Language/SQL）语言。

PL/SQL 语言是 Oracle 对关系型数据语言 SQL 的过程化扩充，它将数据库技术和过程化程序设计语言联系起来，将变量、控制结构、过程和函数等结构化程序设计的要素引入 SQL 语言中，以提高结构化编程语言对数据的支持能力，提高程序的执行效率。

　　PL/SQL 语言具有以下特点：

　　①支持事务控制和 SQL 数据操作命令。

　　②支持 SQL 的所有数据类型，并且在此基础上扩展了新的数据类型；支持 SQL 的函数及运算符。

　　③PL/SQL 可以存储在 Oracle 服务器中，服务器上的 PL/SQL 程序可以使用权限进行控制。

　　④Oracle 有自己的 DBMS 包，可以处理数据的控制和定义命令。

　　利用 PL/SQL 语言编写的程序也称为 PL/SQL 程序块。PL/SQL 程序块的基本单位是块，PL/SQL 程序都是由块组成的。完整的 PL/SQL 程序块包含三个基本部分：声明部分、执行部分和异常处理部分，其基本结构如下：

```
[DECLARE
定义语句段]          ---------------- 声明部分
BEGIN
执行语句段           ---------------- 执行部分
[EXCEPTION
异常处理语句段]        ---------------- 异常处理部分
END;
```

　　声明部分以 DECLARE 为标志，主要是定义程序中要使用的常量、变量、游标等。执行部分以 BEGIN 为开始标志，以 END 为结束标志，包含了对数据库的数据操纵语句和各种控制语句。异常处理部分包含在执行部分里，以 EXCEPTION 为标志，包含了对程序执行过程中产生的异常情况的处理。

　　PL/SQL 所支持的数据类型如下：

　　（1）PL/SQL 支持的常用标量数据类型

　　标量数据类型的变量只有一个值，且没有内部分量。标量数据类型包括数字型、字符型、日期型和布尔型。

　　复合类型包含了能够被单独操作的内部分量。

　　引用类型类似于 C 语言中的指针，能够引用一个值。

　　LOB 类型的值就是一个 lob 定位器，能够指示出文本、图像、视频、声音等非结构化的大数据类型的存储位置。

　　（2）%TYPE 类型

　　使用%TYPE 方式定义变量类型，是利用已经存在的数据类型来定义新变量的数据类型。

　　（3）%ROWTYPE 类型

　　%TYPE 类型只是针对数据表中的某一列，而%ROWTYPE 类型则针对数据表中的某一行，使用%ROWTYPE 类型定义的变量可以存储数据表中的一行数据。

（4）自定义复合数据类型

在 Oracle 中，允许用户使用 Type 关键字自行定义所需要的复合数据类型，可以定义 Record（记录类型）和 Table（表类型）两种数据类型。记录类型可以存储多个列表值，类似于数据表中的一行数据；表类型可以存储多行数据。

本项目中使用的工具是 SQL Developer，当然，也可以在其他工具中完成。

使用 PLSQL 定义常量、变量并输出

一、使用 PL/SQL 定义常量、变量并输出

常量是指在程序运行期间其值不能改变的量。定义常量的语法格式如下：

> <常量名>CONSTANT<数据类型>：=<值>；

变量是指在程序运行期间可以改变的量。定义变量时没有关键字，但要指定数据类型，定义变量的语法格式如下所示。

> <变量名><数据类型>[（数据大小）：=<初始值>]；

在定义常量和变量时，要注意以下事项：

①"变量名"和"常量名"必须以字母 A~Z 开头，不区分大小写，其后面跟可选一个或多个字母、数字（0~9）、特殊字符（$、#或_），长度不超过 30 个字符。"变量名"和"常量名"中不能有空格。

②CONSTANT 是声明常量的关键字，只在声明常量时使用。

③每一个变量或常量都有一个特定的数据类型。

④每个变量或常量声明占一行，行尾使用";"结束。

⑤常量必须在声明时赋值。变量在声明时可以不赋值。如果变量在声明时没有赋初值，那么 PL/SQL 语言自动为其赋值 NULL。若变量声明中使用了 NOT NULL，则表示该变量是非空变量，即必须在声明时给该变量赋初值，否则会出现编译错误。在 PL/SQL 程序中，变量值是可以改变的，而常量的值不能改变。变量的作用域是从声明开始到 PL/SQL 程序块结束。

1. 定义常量并输出

任务：使用 PL/SQL 定义常量 H、M，并分别给它们赋值：H 初始值为"苏州健雄，"，M 初始值为"欢迎您！"，并在屏幕上顺序输出。

使用 SET SERVEROUTPUT ON 命令打开 Oracle 自带的输出方法 dbms_output。在执行完以后，使用 dbms_output 方法可以输出信息。

在 Oracle SQL Developer 主窗口右侧的"ORCL"工作表的脚本输入区域，输入如下所示的 PL/SQL 语句。单击"执行"按钮，结果如图 6-1 所示。

```
SET SERVEROUTPUT ON
Declare
H CONSTANT varchar(12):= '苏州健雄,';
M CONSTANT varchar(12):= '欢迎您! ';
```

```
Begin
dbms_output.put_line(H||M);
END;
```

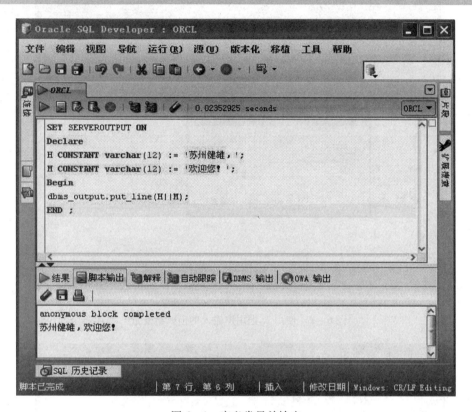

图 6-1 定义常量并输出

2. 定义变量并输出

在 PL/SQL 中把带 & 的定义为变量值，需要用户来输入该值的内容。在执行时，会出现一个文本框，语句中 & 后面的内容即为文本框上显示的名称，要输入的值就是语句里面带 & 号的变量，如图 6-2 所示，用户输入的值赋予名为 user_name 的变量。

任务：根据用户输入的用户名"张三"，在屏幕上输出"欢迎您，张三！"。

在 Oracle SQL Developer 主窗口右侧的"ORCL"工作表的脚本输入区域，输入如下所示的 PL/SQL 语句。单击"执行"按钮，结果如图 6-3 所示。

```
SET SERVEROUTPUT ON
Declare
    user_name varchar2(12):='&用户名';
Begin
    DBMS_Output.Put_Line('欢迎您,'||user_name||'!');
End;
```

图 6-2　使用 & 把用户输入的值赋给变量

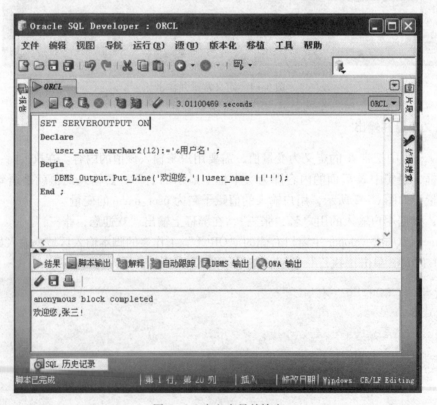

图 6-3　定义变量并输出

二、使用 PL/SQL 编写程序，对数据进行简单处理并输出

任务：根据商品促销策略，本月拟将所有商品进行打折销售，折扣为95%，试计算价格为1890元的商品的优惠价格。

在 Oracle SQL Developer 主窗口右侧的 "ORCL" 工作表的脚本输入区域，输入如下所示的 PL/SQL 语句。单击 "执行" 按钮，结果如图6-4所示。

```
Declare
  unit Constant char(2): ='元';
  discount_price Number(8,2);
  price Number(8,2);
  discount Number(3,2);
Begin
  price:1890;
  discount : =0.95;
  discount_price: = Round(price * discount,2);
  DBMS_Output. Put_Line('优惠价格为:' ||discount_price ||unit);
End;
```

图6-4 对数据进行计算输出结果

任务 2   使用 PL/SQL 处理记录类型数据

任务描述

1. 将数据表定义为 %TYPE 记录类型。
2. 将数据表定义为 %ROWTYPE 记录类型。

相关知识与任务实现

在现实中,一些数据可以独立存在,但彼此之间有关联,比如学号、姓名、性别、身份证号,它们可以独立存在,但又代表一个学生的基本特征,彼此之间存在对应关系。为此,Oracle 提供了记录类型。记录类型就是把各个独立的但在逻辑上又有一定相关性的单个变量结合在一起,作为一个整体处理。

PL/SQL 的记录是由一组相关的记录成员组成的。记录通常表示对应数据库表的一行。应用记录成员时,必须要以记录变量作为前缀。使用 %TYPE 可以使变量获得数据库表中的一个字段的数据类型,如果要使记录变量获得数据库表的所有字段的数据类型,则需使用 %ROWTYPE。当数据库表的结构发生变化时,记录变量也随之变化。

使用 PL/SQL 定义记录时,需要自定义记录类型和记录变量,语法格式如下:

```
TYPE <记录类型名 >IS RECORD
<数据项 1> <数据类型 >[NOT  NULL[:= <表达式 1>]],
<数据项 2> <数据类型 >[NOT  NULL[:= <表达式 2>]],
…
<数据项 n> <数据类型 >[NOT  NULL[:= <表达式 n>]],
```

定义完记录类型后,需要声明记录变量才能使用。语法格式如下:

```
<记录变量名 > <记录类型名 >;
对记录变量中数据项的引用语法格式如下:
<记录变量名 > <记录类型中数据项名 >;
```

一、将数据表定义为 %TYPE 记录类型

任务:使用 %TYPE 记录类型查询 "SYS.STUDENT" 表中学号 "sno" 为 "110001" 的学生姓名。

在 Oracle SQL Developer 主窗口右侧的 "ORCL" 工作表的脚本输入区域,输入如下所示的 PL/SQL 语句。单击 "执行" 按钮,结果如图 6-5 所示。

将数据表定义为
%TYPE 记录类型

```
DECLARE
TYPE rec_student is RECORD(
```

```
s_sno varchar2(12),
s_sname varchar2(10),
s_ssex varchar2(2),
s_sbirthday date,
s_classno varchar2(10),
s_telephone varchar2(13),
s_address varchar2(60),
s_sscore number);   //将 student 表定义为记录类型
r_stu rec_student;   //声明记录变量
BEGIN
SELECT * INTO r_stu FROM sys. student where sno = '110001';
dbms_output. put_line(r_stu. s_sname);
END;
```

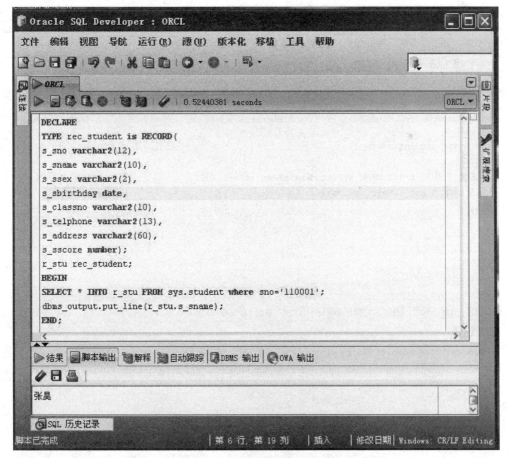

图 6 - 5　使用%TYPE 记录类型查询数据表中信息

　　为了在 PL/SQL 程序块中使用或显示表中的数据，SELECT 总是和 INTO 配合使用，INTO 后面就是要被赋值的变量，SELECT 后面的字段数量和数据类型应该与 INTO 后面的字

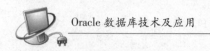

段数量和类型一致，而且 SELECT 的查询结果必须为单行记录，否则会出现编译错误。

二、将数据表定义为%ROWTYPE 记录类型

任务：使用%ROWTYPE 记录类型查询"SYS. STUDENT"表中学号"sno"为"110001"的学生姓名。

在 Oracle SQL Developer 主窗口右侧的"ORCL"工作表的脚本输入区域，输入如下所示的 PL/SQL 语句。单击"执行"按钮，结果如图 6-6 所示。

```
DECLARE
r_stu sys. student%rowtype;
BEGIN
SELECT * INTO r_stu FROM sys. student where sno = '110001';
dbms_output. put_line(r_stu. sname);
END;
```

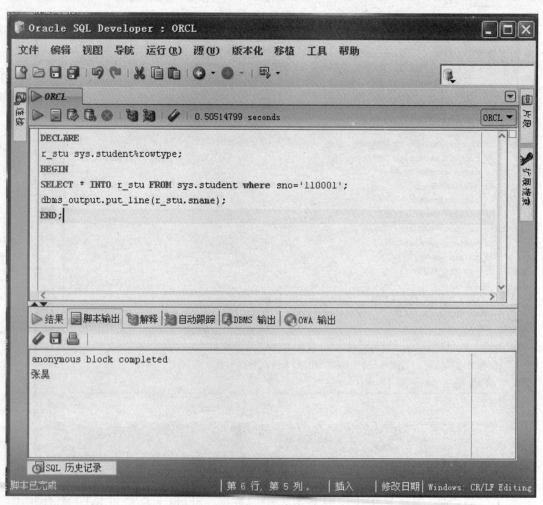

图 6-6   使用%ROWTYPE 记录类型查询数据表中的信息

任务 3　使用 PL/SQL 进行流程控制

任务描述

1. 使用条件控制语句进行数据处理与输出。
2. 使用循环控制语句进行数据处理与输出。

相关知识与任务实现

在 PL/SQL 程序中经常要用到表达式，表达式通常由运算符、常量、变量、函数组成。根据操作数据类型的不同，表达式可以分为以下几类：

1. 数值表达式

数值表达式就是由数值类型的常量、变量、函数及算术运算符组成的表达式，常用的算术运算符有：+、-、*、/、**（平方）等。

2. 关系表达式

关系表达式就是由字符或数值、关系运算符组成的表达式，常用的关系运算符有：=、<、<=、>、>=、!=（不等于）、<>（不等于）等。关系表达式常用于 PL/SQL 的条件语句中，作为条件表达式。其运算结果是一个布尔类型的值。

3. 逻辑表达式

逻辑表达式就是由常量或变量、逻辑运算符组成的表达式，逻辑运算符主要有：And（逻辑与）、Or（逻辑或）、Not（逻辑非）。逻辑表达式的运算结果也是一个布尔类型的值。

4. 连接表达式

连接表达式使用运算符"‖"将几个字符串连接为一个字符串。

使用条件控制语句输出

一、使用条件控制语句进行数据处理与输出

条件控制语句是指程序根据具体条件表达式来执行一组命令的结构。包括 IF 语句和 CASE 语句。IF 语句有三种形式：IF…THEN、IF…THEN…ELSE、IF…THEN…ELSIF。

1. 使用 IF…THEN 语句输出

IF 语句可以判断条件是否为 TRUE，如果是，则执行 THEN 部分的语句；如果为 FALSE，则跳过 THEN 到 END IF 之间的语句，执行后面的语句。语法格式如下：

```
IF <逻辑表达式 >THEN <语句序列 1 >;
END IF;
```

任务：查询 "student" 表中入学成绩 sscore > 400 分的学生人数。

在 Oracle SQL Developer 主窗口右侧的 "ORCL" 工作表的脚本输入区域，输入如下所示的 PL/SQL 语句。单击 "执行" 按钮，结果如图 6 - 7 所示。

```
declare
v_num NUMBER;
begin
SELECT count( * )into v_num FROM sys. student where sscore > 400;
If v_num < >0 then
dbms_output. put_line('入学成绩 > 400 分的人数为' ||v_num);
end if;
END;
```

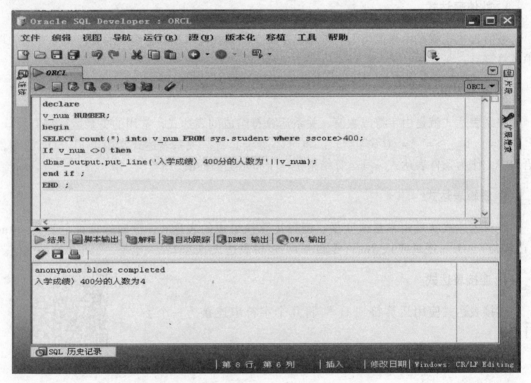

图 6 - 7 使用 IF…THEN 语句输出

2. 使用 IF…THEN…ELSE 语句输出

IF 语句可以判断条件是否为 TRUE，如果是，则执行 THEN 部分的语句；如果为 FALSE，则执行 ELSE 部分的语句，语法格式如下：

```
IF < 逻辑表达式 >THEN < 语句序列 1 >;
ELSE < 语句序列 2 >;
END IF;
```

任务：计算"STUDENT"表中入学成绩"sscore"的平均成绩，如果平均成绩 > 400，则显示"平均入学成绩高"，否则显示"平均入学成绩一般"。

在 Oracle SQL Developer 主窗口右侧的"ORCL"工作表的脚本输入区域，输入如下所示的 PL/SQL 语句。单击"执行"按钮，结果如图 6 – 8 所示。

```
declare
v_avg   NUMBER;
begin
SELECT AVG(sscore)into v_avg FROM sys.student;
If v_avg >400 then
dbms_output.put_line('平均入学成绩高');
else
dbms_output.put_line('平均入学成绩一般');
end if;
END;
```

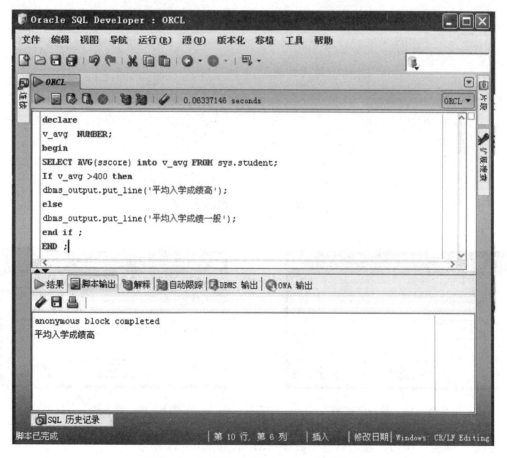

图 6 – 8 使用 IF…THEN…ELSE 语句输出

3. 使用 IF…THEN…ELSE 嵌套语句输出

任务：求出用户输入的三个数中最大的数。

在 Oracle SQL Developer 主窗口右侧的"ORCL"工作表的脚本输入区域，输入如下所示的 PL/SQL 语句。

```
declare
  n1 Number:='& 第一个数';
  n2 Number:='& 第二个数';
  n3 Number:='& 第三个数';
begin
If n1 >n2 then
if n1 >n3 then
dbms_output.put_line('最大的数为:'||n1);
else
dbms_output.put_line('最大的数为:'||n3);
end if;
else
if n2 >n3 then
dbms_output.put_line('最大的数为:'||n2);
else
dbms_output.put_line('最大的数为:'||n3);
end if;
end if;
END;
```

单击"执行"按钮，输入第一个数字"15"，如图 6-9 所示。

单击"确定"按钮，输入第二个数字"9"，如图 6-10 所示。

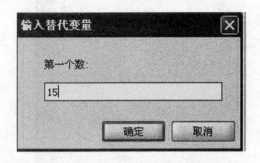

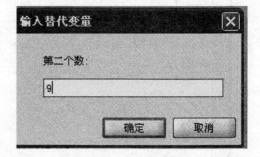

图 6-9　输入第一个数字　　　　　　　　图 6-10　输入第二个数字

单击"确定"按钮，输入第三个数字"21"，如图 6-11 所示。

单击"确定"按钮，得到显示结果，如图 6-12 所示。

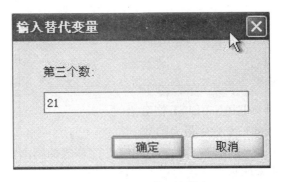

图 6-11　输入第三个数字

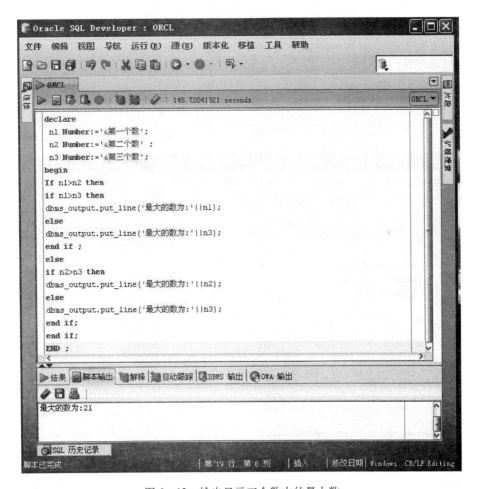

图 6-12　输出显示三个数中的最大数

4. 使用 IF…THEN…ELSIF 语句输出

IF 语句可以判断条件是否为 TRUE，如果是，则执行 THEN 部分的语句；如果为 FALSE，则判断 ELSIF 后面的判断条件是否为 TRUE，如果是，则执行 THEN 部分的语句；如果为 FALSE，则执行 ELSE 部分的语句。语法格式如下：

```
IF<逻辑表达式1>THEN<语句序列1>;
ELSIF<逻辑表达式2>THEN<语句序列2>;
ELSE<语句序列3>;
END IF;
```

这种语句可以代替 IF…THEN…ELSE 嵌套语句。

任务：求出用户输入的三个数中最大的数。

在 Oracle SQL Developer 主窗口右侧的"ORCL"工作表的脚本输入区域，输入如下所示的 PL/SQL 语句。重复刚刚的步骤，依次输入"15""9""21"，结果如图 6 - 13 所示。

```
declare
  n1 Number: = '& 第一个数';
  n2 Number: = '& 第二个数';
  n3 Number: = '& 第三个数';
begin
If n1 > n2 then
if n1 > n3 then
```

图 6 - 13   输出显示三个数中的最大数

```
   dbms_output.put_line('最大的数为:'||n1);
else
dbms_output.put_line('最大的数为:'||n3);
end if;
elsif n2>n3 then
dbms_output.put_line('最大的数为:'||n2);
else
dbms_output.put_line('最大的数为:'||n3);
end if;
END;
```

5. 使用 CASE 语句输出

CAES 语句可以判断变量的值是否满足 WHEN 后面的条件，如果是，则执行 THEN 部分的语句返回值；如果为 FALSE，则判断下一个 WHEN，如果都不符合，则执行 ELSE 部分的语句返回值。CASE 表达式返回的是一个确定的 VALUE，如果没有 ELSE，若前面的都不匹配，则返回 NULL。ELSE 不是必需的。语法格式如下：

```
CASE 变量名 WHEN <逻辑表达式 1> THEN <返回值 1>;
WHEN <逻辑表达式 2> THEN <返回值 2>;
ELSE <返回值 3>;
END CASE;
```

这种语句可以代替 IF…THEN…ELSE 嵌套语句。

任务：根据用户输入的成绩显示成绩的等级，如果输入成绩为 "A"，则显示 "优秀"；输入成绩为 "B"，则显示 "良好"；输入成绩为 "C"，则显示 "合格"；输入成绩为 "D"，则显示 "不及格"；如果都不是，则显示 "没有此成绩"。

在 Oracle SQL Developer 主窗口右侧的 "ORCL" 工作表的脚本输入区域，输入如下所示的 PL/SQL 语句。

```
declare
  result varchar2(10);
begin
  case '&请输入成绩'
  when 'A' then result:='优秀';
  when 'B' then result:='良好';
  when 'C' then result:='合格';
  when 'D' then result:='不及格';
  else result:='没有此成绩';
end case;
```

```
    dbms_output.put_line(result);
end;
```

输入 "B",得到如图 6 - 14 所示结果。

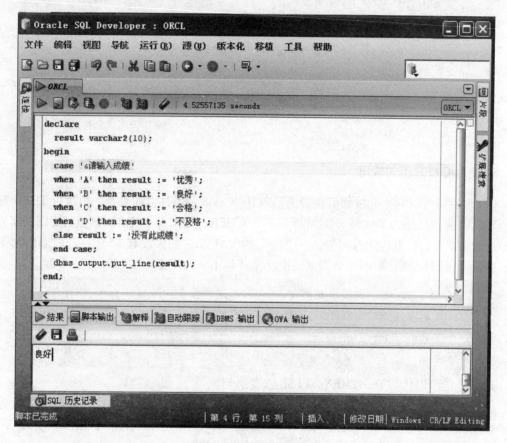

图 6 - 14　输入成绩 "B"

输入 "0",结果如图 6 - 15 所示。

二、使用循环控制语句进行数据处理与输出

使用循环语句可以一遍又一遍重复执行某段语句,直到满足退出条件,退出循环。编写循环语句时,一定要确保有相应的满足退出的条件。PL/SQL 的循环控制语句主要有以下 4 种:LOOP…EXIT…END 语句、LOOP…EXIT WHEN…END 语句、WHILE…LOOP…END 语句、FOR…IN…LOOP…END 语句。

1. 使用 LOOP…EXIT…END 语句输出

LOOP 代表循环开始,执行后面的循环操作。通过 IF 语句来判断是否满足退出条件。EXIT 代表退出循环。语法格式如下:

图 6 – 15　输入成绩 "0"

```
LOOP
<执行循环体 >
IF <逻辑判断 >THEN
EXIT;
END IF;END
LOOP;
```

任务：计算 1 + 2 + 3 + … + 100 的值。

在 "Oracle SQL Developer" 主窗口右侧的 "ORCL" 工作表的脚本输入区域，输入如下所示的 PL/SQL 语句。单击 "执行" 按钮，结果如图 6 – 16 所示。

```
declare
 n1 Number: = 0;
 n2 Number: = 1;
 begin
loop
n1: = n1 + n2;
n2: = n2 + 1;
if n2 >100 then
```

```
exit;
end if;
end loop;
dbms_output.put_line('和为:'||n1);
END;
```

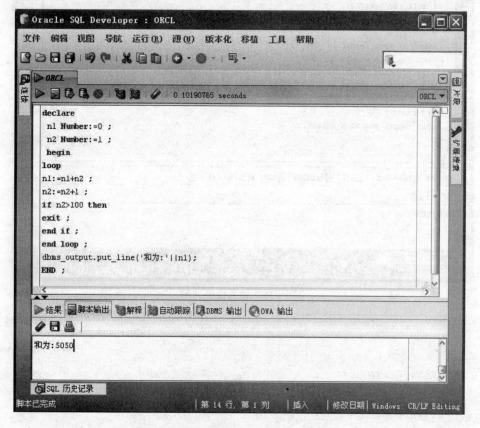

图 6 - 16 LOOP…EXIT…END 语句输出

2. 使用 LOOP…EXIT WHEN…END 语句输出

这种循环方式使用 WHEN 来检查退出条件，其余和 LOOP…EXIT…END 循环一样。语法格式如下：

```
LOOP
 <执行循环体 >
EXIT  WHEN <退出的条件 >
END  LOOP;
```

任务：计算 1 + 2 + 3 + … + 100 的值。

在 Oracle SQL Developer 主窗口右侧的"ORCL"工作表的脚本输入区域，输入如下所示的 PL/SQL 语句。单击"执行"按钮，结果如图 6 - 17 所示。

```
declare
 n1 Number: =0;
 n2 Number: =1;
 begin
loop
n1: =n1 +n2;
n2: =n2 +1;
exit when  n2 >100;
end loop;
dbms_output.put_line('和为:'||n1);
END;
```

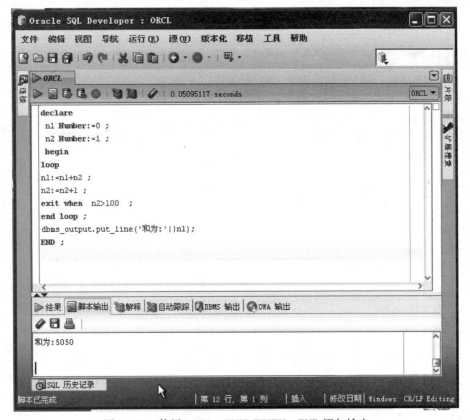

图 6-17　使用 LOOP…EXIT WHEN…END 语句输出

3. 使用 WHILE…LOOP…END 语句输出

该循环通过 WHILE 检查循环条件，当条件成立时，执行循环，否则退出循环。和上面两种循环不同，它先检查条件，然后执行循环。语法格式如下：

```
WHILE  <逻辑判断>LOOP<执行循环>
END  LOOP;
```

任务：计算 10 的阶乘。

在 Oracle SQL Developer 主窗口右侧的 "ORCL" 工作表的脚本输入区域，输入如下所示的 PL/SQL 语句。单击 "执行" 按钮，结果如图 6-18 所示。

```
declare
  n1 Number: =1;
  n2 Number: =2;
  begin
while n2 <11 loop
n1: =n1* n2;
n2: =n2 +1;
end loop;
dbms_output.put_line('积为:'||n1);
END;
```

图 6-18　使用 WHILE…LOOP…END 语句输出

4. 使用 FOR…IN…LOOP…END 语句输出

该循环的流程和 WHILE…LOOP 的相同，仅仅是循环条件表达不一样。使用 FOR 定义循环变量，IN 确定循环变量的初始值和终止值，两个值之间用省略号间隔。变量值小于终止值，则执行循环，否则跳出循环。每循环一次，循环变量自动增加一个步长值，直到超出终止值，退出循环语法格式如下：

```
FOR 循环变量 IN 初始值…终止值 LOOP
<执行循环体>
END  LOOP;
```

任务：计算 10 的阶乘。

在 Oracle SQL Developer 主窗口右侧的"ORCL"工作表的脚本输入区域，输入如下所示的 PL/SQL 语句。单击"执行"按钮，结果如图 6-19 所示。

```
declare
 n1 Number: =1;
 n2 Number: =2;
 begin
for n2 in reverse 2..10 loop
n1: =n1* n2;
end loop;
dbms_output. put_line('积为:'||n1);
END;
```

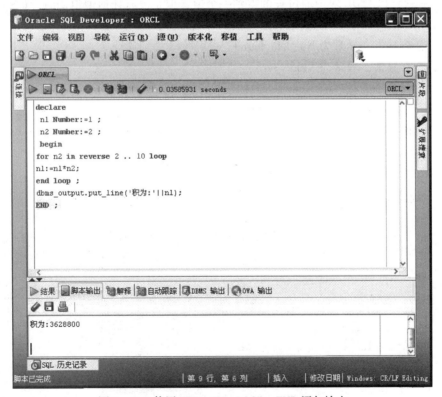

图 6-19 使用 FOR…IN…LOOP…END 语句输出

项目小结

本项目介绍了完整的 PL/SQL 程序块包含声明、执行和异常处理三个基本部分。声明部分以 DECLARE 为标志，主要是定义程序中要使用的常量、变量、游标等。执行部分以 BEGIN 为开始标志，以 END 为结束标志，包含了对数据库的数据操纵语句和各种控制语句。异常处理部分包含在执行部分里，以 EXCEPTION 为标志，包含了对程序执行过程中产生的异常情况的处理程序。

项目作业

一、选择题

1. （　　）语言是过程化 SQL 的缩写。
   - A. SQL
   - B. Tran－SQL
   - C. PL/SQL
   - D. 以上都不对

2. PL/SQL 块是由（　　）组成的。
   - A．DECLARE　BEGIN　END
   - B. BEGIN　END
   - C. EXCEPTION BEGIN　END
   - D. DECLARE BEGIN EXCEPTION　END

3. 当在一个 PL/SQL 块中通过查询得到一个值，但是没有任何值返回时，（　　）。
   - A. 不会有异常，只不过没有结果而已
   - B. 会有异常，异常为 No_data_found
   - C. 会有异常，异常为 Value_erro
   - D. 编译都不通过

4. 下面不是 Oracle 程序设计中的循环语句的是（　　）。
   - A. FOR…END FOR
   - B. LOOP…END LOOP
   - C. WHILE…END LOOP
   - D. FOR…END LOOP

5. 以下 PL/SQL 语句块执行的结果是（　　）。

```
set serveroutput on;
declare
var1 number: =10;
begin
loop
exit when var1 >11;
    var1: =var1 +1;
    DBMS_OUTPUT. PUT_LINE('a');
end loop;
end;
```

A. 无输出

  B. a

  C. a

   A

  D. a

   a

6. 在 Oracle 中，关于子程序的描述，不正确的是（ ）。

  A. 子程序是已命名的 PL/SQL 块，可带参数并可在需要时随时调用

  B. 子程序可以具有声明部分、可执行部分和异常处理部分

  C. 子程序参数的模式只有 IN 和 OUT 两种模式

  D. 子程序可分为过程和函数两种类型

二、简答题

1. 简述 PL/SQL 语言中的数据类型及其各自特点。

2. 如何处理用户自定义异常？

3. 简述 PL/SQL 程序的组成部分及作用。

项目七

PL/SQL 程序单元在数据库中的应用

知识目标

1. 掌握利用 OEM 管理存储过程、函数、触发器的方式。
2. 掌握利用命令行管理存储过程、函数、触发器的方式。

能力目标

1. 会利用 OEM 创建和使用存储过程、函数、触发器。
2. 会利用命令行创建和使用存储过程、函数、触发器。

任务 1 存储过程的创建与管理

任务描述

1. 创建和查看存储过程。
2. 执行存储过程。
3. 修改和删除存储过程。

相关知识与任务实现

匿名的 PL/SQL 块是瞬时的，其缺点是在每次执行的时候都要被编译，并且不能被存储在数据库中，项目六中的 PL/SQL 程序属于匿名的 PL/SQL 块。本项目中的 PL/SQL 存储单元称为 PL/SQL 存储子程序，它以编译的形式存储在数据库中，用户可以为其指定参数，也可以在应用程序中调用。

Oralce 提供的 PL/SQL 程序单元主要有：存储过程、函数、触发器和包。

PL/SQL 程序单元的优点如下：

①模块化：程序单元是可以管理、明确的逻辑模块。

②可重用：在创建并执行程序单元后，就可以在任何应用程序中使用它。

③易维护：方便管理。

④安全性强：用户可以设置权限以保护程序单元中的数据，这不仅可以让数据更加安全，也可以保证数据的正确性。

存储过程简称过程，是一种命名的 PL/SQL 程序单元，它既可以没有参数，也可以有若干个输入/输出参数，甚至可以有多个既做输入又做输出的参数，但它通常没有返回值。存储过程被保存在数据库中，它不可以被 SQL 语句直接执行或调用，只能通过 EXECUT 命令执行或在 PL/SQL 程序单元内部被调用。由于存储过程是已经编译好的代码，因此，其被调用或引用时，执行效率非常高。

对象管理可以使用的工具有 SQL＊Plus、OEM、SQL Developer，本项目选择使用的是 SQL＊Plus、OEM。

一、创建存储过程

1. 使用 OEM 方式创建存储过程

任务：使用 OEM 方式创建数据库存储过程"pro_insertDept"，该存储过程能向 SCOTT 用户的表 DEPT 添加一条新记录。

OEM 创建和查看存储过程

操作步骤如下：

①使用 DBA 用户"SYSTEM"以 Normal 身份登录 OEM，在"方案"选项卡（图 7 - 1）中单击"过程"，弹出图 7 - 2 所示界面。

ORACLE Enterprise Manager 11g
Database Control

设置 首选项 帮助 注销
数据库

作为 SYSTEM 登录

数据库实例: orcl

| 主目录 | 性能 | 可用性 | 服务器 | **方案** | 数据移动 | 软件和支持 |

数据库对象
表
索引
视图
同义词
序列
数据库链接
目录对象
重组对象

程序
程序包
程序包体
过程
函数
触发器
Java 类
Java 源

实体化视图
实体化视图
实体化视图日志
刷新组
维

更改管理
字典基线
字典比较
字典同步

数据掩码
定义
格式库

用户定义类型
数组类型
对象类型
表类型

XML DB
配置
资源
访问控制列表

工作区管理器
工作区

文本管理器
文本索引
查询日志

图 7 - 1 "方案"选项卡

②单击"创建"按钮，进入存储过程的创建界面，如图 7 - 3 所示。
③创建存储过程并命名，选择方案为 SCOTT，如图 7 - 4 所示。
④按照任务的要求编写创建存储过程代码，如图 7 - 5 所示。

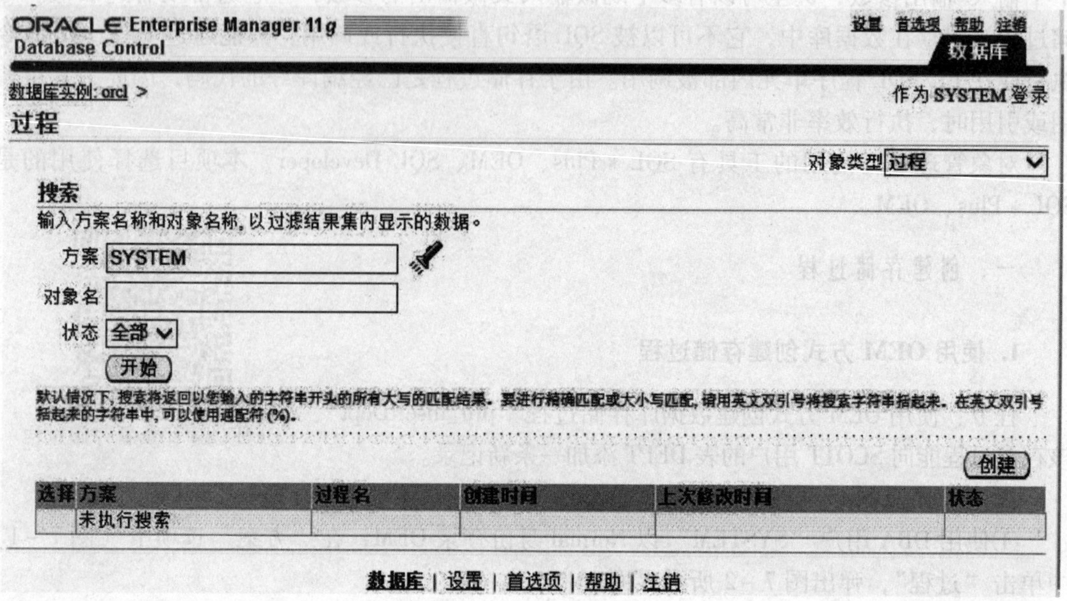

图 7 - 2　进入过程界面

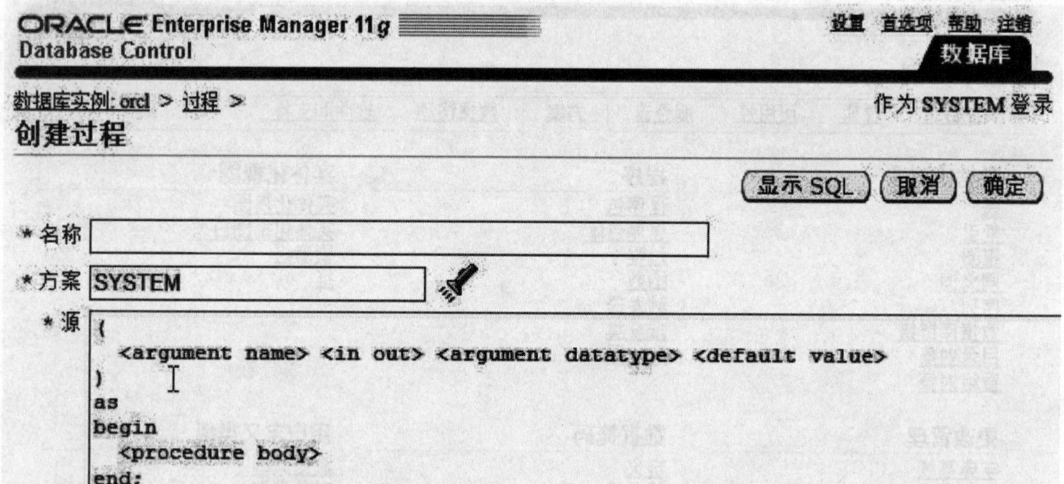

图 7 - 3　存储过程的创建界面

搜索和选择: 方案

取消 选择

搜索

要过滤列表或搜索列表中的特定项, 请在文本字段中输入文本, 然后单击 "开始". 要查看所有项, 请清除搜索框, 然后单击"开始" 按钮。

方案 [　　　　　　　　　]

开始

默认情况下, 搜索将返回以输入的字符串开头的所有大写匹配项. 要进行精确匹配或大小写匹配, 请用英文双引号将搜索字符串括起来. 在英文双引号括起来的字符串中, 可以使用通配符 (%, *).

前25 条记录 26-36 / 36 ▽ 下一步

选择	方案
●	SCOTT
○	SH
○	SI_INFORMTN_SCHEMA
○	SPATIAL_CSW_ADMIN_USR
○	SPATIAL_WFS_ADMIN_USR
○	SYS
○	SYSMAN
○	SYSTEM
○	WMSYS
○	XDB
○	XS$NULL

前25 条记录 26-36 / 36 ▽ 下一步

图 7-4 搜索和选择方案

ORACLE Enterprise Manager 11g
Database Control

设置 首选项 帮助 注销

数据库

数据库实例: orcl > 过程 >

作为 SYSTEM 登录

创建过程

显示 SQL 取消 确定

* 名称 PRO_INSERTDEPT

* 方案 SCOTT

* 源
```
as
begin
    insert into dept values(99,'市场拓展部','BEIJING');
    commit;
end;
```

图 7-5 创建存储过程代码块

⑤单击"确定"按钮，存储过程创建完成。可以在 OEM 查看 SCOTT 方案中所创建存储过程，如图 7 – 6 所示，从而看出方案是 SCOTT，状态是 VALID。

ORACLE Enterprise Manager 11g
Database Control

设置 首选项 帮助 注销

数据库

数据库实例: orcl >

作为 SYSTEM 登录

过程

对象类型 过程 ▼

搜索
输入方案名称和对象名称，以过滤结果集内显示的数据。

方案 `SCOTT`

对象名 _____

状态 全部 ▼

(开始)

默认情况下，搜索将返回以您输入的字符串开头的所有大写的匹配结果。要进行精确匹配或大小写匹配，请用英文双引号将搜索字符串括起来。在英文双引号括起来的字符串中，可以使用通配符 (%)。

选择模式 单选 ▼   (创建)

(编辑) (查看) (删除) 操作 类似创建 ▼ (开始)

选择	方案△	过程名	创建时间	上次修改时间	状态
◉	SCOTT	PRO_INSERTDEPT	2017-3-15 下午12时39分59秒	2017-3-15 下午12时39分59秒	VALID

图 7 – 6　成功创建存储过程

2. 使用命令行方式创建和查看没有参数的存储过程

基本语法：

命令行方式创建和查看存储过程

```
CREATE[OR REPLACE]PROCECURE 存储过程名 AS |IS
BEGIN
   PL/SQL 语句；
[EXCEPTION]
[异常处理语句]
END[存储过程名]
```

其中，存储过程名：一般为字母数字型和"#""_"。如果数据库中已经存在此名称，则可以指定"OR REPLACE"关键字，这样新的存储过程将覆盖原来的存储过程。

PL/SQL 语句：存储过程功能实现的主体。

异常处理语句：也是 PL/SQL 语句，这是一个可选项。

任务：使用 SQL 语句方式创建数据库存储过程"pro_insertDept"，该存储过程能向 SCOTT 用户的表 DEPT 添加一条新记录。

操作步骤如下：

①以 SCOTT 身份连接数据库。

```
conn scott/tiger
```

②使用 SQL 语句创建或修改存储过程 "pro_insertDept"。

```
create or replace procedure pro_insertDept as
begin
        insert into dept values(77,'后勤部','NANJING');
commit;
  end;
```

③输入 "/" 直接运行，运行结果为 "过程已创建"。
④同样，可以使用命令行方式查看 SCOTT 方案中所创建的存储过程。代码为：

```
select object_name from user_objects where object_type = 'PRCEDURE';
```

注意，对象类型 PRCEDURE 必须大写。
运行结果如图 7 - 7 所示。

```
SQL> select object_name from user_objects where object_type='PROCEDURE';

OBJECT_NAME
------------------------------------------------------------------------

PRO_INSERTDEPT
```

图 7 - 7　使用命令行查看存储过程

拓展任务：创建一个存储过程，并定义 3 个输入变量，将这 3 个变量插入 DEPT 表中。
Orcale 为了增强存储过程的灵活性，可以实现向存储过程传入参数。参数是一种向程序单元输入和输出数据的机制。运行结果如图 7 - 8 所示。

```
create or replace procedure insert_dept(
num_deptno in number,
var_ename in varchar2,
var_loc in varchar2)is
begin
insert into dept values(num_deptno,var_ename,var_loc);
commit;
end insert_dept;
/
```

```
SQL> create or replace procedure insert_dept(
  2    num_deptno in number,
  3    var_ename in varchar2,
  4    var_loc in varchar2) is
  5  begin
  6    insert into dept values(num_deptno,var_ename,var_loc);
  7  commit;
  8  end insert_dept;
  9  /
```
过程已创建。

图 7-8　创建有参的存储过程

二、执行存储过程

在 SQL * Plus 环境中，使用 execute 或者 exec 命令执行存储过程。

1. 执行无参的存储过程"pro_insertDept"

```
execute pro_insertDept;
```

运行结果为"过程已经成功完成"。

接下来通过查找 dept 表中的数据，发现新记录已经添加成功，如图 7-9 所示。

```
PL/SQL 过程已成功完成。

SQL> select * from scott.dept;

    DEPTNO DNAME          LOC
---------- -------------- -------------
        99 市场拓展部      BEIJING
        10 ACCOUNTING     NEW YORK
        20 RESEARCH       DALLAS
        30 SALES          CHICAGO
        40 OPERATIONS     BOSTON
```

图 7-9　执行存储过程成功

2. 执行有参的存储过程"insert_dept"

若直接按执行无参的存储过程的方法执行有参存储过程，会出现问题，如图 7-10 所示。

应该使用"指定名称传递"或"按位置传递"的方式向其中传递参数。

图 7-11 所示是使用"指定名称传递"的方式执行有参存储过程。

图 7-12 所示是使用"按位置传递"的方式执行有参存储过程。

```
SQL> exec insert_dept;
BEGIN insert_dept; END;

      *
第 1 行出现错误:
ORA-06550: line 1, column 7:
PLS-00306: wrong number or types of arguments in call to 'INSERT_DEPT'
ORA-06550: line 1, column 7:
PL/SQL: Statement ignored
```

图 7 - 10   直接执行有参存储过程报错

```
SQL> begin
  2     insert_dept(num_deptno=>15,var_ename=>'采购部',var_loc=>'SUZHOU');
  3  end;
  4  /

PL/SQL 过程已成功完成。
```

图 7 - 11   指定名称传递

```
SQL> begin
  2     insert_dept(28,'工程部','LUOYANG');
  3  end;
  4  /

PL/SQL 过程已成功完成。
```

图 7 - 12   按位置传递

最后，可以使用 select 语句查询 DEPT 表，以检查存储过程是否执行成功，如图 7 - 13 所示。

```
SQL> select * from dept;

    DEPTNO DNAME              LOC
---------- ----------------   ----------------
        15 采购部             SUZHOU
        28 工程部             LUOYANG
        10 ACCOUNTING         NEW YORK
        20 RESEARCH           DALLAS
        30 SALES              CHICAGO
        40 OPERATIONS         BOSTON

已选择6行。
```

图 7 - 13   执行后表 DEPT 的记录

三、修改和删除存储过程

1. 使用 OEM 方式修改和删除存储过程

①打开 OEM 中的“过程”，搜索方案 SCOTT 下需要编辑的存储过程，如“INSERT_DEPT”，如图 7－14 所示。

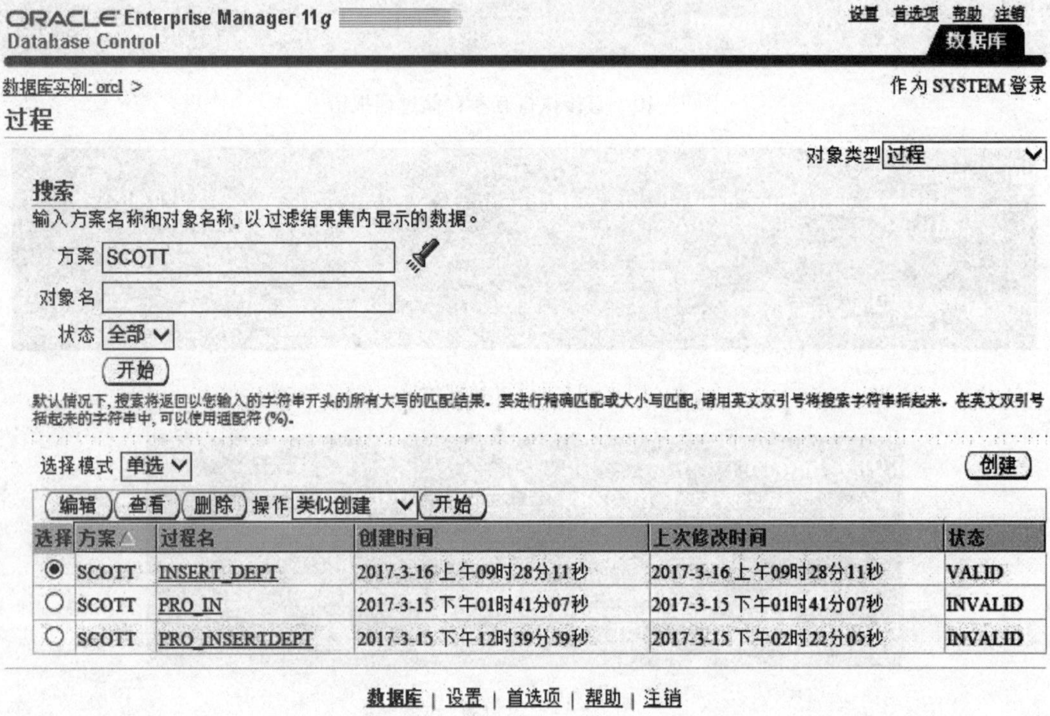
ORACLE Enterprise Manager 11g
Database Control
设置 首选项 帮助 注销
数据库
数据库实例: orcl >
作为 SYSTEM 登录
过程
对象类型 过程
搜索
输入方案名称和对象名称, 以过滤结果集内显示的数据。
方案 SCOTT
对象名
状态 全部
开始
默认情况下, 搜索将返回以您输入的字符串开头的所有大写的匹配结果。要进行精确匹配或大小写匹配, 请用英文双引号将搜索字符串括起来。在英文双引号括起来的字符串中, 可以使用通配符 (%).
选择模式 单选
创建
编辑 查看 删除 操作 类似创建 开始
选择 方案 过程名 创建时间 上次修改时间 状态
SCOTT INSERT_DEPT 2017-3-16 上午09时28分11秒 2017-3-16 上午09时28分11秒 VALID
SCOTT PRO_IN 2017-3-15 下午01时41分07秒 2017-3-15 下午01时41分07秒 INVALID
SCOTT PRO_INSERTDEPT 2017-3-15 下午12时39分59秒 2017-3-15 下午02时22分05秒 INVALID
数据库 | 设置 | 首选项 | 帮助 | 注销

图 7－14　使用 OEM 选择所需删除的过程

②单击“编辑”按钮，即可编辑选中的存储过程。由于和前面创建过程类似，在此不再赘述。

③选中要删除的存储过程，然后单击“删除”按钮，如图 7－15 所示，在“确认”窗口中选择按钮“是”，即可删除选中的存储过程。

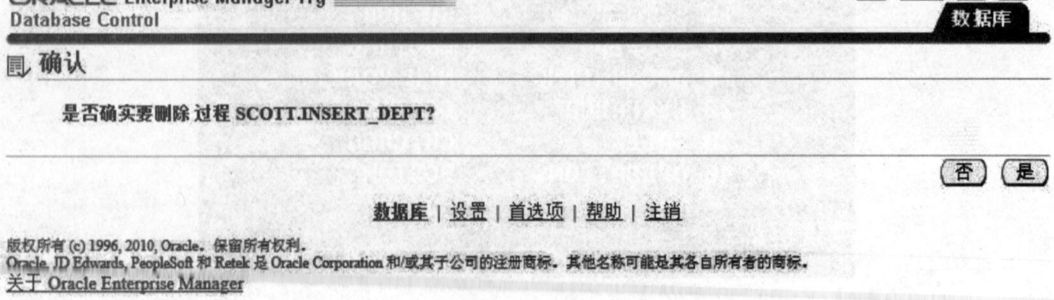
ORACLE Enterprise Manager 11g
Database Control
设置 首选项 帮助 注销
数据库
确认
是否确实要删除 过程 SCOTT.INSERT_DEPT?
否 是
数据库 | 设置 | 首选项 | 帮助 | 注销
版权所有 (c) 1996, 2010, Oracle。保留所有权利。
Oracle, JD Edwards, PeopleSoft 和 Retek 是 Oracle Corporation 和/或其子公司的注册商标。其他名称可能是其各自所有者的商标。
关于 Oracle Enterprise Manager

图 7－15　确认删除过程

④该存储过程删除后如图 7 - 16 所示。

图 7 - 16　删除过程成功

2. 使用命令行方式修改和删除存储过程

基本语法：

```
drop procedure[ <方案名 >. ] <存储过程名 >;
```

执行结果如图 7 - 17 所示。

```
SQL> drop procedure pro_insertDept;

过程已删除。
```

图 7 - 17　使用命令行方式删除过程

修改过程有两种方法：一种是删除过程，然后重新创建；另一种是采用 CREATE OR REPLACE PROCEDURE 方式重新创建并替换原有的存储过程，在此不再赘述。

任务 2　函数的创建与管理

✎ 任务描述

1. 创建和查看函数。
2. 执行函数。
3. 修改和删除函数。

相关知识与任务实现

函数与过程相似，都是数据库中的 PL/SQL 程序单元，同样可以接收零个或多个输入参数。不同之处在于，函数必须返回一个值，且可作为表达式的一部分使用。通俗地说，任何东西，只要它能接收输入，对输入进行加工并产生输出，就可以称为函数。

例如，牛是一个函数，它的输入是草，而产生的输出是牛奶（不包括公牛）。函数是最受结构化程序设计者欢迎的一种程序设计结构。它可以有零个或多个输入，但只能有一个输出，即函数只能有一个出口。用函数编写的程序代码很容易调试，并且很容易被重用。

Oracle 中的函数分为系统自带的常用函数和用户自定义函数。在之前的学习中，已经使用过不少常用函数，如日期和字符转换函数 to_date、to_char，字符串截取函数 substr，去掉字符串中空格的函数 trim 等。这里主要介绍的是用户自定义函数。

由于该任务的程序段需要手动编写代码，OEM 方式在第一个任务中已经讲解，故接下来的任务均以代码行的方式实现。

一、创建和查看函数

创建函数的基本语法：

创建和查看函数

```
CREATE[OR REPLACE]FUNCTION 函数名(参数列表)
RETURN 返回值类型
IS/AS
[函数内部变量]
BEGIN
函数体;
[EXCEPTION]
    [异常处理语句]
END[函数名];
```

任务：创建一个函数"getsal"，以雇员号查询雇员薪水。

```
create FUNCTION getsal(sno number)
return number
is
val number;
begin
select sal into val from emp where empno = sno;
return val;
end;
```

代码执行如图 7-18 所示。

查看函数与查看存储过程类似，只要将 object_type 修改为'FUNCTION'，即使用代码：select object_name from user_objects where object_type = 'FUNCTION';查看函数。注意，对象

类型 FUNCTION 必须大写。

```
SQL> create FUNCTION getsal(sno number)
  2  return number
  3  is
  4  val number;
  5  begin
  6  select sal into val from emp where empno=sno;
  7  return val;
  8  end;
  9  /

函数已创建。
```

图 7-18　创建函数

二、执 行 函 数

（1）通过函数查询雇员信息

```
select * from emp where sal = getsal(7369);
```

执行结果如图 7-19 所示。

```
SQL> set linesize 300
SQL> select * from emp where sal=getsal(7369);

     EMPNO ENAME      JOB              MGR HIREDATE            SAL       COMM     DEPTNO
---------- ---------- --------- ---------- --------- ---------- ---------- ----------
      7369 SMITH      CLERK           7902 17-12月-80          800                    20
```

图 7-19　执行函数（1）

（2）在 SQL 语句中调用 getsal，显示雇员号为 7369 的雇员薪水

```
select getsal(7369)from dual;
```

执行结果如图 7-20 所示。

图 7-20　执行函数（2）

这里使用了表 dual。dual 确实是一张表，是一张只有一个字段、一行记录的表。习惯上称之为'伪表'，因为它不存储主题数据。它的存在是为了操作上的方便，因为 select 都是要有特定对象的，表 dual 用来构成 select 的语法规则，Oracle 保证 dual 里面永远只有一条记录。

三、修改和删除函数

修改函数有两种方法：一种是删除函数，然后重新创建；另一种采用 CREATE OR REPLACE FUNCTION 方式重新创建并替换原有的函数，在此不再赘述。

删除函数的操作比较简单，使用 DROP FUNCTION 命令，其后面跟着要删除的函数名称，其语法格式如下：

```
DROP FUNCTION 函数名;
```

任务：删除函数 getsal，代码及运行结果如图 7-21 所示。

```
SQL> drop function getsal;
函数已删除。
```

图 7-21 删除函数

任务 3 触发器的创建与管理

任务描述

1. 创建和查看触发器。
2. 测试触发器。
3. 修改和删除触发器。

相关知识与任务实现

触发器的定义就是当某个条件成立的时候，触发器里面所定义的语句会被自动地执行。因此触发器不需要人为地去调用，也不能调用。然后，触发器的触发条件其实在定义的时候就已经设定好了。需要说明的是，触发器可以分为语句级触发器和行级触发器。简单地说，就是语句级的触发器可以在某些语句执行前或执行后被触发，而行级触发器则是在定义了的触发的表中的行数据改变时，会被触发一次。

①在一个表中定义的语句级的触发器，当这个表被删除时，程序就会自动执行触发器里面定义的操作过程。这个就是删除表的操作就是触发器执行的条件了。

②在一个表中定义了行级的触发器，当这个表中一行数据发生变化时，比如删除了一行记录，那么触发器也会被自动执行。

由于本任务中的内容的程序段需要手动编写代码，OEM 方式在任务 1 中已经讲解，故接下来的任务均以代码行的方式实现。

一、创建和查看触发器

创建触发器的基本语法：

创建和查看触发器

```
CREATE[ORREPLACE]TIGGER 触发器名　触发时间　触发事件
ON 表名
[FOR EACH ROW]
BEGIN
PL/SQL 语句
END
```

其中：

触发器名：触发器对象的名称。由于触发器是数据库自动执行的，因此该名称只是一个名称，没有实质的用途。

触发时间：指明触发器何时执行，该值可取：

①before：表示在数据库动作之前触发器执行；

②after：表示在数据库动作之后触发器执行。

触发事件：指明哪些数据库动作会触发此触发器：

①insert：数据库插入会触发此触发器；

②update：数据库修改会触发此触发器；

③delete：数据库删除会触发此触发器。

表名：数据库触发器所在的表。

FOR EACH ROW：对表的每一行触发器执行一次。如果没有这一选项，则只对整个表执行一次。

触发器能实现如下功能：

①允许/限制对表的修改；

②自动生成派生列，比如自增字段；

③强制数据一致性；

④提供审计和日志记录；

⑤防止无效的事务处理；

⑥启用复杂的业务逻辑。

任务：在 emp 表上建立触发器。在对 emp 表插入、更新、删除之前触发，目的是不允许在周末更改表。

```
reate or replace trigger emp_secure
before insert or update or delete on EMP
begin
  if(to_char(sysdate,'DY')='星期日')then
    raise_application_error(-20600,'不能在周末修改表 emp');
  end if;
end;
```

代码及运行结果如图 7 - 22 所示。

```
SQL> create or replace trigger emp_secure
  2    before insert or update or delete on emp
  3    begin
  4        if(to_char(sysdate,'DY')='星期日')then
  5        raise_application_error(-20600,'不能在周末修改表emp');
  6        end if;
  7    end;
  8    /
触发器已创建
```

图 7-22 创建触发器

查看触发器与查看存储过程类似，只要将 object_type 修改为 'TIGGER'，即使用代码：select object_name from user_objects where object_type = 'TRIGGE';。注意，对象类型 TRIGGE 必须大写。

二、测试触发器

①在系统日期为周一到周六的任一时间对 emp 表进行修改，都能成功。代码及运行结果如图 7-23 所示。

```
SQL> update emp
  2    set sal=900
  3    where empno=7369;
已更新 1 行。
```

图 7-23 成功更新

②将系统时间改为某个星期日，然后对 emp 表进行修改，则会失败。代码及运行结果如图 7-24 所示。

```
SQL> update emp
  2    set sal=901
  3    where empno=7369;
update emp
       *
第 1 行出现错误:
ORA-20600: 不能在周末修改表emp
ORA-06512: 在 "SCOTT.EMP_SECURE", line 3
ORA-04088: 触发器 'SCOTT.EMP_SECURE' 执行过程中出错
```

图 7-24 触发器作用

三、修改和删除触发器

删除触发器的操作比较简单，使用 drop trigger 命令，其后面跟着要删除的 emp_secure 名称，其语法格式如下：

```
drop trigger 触发器名;
```

任务：删除触发器 emp_secure，代码及运行结果如图 7-25 所示。

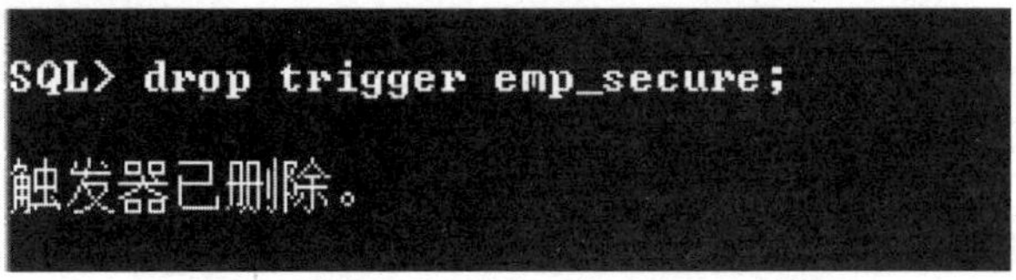

```
SQL> drop trigger emp_secure;
触发器已删除。
```

图 7-25 删除触发器

修改触发器有两种方法：一种是删除触发器，然后重新创建；另一种采用 CREATE OR REPLACE TRIGGERE 方式重新创建并替换原有的触发器，在此不再赘述。

项 目 小 结

通过本章的学习，读者能够掌握 Oracle 数据库中的几个 PL/SQL 程序单元：存储过程、函数和触发器，这些程序单元可以被保存在 Oracle 数据库中，以便用户随时调用和维护。读者能够掌握存储过程、函数和触发器的创建和使用，这些程序单元在应用系统开发中被广泛应用。

项 目 作 业

一、填空题

1. 存储过程简称_____，是一种命名的 PL/SQL 程序单元，它既可以没有参数，也可以有若干个_____参数。

2. _____与过程相似，都是数据库中命名的 PL/SQL 程序单元，同样可以接收零个或多个输入参数。不同之处在于，_____必须返回一个值，且可作为表达式的一部分使用。

3. Oracle 中的函数分为系统自带的常用函数和_____。

4. 根据触发器的定义，某个条件成立的时候，触发器里面所定义的语句就会被_____执行。因此触发器不需要人为地去调用，也不能调用_____。

5. 触发器可以分为_____和_____。

二、简答题

1. 简述存储过程和函数的区别。
2. 简述调用过程时传递参数值的三种方式。
3. 尝试写一个函数，用于计算 emp 表中某个职位的平均工资。

项目八

数据库的安全管理

知 识 目 标

1. 掌握利用 OEM 管理用户、角色、概要文件的方式。
2. 掌握利用命令行方式管理用户、角色、概要文件的方式。

能 力 目 标

1. 会利用 OEM 管理用户、角色、概要文件。
2. 会利用命令行管理用户、角色、概要文件。

Oracle 11g 的安全性包括以下 5 个层次。

①物理层的安全性：指的是设备可靠。

②操作系统层的安全性：指的是数据库所在主机的操作系统安全可靠。

③网络层的安全性：Oracle 11g 数据库主要是面向网络提供服务，因此，网络软件的安全性和网络数据传输的安全性至关重要。

④数据库系统层的安全性：规定不同用户对不同的数据对象有不同的操作权限，就是指通过用户授予特定的访问数据库对象的权限来确保数据库系统层的安全。本项目学习这层安全性设置。

⑤应用系统层的安全性：指防止由于对应用系统的不合法使用而造成的数据泄露、更改或者破坏。

在 5 个层次的安全中，任何一个出现问题，都可能导致数据库整个安全体系的崩溃。要访问 Oracle 数据库系统，必须以合法的用户名和口令登录，以保证 Oracle 数据库系统的安全性。下面针对数据库系统层的安全性进行介绍。

任务 1 用户管理

📚 任务描述

1. 创建用户。
2. 查看、修改用户。
3. 删除用户。

相关知识与任务实现

Oracle 数据库中有很多用户，可以将其分成数据库管理员、数据库开发人员和一般用户，或者说，将 Oracle 用户分为特权用户和普通用户。其中 SCOTT 是演示用户，是用于学习 Oracle 的；HR 用户是示例用户，是在创建数据库时选中"示例数据库"后产生的，实际就是模拟一个人力资源部的数据库。除此之外，使用较多的还有两个特权用户：SYS 用户和 SYSTEM 用户。在权限管理中会详细介绍 SYS 用户和 SYSTEM 用户。

特权用户拥有对所有数据库对象的一切权限，包括数据库本身。Oracle 数据库中的特权用户拥有 SYSOPER 系统特权或者 SYSDBA 系统特权。SYS 用户同时具有 SYSDBA 与 SYSOPER 两种权限，它在创建数据库时自动产生，不需要手工创建。

普通用户通常由 SYS 用户创建，或者由 SYSTEM 用户创建，普通用户的权限较小，只限于访问自己模式中的数据库对象。若要对数据库进行其他的访问，需要具有相应的权限。

创建用户

一、创建用户

要创建一个数据库用户，必须是具有 DBA 权限的用户才能进行，如果是一般用户，若具有 CREATE USER 的系统权限，也是可以的。创建用户时，数据库管理员对用户进行下列设置。

①指定数据库用户的身份认证方式，一般选择数据库认证方式，此认证方式还要为新用户指定一个口令。

②创建数据库用户时，通常为其指定一个默认的用户表空间，用来保存用户的永久数据库对象。如果没有指定，系统会将默认的表空间作为用户的默认表空间。同时，还需要设置用户的临时表空间，用来存储用户进行排序、汇总等操作产生的临时数据。如果没有为用户指定临时表空间，则系统会将默认的临时表空间作为用户的临时表空间。

③指定表空间配额，指明用户在某个表空间中所能使用的存储空间大小。如果没有为用户指定配额，则用户在特定表空间上的配额为 0，用户就不能在相应表空间上建立数据对象。

④设置概要文件。

⑤设置账户状态。

1. 使用 OEM 方式创建用户

任务：使用 OEM 方式创建数据库用户"GUMING"，概要文件为 DEFAULT，并指定口令为 guming，默认表空间和临时表空间都按照默认，设置该用户使用表空间的限额为"无限制"。

操作步骤如下：

①使用 DBA 用户"SYSTEM"以 Normal 身份登录到 OEM。在"服务器"选项卡中单击"安全性"，然后单击"用户"，出现如图 8-1 所示的界面。单击"用户"后，单击"进入"，如图 8-2 所示。

②单击"创建"，如图 8-3 所示，在一般信息选项卡中设置用户名、概要文件、口令、默认表空间、临时表空间等。这里不要选择"口令即刻失效"，状态设置为"未锁定"。

③单击"限额"选项卡，按图 8-4 所示进行设置。

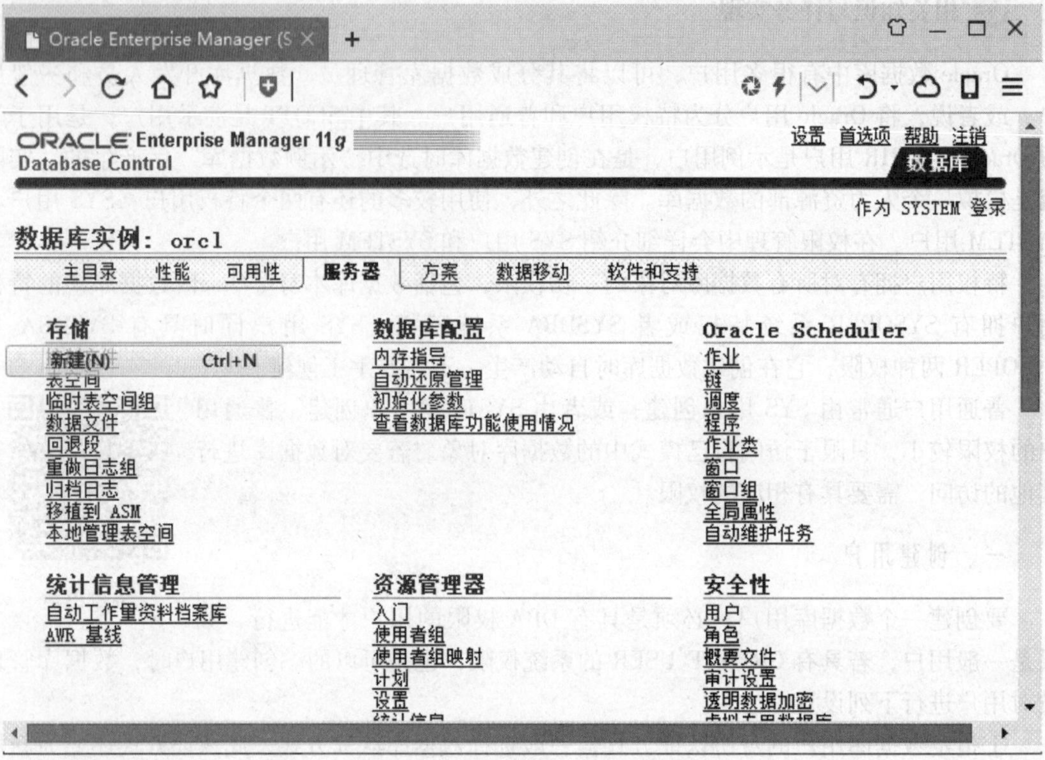

图 8 – 1　数据库实例中的用户

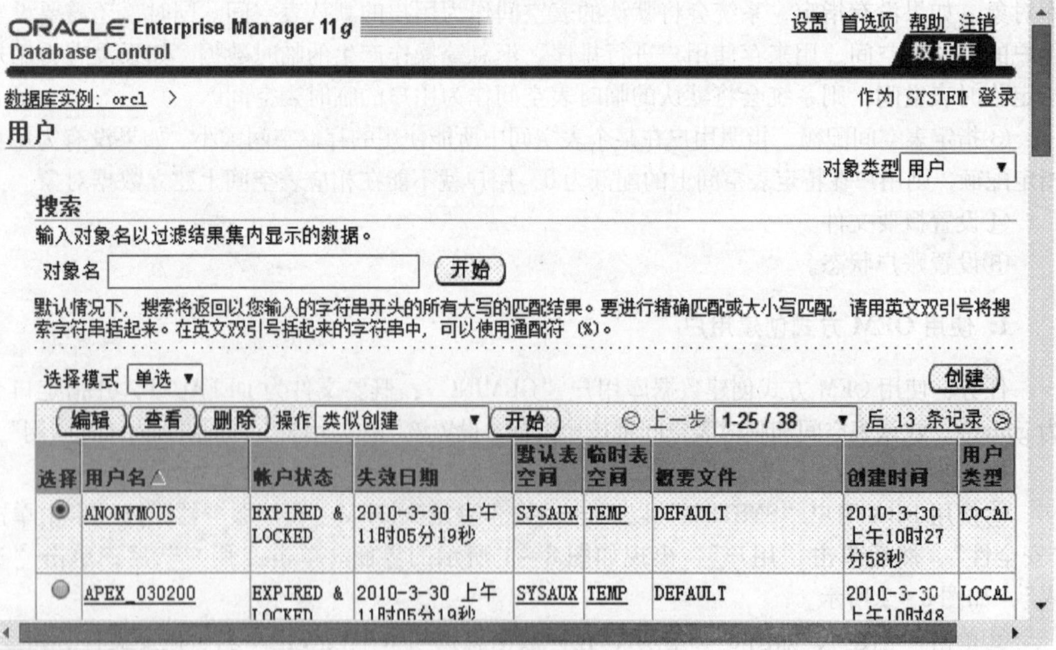

图 8 – 2　进入用户界面

ORACLE Enterprise Manager 11*g*
Database Control

设置 首选项 帮助 注销

数据库

数据库实例: orcl > 用户 >

作为 SYSTEM 登录

创建 用户

显示 SQL 取消 确定

| 一般信息 | 角色 | 系统权限 | 对象权限 | 限额 | 使用者组权限 | 代理用户 |

* 名称 GUMING

概要文件 DEFAULT ▼

验证 口令 ▼

* 输入口令 ●●●●●●

* 确认口令 ●●●●●●

如果选择"口令",则通过口令向角色授权。

☐ 口令即刻失效

默认表空间

临时表空间

状态 ○ 锁定 ◉ 未锁定

| 一般信息 | 角色 | 系统权限 | 对象权限 | 限额 | 使用者组权限 | 代理用户 |

显示 SOL 取消 确定

图 8 - 3 创建用户的"一般信息"选项卡

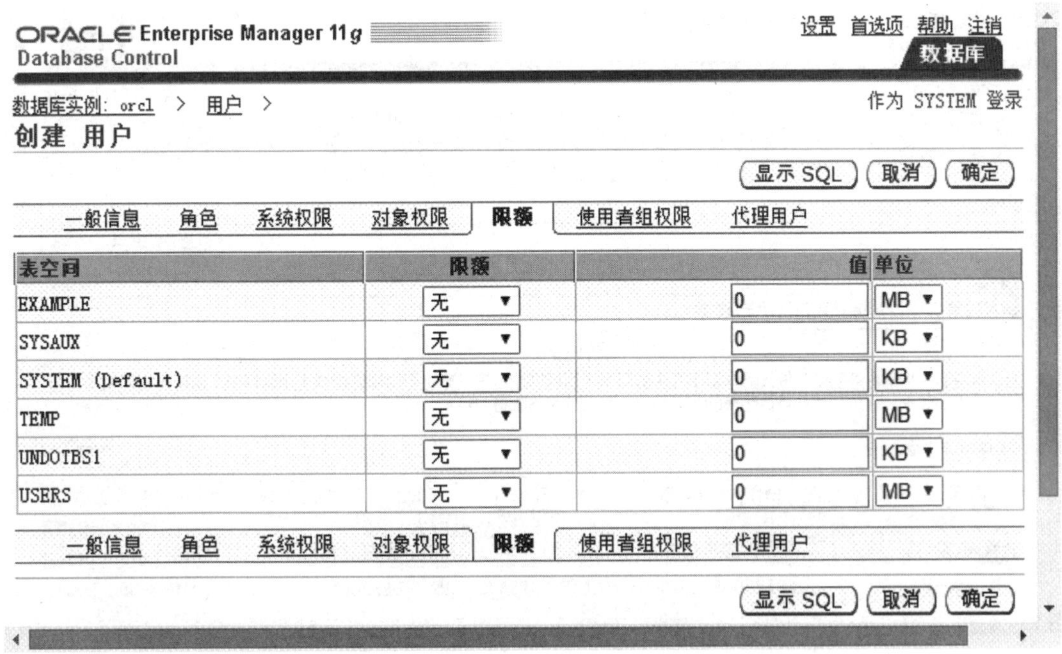

ORACLE Enterprise Manager 11*g*
Database Control

设置 首选项 帮助 注销

数据库

数据库实例: orcl > 用户 >

作为 SYSTEM 登录

创建 用户

显示 SQL 取消 确定

| 一般信息 | 角色 | 系统权限 | 对象权限 | 限额 | 使用者组权限 | 代理用户 |

表空间	限额	值	单位
EXAMPLE	无 ▼	0	MB ▼
SYSAUX	无 ▼	0	KB ▼
SYSTEM (Default)	无 ▼	0	KB ▼
TEMP	无 ▼	0	MB ▼
UNDOTBS1	无 ▼	0	KB ▼
USERS	无 ▼	0	MB ▼

| 一般信息 | 角色 | 系统权限 | 对象权限 | 限额 | 使用者组权限 | 代理用户 |

显示 SQL 取消 确定

图 8 - 4 创建用户的"限额"选项卡

④可以单击"显示 SQL"查看刚才操作对应的 SQL 代码，如图 8 – 5 所示。

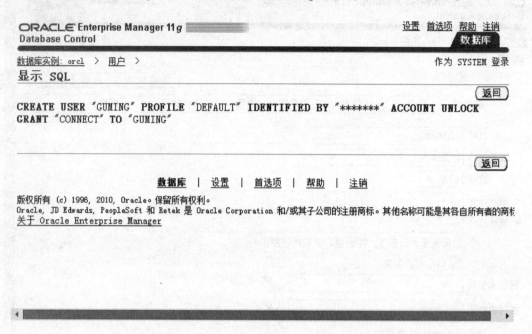

图 8 – 5　显示 OEM 创建用户产生的 SQL 代码

⑤单击"返回"后，单击"确定"按钮，用户创建成功，如图 8 – 6 所示。可以查看到 GUMING 用户的信息，从而看出默认表空间是 USERS，临时表空间是 TEMP，用户状态是 OPEN，如图 8 – 7 所示。

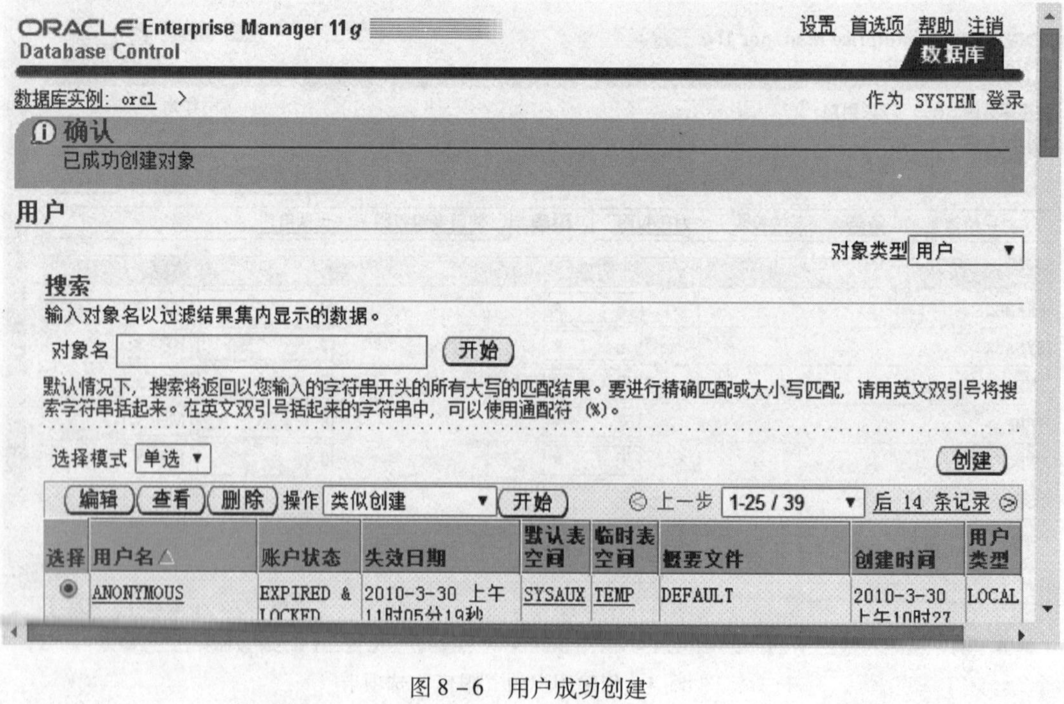

图 8 – 6　用户成功创建

ORACLE Enterprise Manager 11*g*
Database Control

设置 首选项 帮助 注销
数据库

数据库实例: orcl >
用户

作为 SYSTEM 登录

对象类型 用户 ▼

搜索
输入对象名以过滤结果集内显示的数据。

对象名 GUMING   开始

默认情况下,搜索将返回以您输入的字符串开头的所有大写的匹配结果。要进行精确匹配或大小写匹配,请用英文双引号将搜索字符串括起来。在英文双引号括起来的字符串中,可以使用通配符 (%)。

选择模式 单选 ▼   创建

编辑 查看 删除 操作 类似创建 ▼ 开始

选择	用户名△	账户状态	失效日期	默认表空间	临时表空间	概要文件	创建时间	用户类型
◉	GUMING	OPEN	2016-11-7 下午02时49分22秒	USERS	TEMP	DEFAULT	2016-5-11 下午02时49分22秒	LOCAL

图 8 - 7   用户 GUMING 的信息

用户的数据库对象及数据分布在表空间中,各个用户均有默认的表空间。默认的表空间在创建用户时指定,若不指定,则 SYSTEM 表空间将被指定为该用户的默认表空间。

2. 命令行方式创建用户

基本语法:

```
CREATE USER 用户名 IDENTIFIED BY 口令
[DEFAULT TABLESPACE 默认表空间名]
[TEMPORARY TABLESPACE 默认的临时表空间名]
[QUOTA[integer K[M]][UNLIMITED]]ON 表空间名
[PROFILES 概要文件名]
[PASSWORD EXPIRE]
[ACCOUNT LOCK or ACCOUNT UNLOCK]
```

其中,
用户名:一般为字母数字型和"#""_"符号。
口令:一般为字母数字型和"#""_"符号。
QUOTA:配额。
[QUOTA[integer K[M]][UNLIMITED]]ON 表空间名:用户可以使用的表空间的字节数。
[PROFILES 概要文件名]:资源文件的名称。
[PASSWORD EXPIRE]:立即将口令设成过期状态,用户在登录前必须修改口令。
[ACCOUNT LOCK or ACCOUNT UNLOCK]:用户是否被加锁,默认情况下是不加锁的。
任务:使用 SQL 语句方式创建数据库用户"LILIN",口令为"lilin",概要文件为DEFAULT,默认表空间和临时表空间都按照默认,设置该用户使用表空间的限额为默认的"无限制"。
操作步骤如下:
①具有 DBA 权限的用户连接数据库,这里选择 SYSTEM:

```
conn system/orcl76ORCL
```

②之后使用 SQL 语句方式创建数据库用户"LILIN":

```
create user lilin identified by linlin;
```

可以在 OEM 查看 LILIN 的信息,如图 8-8 所示。

ORACLE Enterprise Manager 11g　　　　　　　　　　　　设置 首选项 帮助 注销
Database Control　　　　　　　　　　　　　　　　　　　　　　　　　　　数据库

数据库实例: orcl >　　　　　　　　　　　　　　　　　　　　　作为 SYSTEM 登录
用户

对象类型 用户 ▼

搜索
输入对象名以过滤结果集内显示的数据。
对象名 LILIN　　　　　　　　　（开始）
默认情况下,搜索将返回以您输入的字符串开头的所有大写的匹配结果。要进行精确匹配或大小写匹配,请用英文双引号将搜索字符串括起来。在英文双引号括起来的字符串中,可以使用通配符 (%)。

选择模式 单选 ▼　　　　　　　　　　　　　　　　　　　　　　（创建）
（编辑）（查看）（删除）操作 类似创建　　　▼ （开始）

选择	用户名△	账户状态	失效日期	默认表空间	临时表空间	概要文件	创建时间	用户类型
◉	LILIN	OPEN	2016-11-7 下午03时16分11秒	USERS	TEMP	DEFAULT	2016-5-11 下午03时16分11秒	LOCAL

图 8-8　用户 LILIN 的信息

二、查看、修改用户

1. 使用 OEM 方式查看、修改用户

任务:在 OEM 中查看所有用户,如图 8-9 所示。

查看和修改用户

ORACLE Enterprise Manager 11g　　　　　　　　　　　　设置 首选项 帮助 注销
Database Control　　　　　　　　　　　　　　　　　　　　　　　　　　　数据库

数据库实例: orcl >　　　　　　　　　　　　　　　　　　　　　作为 SYSTEM 登录
用户

对象类型 用户 ▼

搜索
输入对象名以过滤结果集内显示的数据。
对象名 ［　　　　　　　　　　］　　　　　　　（开始）
默认情况下,搜索将返回以您输入的字符串开头的所有大写的匹配结果。要进行精确匹配或大小写匹配,请用英文双引号将搜索字符串括起来。在英文双引号括起来的字符串中,可以使用通配符 (%)。

选择模式 单选 ▼　　　　　　　　　　　　　　　　　　　　　　（创建）
（编辑）（查看）（删除）操作 类似创建　　　▼ （开始）　⊖ 上一步 1-25 / 38 ▼ 后 13 条记录 ⊘

选择	用户名△	账户状态	失效日期	默认表空间	临时表空间	概要文件	创建时间	用户类型
◉	ANONYMOUS	EXPIRED & LOCKED	2010-3-30 上午 11时05分19秒	SYSAUX	TEMP	DEFAULT	2010-3-30 上午10时27分58秒	LOCAL
◯	APEX_030200	EXPIRED & LOCKED	2010-3-30 上午 11时05分19秒	SYSAUX	TEMP	DEFAULT	2010-3-30 上午10时48秒	LOCAL

图 8-9　在 OEM 中查看所有用户

上述已经提到，可以在 OEM 中的"服务器"选项卡中找到"安全性"，然后单击"用户"，在此界面中输入用户名进行搜索，搜到之后单击"查看"。

也可以直接单击"用户"进行查看，如图 8-10 所示。

图 8-10 查看某个特定用户

如果要进行修改，找到用户后，单击"编辑"，如图 8-11 所示，可以进行编辑修改。

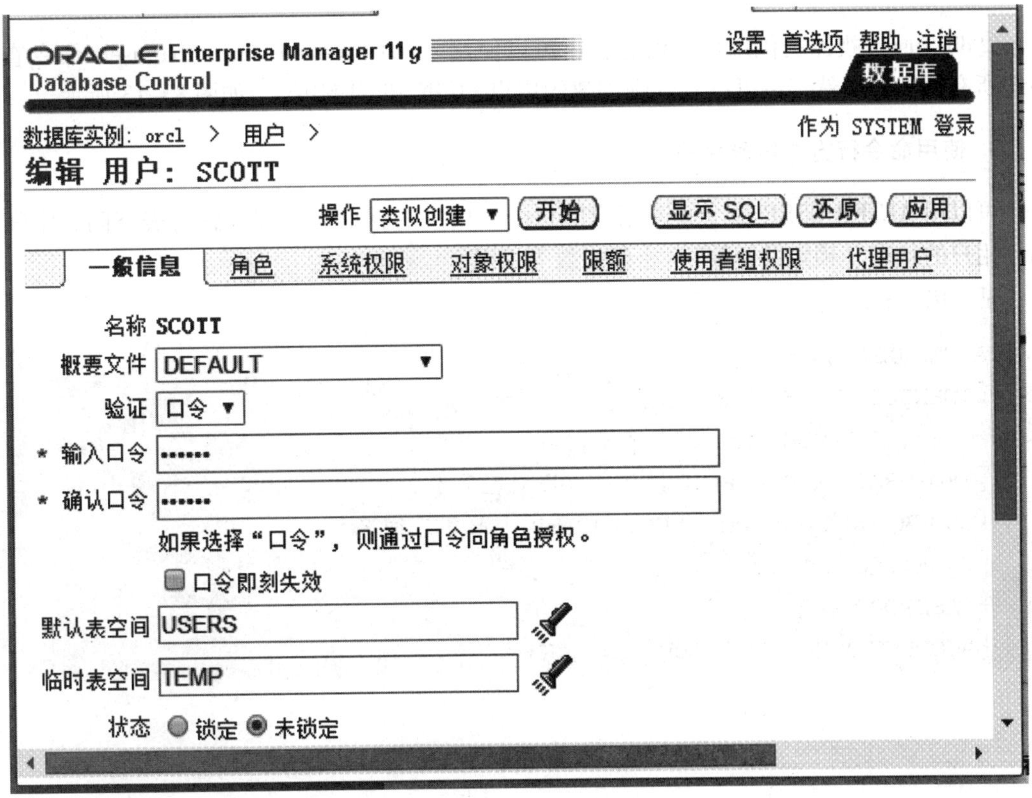

图 8-11 编辑用户

2. 使用命令行方式查看用户

任务：利用数据字典 dba_users 查看用户。

①输入命令 desc dba_users，如图 8 – 12 所示，然后选取相应参数进行查看。

```
SQL> desc dba_users
名称                              是否为空? 类型
                                  --------- --------
USERNAME                          NOT NULL  VARCHAR2(30)
USER_ID                           NOT NULL  NUMBER
PASSWORD                                    VARCHAR2(30)
ACCOUNT_STATUS                    NOT NULL  VARCHAR2(32)
LOCK_DATE                                   DATE
EXPIRY_DATE                                 DATE
DEFAULT_TABLESPACE                NOT NULL  VARCHAR2(30)
TEMPORARY_TABLESPACE              NOT NULL  VARCHAR2(30)
CREATED                           NOT NULL  DATE
PROFILE                           NOT NULL  VARCHAR2(30)
INITIAL_RSRC_CONSUMER_GROUP                 VARCHAR2(30)
EXTERNAL_NAME                               VARCHAR2(4000)
PASSWORD_VERSIONS                           VARCHAR2(8)
EDITIONS_ENABLED                            VARCHAR2(1)
AUTHENTICATION_TYPE                         VARCHAR2(8)
```

图 8 – 12　dba_users 的参数信息

②dba_users 视图提供用户的信息，还可以使用 select username from dba_users 命令查询系统所有用户，当然，也可以看到刚创建的用户 LILIN 和 GUMING，如图 8 – 13 所示。

3. 使用命令行方式修改用户

可以用 ALTER USER 命令修改用户的口令、用户的默认表空间、临时表空间、空间配额、用户的状态（锁定及解锁）、密码失效等情况。

基本语法：

```
ALTER USER 用户名
 [IDENTIFIED BY]口令
 [DEFAULT TABLESPACE 默认表空间名]
 [TEMPORARY TABLESPACE 默认的临时表空间名]
 [QUOTA[integer K[M]][UNLIMITED]]ON 表空间名
 [PROFILES 概要文件名]
 [PASSWORD EXPIRE]
 [ACCOUNT LOCK or ACCOUNT UNLOCK]
```

```
SQL> select username from dba_users;

USERNAME
_____
MGMT_VIEW
SYS
SYSTEM
DBSNMP
SYSMAN
SCOTT
GUMING
STRONG
LILIN
OUTLN
FLOWS_FILES
MDSYS
ORDSYS
EXFSYS
WMSYS
APPQOSSYS
APEX_030200
OWBSYS_AUDIT
ORDDATA
CTXSYS
ANONYMOUS
XDB
ORDPLUGINS
OWBSYS
SI_INFORMTN_SCHEMA
OLAPSYS
ORACLE_OCM
XS$NULL
BI·
PM
MDDATA
IX
SH
DIP
OE
APEX_PUBLIC_USER
HR
SPATIAL_CSW_ADMIN_USR
SPATIAL_WFS_ADMIN_USR

已选择39行。
```

图 8 – 13　用命令查看用户

三、删除用户

1. 使用 OEM 方式删除用户

在 OEM 中找到用户后进行选择，然后单击"删除"按钮，可以进行删除，如图 8 – 14 所示。

删除用户

2. 使用命令行方式删除用户

可以使用"drop user 用户名[cascade]"命令删除用户，如果该用户正在连接数据库，则不能删除，必须终止与它的会话才能删除。如果该用户有模式对象，则要使用 drop user cascade 进行删除，并把模式对象一起删掉。

ORACLE Enterprise Manager 11 *g*
Database Control

设置 首选项 帮助 注销

数据库

数据库实例: orcl >

作为 SYSTEM 登录

用户

对象类型 用户 ▼

搜索

输入对象名以过滤结果集内显示的数据。

对象名 GUMING   （开始）

默认情况下，搜索将返回以您输入的字符串开头的所有大写的匹配结果。要进行精确匹配或大小写匹配，请用英文双引号将搜索字符串括起来。在英文双引号括起来的字符串中，可以使用通配符 (%)。

选择模式 单选 ▼   （创建）

（编辑）（查看）（删除）操作 类似创建   ▼ （开始）

选择	用户名 △	账户状态	失效日期	默认表空间	临时表空间	概要文件	创建时间	用户类型
◉	GUMING	OPEN	2016-11-7 下午02时49分22秒	USERS	TEMP	DEFAULT	2016-5-11 下午02时49分22秒	LOCAL

图 8-14 用 OEM 方式删除用户

用户的操作默认在自身的模式下进行，模式是一个用户所拥有的数据库对象的集合，各个用户都有自己的模式，用户与模式间是一一对应的，模式名与用户名相同。例如，SCOTT用户的模式为 SCOTT，在该模式下包含了 SCOTT 用户拥有的所有数据库对象，包括表、视图、存储程序、索引等。

任务 2 权限管理

✎ 任务描述

1. 授予用户系统权限。
2. 回收用户系统权限。
3. 授予用户对象权限。
4. 回收用户对象权限。

📖 相关知识与任务实现

什么是权限？权限是指能够在数据库中执行某种操作或访问某个对象的权利。数据库系统层的安全性是指通过用户授权特定的访问数据对象的权限来确保数据系统层的安全。

Oracle 数据库权限主要分为两类：系统级权限 sys privileges 和对象级权限 object privileges。

系统权限主要分成两大类：一类是数据库级别的某种操作能力，如群集权限、会话权限、数据库权限、用户权限、索引权限、过程权限、概要权限、角色权限、回退段权限、序列权限、同义词权限、表空间权限、表权限、视图权限、触发器权限、专用权限、其他权限；另一类是对数据库某一类对象的操作能力。

当为用户授予系统权限时，应该根据用户身份进行，如果用户 ZHUHUA、WUBO 是数据库管理员，那么应该具有创建表空间、修改数据库结构、修改用户、带有 ANY 关键字的系统权限和能够对数据库任何模式中的对象进行管理的权限；如果用户 GUMING 是数据库开发者，他应该具有在自给模式下创建表、视图、同义词、索引、数据库连接等权限；如果 lilin 是一个普通用户，他可能会具有查看某个用户模式下的数据对象的权利，而没有创建或者修改的权利。

以下三种用户可以进行系统权限的授予：拥有 SYSDBA 或者 SYSOPER 特权的用户，可以进行系统权限的授予工作；普通用户如果具有了 SYSDBA 或者 SYSOPER 特权，也能够进行系统权限的授予和管理。被授予了某种系统权限的用户，系统允许其把所拥有的系统权限再授予其他用户的用户。

可以通过查询数据字典视图 system_privilege_map，使用 select name from system_privilege_map order by name 命令显示所有系统权限，如图 8－15 所示。

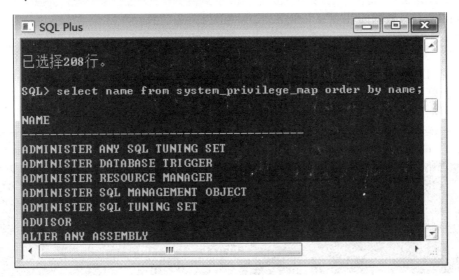

图 8－15　所有的系统权限

一、授 予 用 户 系 统 权 限

1. 使用命令方式授予系统权限

前面的任务中利用命令方式创建了用户 LILIN，现在在 SQL * Plus 中切换用户，以 LILIN 身份进行登录，会发现出错，如图 8－16 所示。

授予用户系统权限

图 8－16　用户 LILIN 缺少 CREATE SESSION 系统权限

CREATE SESSION 系统权限就是创建会话权，用户只有拥有了 CREATE SESSION 系统权限，才能登录数据库。

任务：授予用户 LILIN 可以登录数据库的权限，并查看 LILIN 这个用户此时的系统权限和对象权限。

①使用系统管理员用户和密码连接数据库：

```
conn system/password;
```

②授予 LILIN 用户 CREATE SESSION 系统权限：

```
grant create session to lilin;
```

③LILIN 登录数据库：

```
conn lilin/password;
```

④查看 LILIN 此时的系统权限，使用数据字典视图 user_sys_privs（图 8 - 17）：

```
select * from user_sys_privs;
```

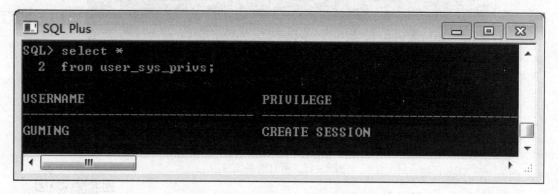

图 8 - 17　查看 LILIN 的系统权限

⑤查看 LILIN 此时的对象权限，使用数据字典视图 user_tab_privs（图 8 - 18）：

```
select * from user_tab_privs;
```

图 8 - 18　查看 LILIN 的对象权限

说明：

①授权命令：

```
GRANT 权限 1,权限 2,...
TO 用户名 1[,用户名 2]... |role |PUBLIC.
[WITH ADMIN OPTION]
```

PUBLIC：所有用户；

[WITH ADMIN OPTION]：可选项，表示允许权限的获得者再将权限授予其他用户。

②查看用户自己的系统权限：

```
select * from user_sys_privs;
```

③查看用户自己的对象权限：

```
select * from user_tab_privs;
```

GUMING 用户是通过 OEM 创建的用户，默认拥有 connect 角色，因此可以进行登录，但如果想他登录后进行表格创建，则会出现权限错误，因此完成下面任务。

任务：赋予 GUMING 有创建表的系统权，并且 GUMING 可以将此权利授予其他用户。

操作步骤如下：

①输入如下语句：

```
grant create table to guming with admin option;
```

GUMING 将这个 CREATE TABLE 的权限授予用户 ZHUHUA（当然，首先要创建用户 ZHUHUA，并且赋予他 CREATE SESSION 的系统权限，以便可以登录数据库）。首先切换用户为 GUMING，然后他授权给 ZHUHUA 用户 CREATE TABLE 的权限，之后查看 ZHUHUA 的系统权限。

②切换用户为 GUMING：

```
conn guming/guming
```

③为 ZHUHUA 授权（图 8 - 19）：

```
grant create table to zhuhua;
```

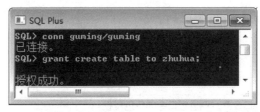

图 8 - 19　为 ZHUHUA 授 CREATE TABLE 系统权限

④切换用户为 ZHUHUA：

```
conn zhuhua/zhuhua;
```

⑤查看 ZHUHUA 此时的系统权限（图 8 - 20）：

```
select * from user_sys_privs;
```

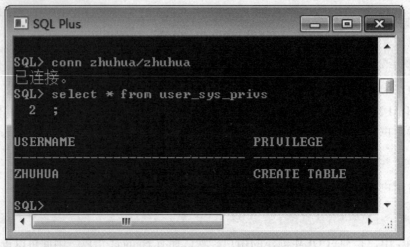

图 8－20 ZHUHUA 的系统权限

⑥验证 ZHUHUA 是否具有创建表的系统权限。

2. OEM 方式授予系统权限

任务：在 Oracle 的企业管理器中创建一个用户 WUBO，并赋予他一定的系统权限。

操作步骤如下：

①在"一般信息"选项卡中输入相应内容，如图 8－21 所示。

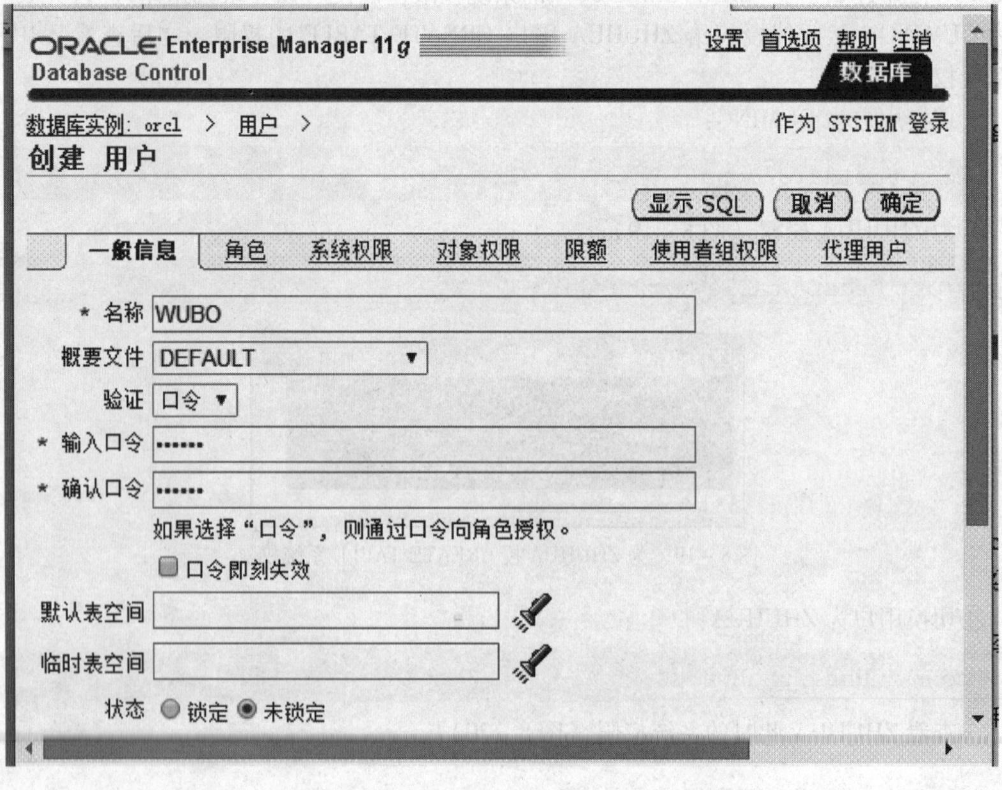

图 8－21 创建用户的"一般信息"选项

②单击"系统权限"选项卡，如图 8-22 所示。

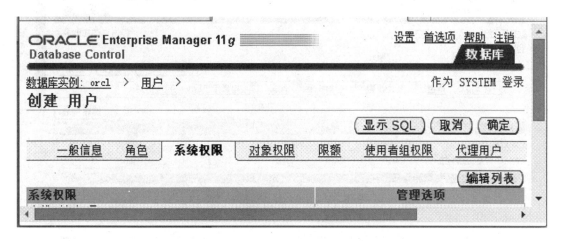

图 8-22 创建用户的系统权限选项

③单击"系统权限"选项卡右侧的"编辑列表"按钮，将 CREATE TABLESPACE 和 CREATE TABLE 的系统权限授予给用户 WUBO，如图 8-23 所示。

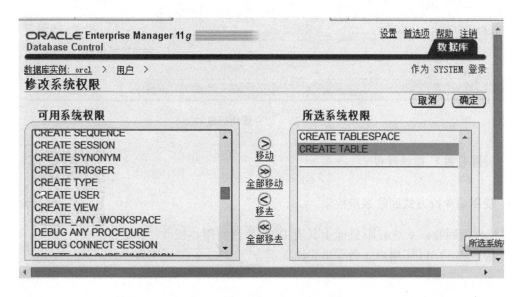

图 8-23 系统权限编辑列表

④单击"确定"按钮，会看到用户 WUBO 的两种系统权限 CREATE TABLESPACE 和 CREATE TABLE，并且如果在图 8-24 中勾选系统权限对应的管理选项，用户 WUBO 就可以将此系统权授予他人。

⑤如果不进行其他设置，单击"确定"按钮，用户就成功创建，如图 8-25 所示。

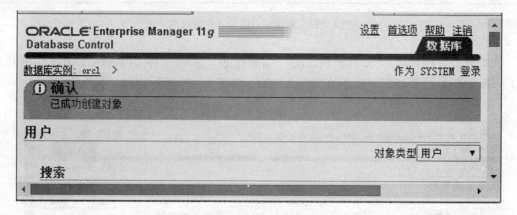

图 8-24　用户的系统权限

图 8-25　用户成功创建

二、回收用户系统权限

1. 使用命令行方式回收系统权限

系统权限回收：系统权限只能由具有 DBA 角色的用户回收，比如 SYS 用户和 SYSTEM 用户。命令格式如下：

回收用户系统权限

```
REVOKE 权限 1,权限 2,…
FROM 用户名 1[,用户名 2],…
```

说明：

如果用户 A 在接受某个系统权限时是以 WITH ADMIN OPTION 方式接受的，之后又将此系统权限授予给了用户 B，那么用户 A 可以将这个系统权限从用户 B 那里进行回收。系统权限能够转授，但不能间接回收。也就是取消该用户的系统权限并不会级联取消。

任务：回收 GUMING 用户创建表的系统权限（图 8-26）。

```
revoke create table from guming;
```

图 8 - 26　回收 GUMING 的 CREATE TABLE 系统权限

任务：查看用户 ZHUHUA 是否具有创建表格的系统权限。

①用 ZHUHUA 连接数据库：

```
conn zhuhua/zhuhua;
```

②查看其被 GUMING 授予的系统权限 CREATE TABLE 是否还拥有（图 8 - 27）：

```
select * from user_sys_privs;
```

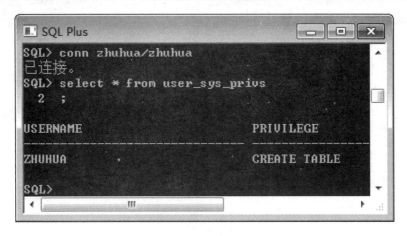

图 8 - 27　查看 ZHUHUA 的系统权限

以上信息显示当管理员回收 GUMING 的 CREATE TABLE 权限后，ZHUHUA 的权限不受影响。

2. 使用 OEM 方式回收系统权限

任务：在 Oracle 的企业管理器中回收 ZHUHUA 用户创建表的系统权限。

操作步骤如下：

①使用拥有回收权限的特权用户登录，这里使用 SYSTEM 登录 OEM，然后选择"服务器"安全性中的"用户"，选择用户 ZHUHUA，单击"编辑"按钮，选择"系统权限"进行编辑，如图 8 - 28 所示。

②单击"编辑列表"按钮，选中"CREATE TABLE"，选择"移去"，如图 8 - 29 所示。然后单击"确定"按钮即可。

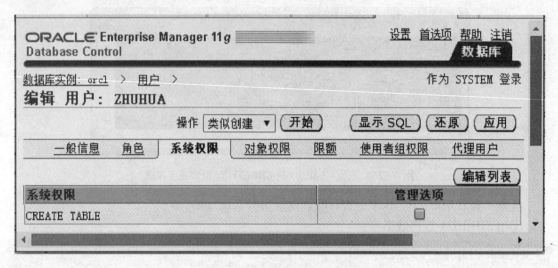

图 8-28　编辑用户系统权限

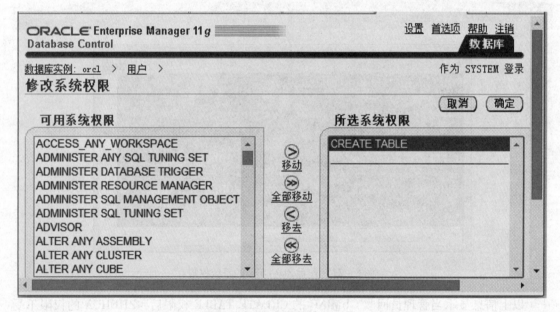

图 8-29　回收用户系统权限

SYSDBA 系统权限和 SYSOPER 系统权限如下。

SYSDBA 权限（系统管理员权限）是 Oracle 数据库中的最高级别权限。当建立 Oracle 数据库后，默认情况下只有"SYS"用户具有 SYSDBA 权限。其特权包括：

- 打开数据库服务器关闭数据库服务器；
- 备份数据库恢复数据库；
- 日志归档会话限制；
- 管理功能创建数据库。

SYSOPER 权限（系统操作员权限）也是 Oracle 数据库的一种特殊权限。当建立 Oracle 数据库后，默认情况下只有"SYS"用户具有 SYSOPER 权限。此权限不能建立数据库，也不能执行不完全恢复，其特权包括：
- 打开数据库服务器、关闭数据库服务器；
- 备份数据库、恢复数据库；
- 日志归档、会话限制。

表 8 - 1 叙述了系统权限 SYSDBA 和 SYSOPER 的区别。

表 8 - 1　系统权限 SYSDBA 和 SYSOPER 的区别

权限	SYSDBA	SYSOPER
区别	startup（启动数据库）	startup
	shutdown（关闭数据库）	shutdown
	alter database open/mount/backup	alter database open/mount/backup
	改变字符集	none
	create database（创建数据库）	none
	drop database（删除数据库）	none
	create spfile	create spfile
	alter database archivelog（归档日志）	alter database archivelog
	alter database recover（恢复数据库）	只能完全恢复，不能执行不完全恢复
	拥有 RESTRICTED SESSION（会话限制）权限	拥有 RESTRICTED SESSION 权限
	可以让用户作为 SYS 用户连接	可以进行一些基本的操作，但不能查看用户数据
	登录之后用户是 SYS	登录之后用户是 PUBLIC

SYS 用户是 SYSDBA 权限用户和 SYSOPER 权限用户，是权限最高的用户，其可以完成启动关闭数据库、建立数据库等操作。登录 OEM 也只能用这两个身份，不能用 NORMAL。

SYSTEM 用户是 DBA 用户，DBA 是一种角色，其可以完成对数据库内数据对象的操作。登录 OEM 只能用 NORMAL 身份，这时它其实就是一个 DBA 用户，除非对它授予了 SYSDBA 的系统权限或者 SYSPOER 系统权限，它才可能以 AS SYSDBA 登录，其结果实际上它是作为 SYS 用户登录的。因此，在 AS SYSDBA 连接数据库后，创建的对象实际上都是生成在 SYS 中的。其他用户也一样，如果以 AS SYSDBA 登录，也是作为 SYS 用户登录的。

最重要的区别是，存储的数据的重要性不同。SYS 所有 Oracle 的数据字典的基表和视图都存放在 SYS 用户中，这些基表和视图对于 ORACLE 的运行是至关重要的，由数据库自己维护，任何用户都不能手动更改。SYS 用户拥有 DBA、SYSDBA、SYSOPER 等角色或权限，是 Oracle 权限最高的用户。SYSTEM 用户用于存放次一级的内部数据，如 Oracle 的一些特性或工具的管理信息，SYSTEM 用户拥有普通 DBA 角色权限。

三、授予用户对象权限

Oracle 对象权限就是指在表、视图、序列、过程、函数或包等对象上执行特殊动作的权利。有 9 种不同类型的权限可以授予用户或角色，见表 8 - 2。

授予用户对象权限

表 8 – 2　对象权限

对象权限	修改 ALTER	删除 DELETE	执行 EXECUTE	索引 INDEX	插入 INSERT	关联引用 REFERENCES	选择 SELECT	更新 UPDATE	读取 READ
表 table	√	√		√	√	√	√	√	
视图 view		√			√		√	√	
sequence	√								
procedure			√						
function			√						
directory									√
包 package			√						
DB Object			√						
library			√						
operation			√						
类型 type			√						

表 8 – 2 中，在比如对象存储过程上有 EXECUTE 权限，对象不同，权限也有区别。当对象有不止一个权限，将对象所有权限都进行授予或者撤销时，可以使用特殊权限 ALL。如 table 的 ALL 权限包括：SELECT、INSERT、UPDATE、DELETE、INDEX、ALTER 和 REFERENCE。

1. 使用命令方式授予对象权限

授予对象权限的命令：

```
GRANT object_priv|ALL[(columns)]
ON object
TO{user|role|PUBLIC}
[WITH GRANT OPTION];
```

ALL：所有对象权限。

PUBLIC：授予所有的用户。

WITH GRANT OPTION：允许用户再次给其他用户授权。

授予系统权限与授予对象权限的语法差异：授予对象权限时，需要指定关键字 ON，从而能够确定权限所应用的对象。对于表和视图，可以指定特定的列来授权。

任务：授予 GUMING 有查看 SCOTT 用户 DEPT 表的对象权限。

操作步骤如下：

①输入 "SQL > grant select on scott. dept to guming ;"。

如图 8 – 30 所示，并进行验证，如图 8 – 31 所示。

②输入 "SQL > conn guming/guming ;"。

③输入 "SQL > select * from scott. dept ;"。

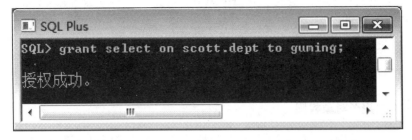

图 8 - 30　授予 GUMING 对象权限

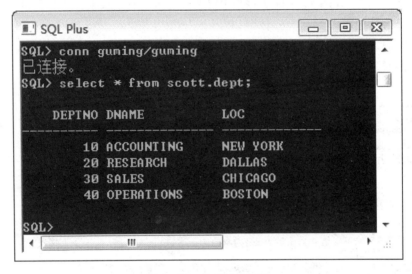

图 8 - 31　验证对象权限

任务：授予 WUBO 有对 SCOTT 用户 DEPT 表的所有对象权限，并且 WUBO 可以将这些对象权限授予其他用户，验证可以自己进行，如图 8 - 32 所示。

```
SQL >grant all on scott. dept to wubo with grant option;
```

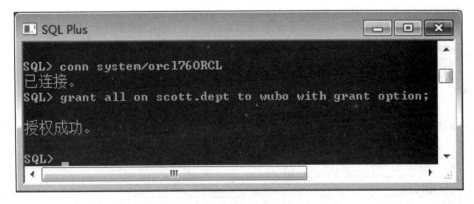

图 8 - 32　授予对象权限

WUBO 将上述的对象权限全授予给 ZHUHUA。首先 WUBO 登录 SQL * Plus，然后进行授权，读者自己进行验证。

```
SQL > conn wubo/wubo
SQL > grant all on scott.dept to zhuhua;
```

2. OEM 方式授予对象权限

与授予用户系统权限类似，授予用户对象权限可以在新建用户时进行，也可以对已有用户进行编辑。

任务：授予用户 LILIN 对 SCOTT 用户 DEPT 表的所有对象权限，并且其可以将这些对象权限用户授予给其他用户。

①选中用户之后，单击"编辑"按钮，选择"对象权限"选项卡，如图 8-33 所示，之后在"选择对象类型"下拉列表中选取"表"对象，单击"添加"按钮。

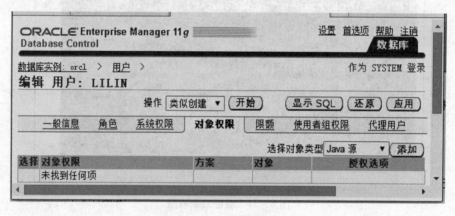

图 8-33　对象权限选项

②单击手电筒图标进行表的选取，如图 8-34 所示。然后在图 8-34 所示方案中选取 SCOTT 对象，选取 DEPT 表，如图 8-35 所示。单击"选择"按钮，进入图 8-36 所示窗口选取可用权限，单击"全部移动"按钮。

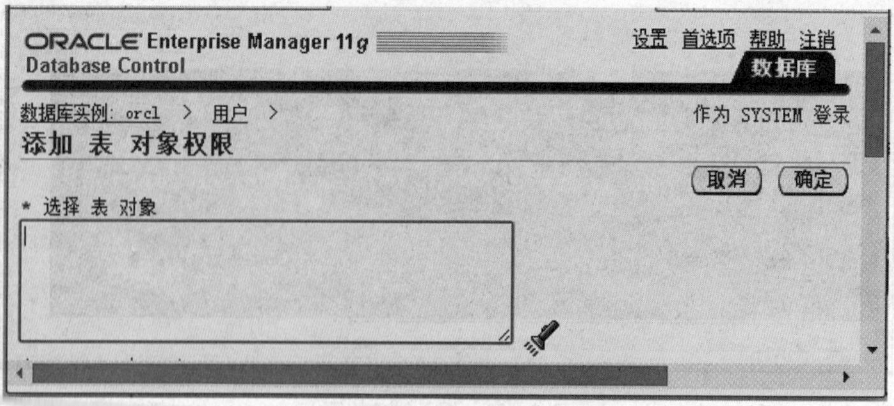

图 8-34　添加表的对象权限

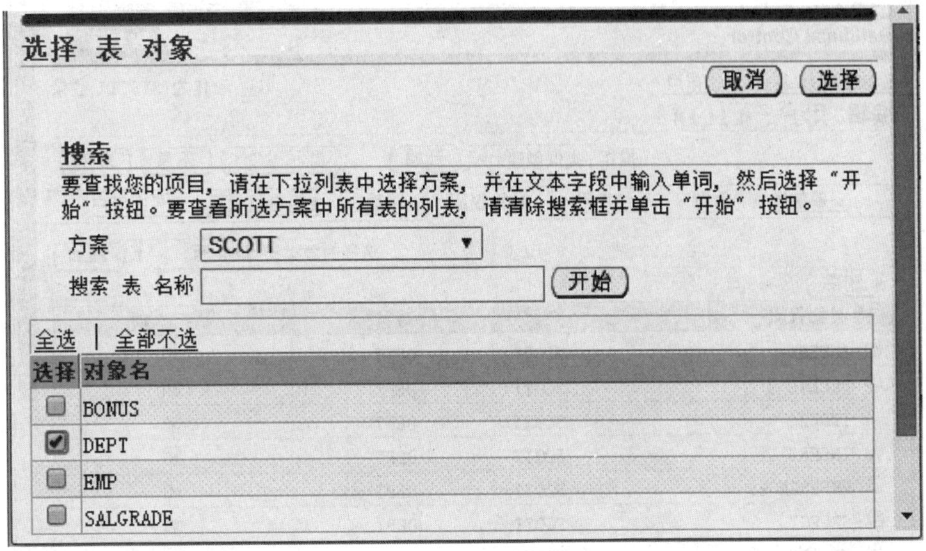

图 8 - 35　选择表对象

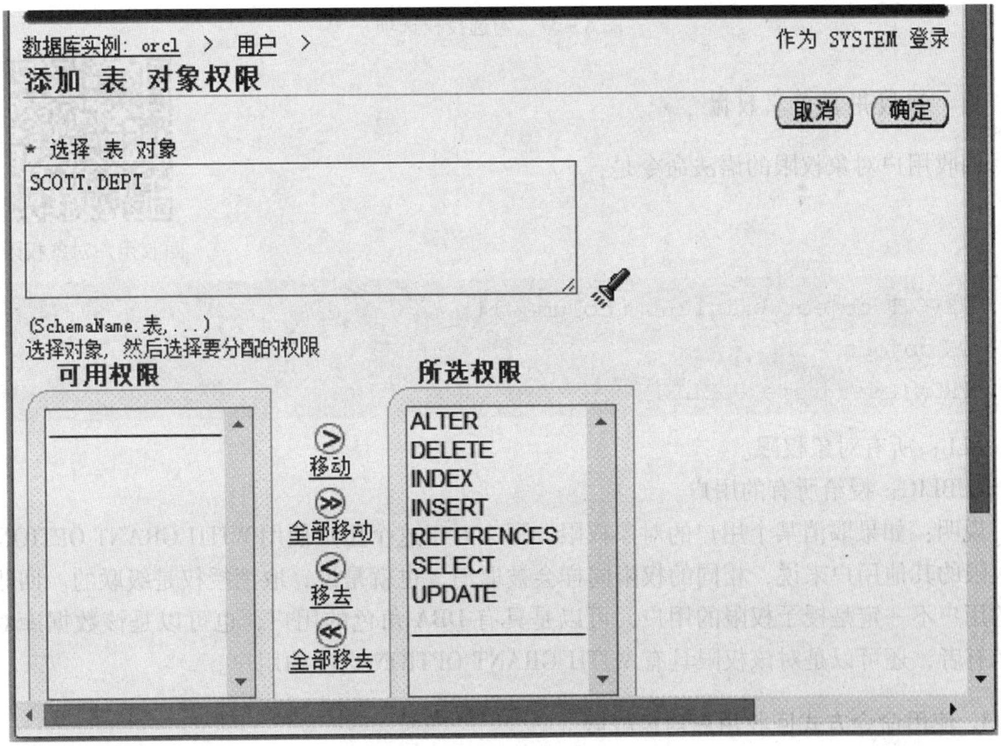

图 8 - 36　选取可用权限

③在图 8 - 36 中单击"确定"按钮，进入图 8 - 37 所示窗口，勾选所有对象权限后面的"授权选项"，意味着 LILIN 用户可以将这些对象权限授予其他用户。单击"应用"按钮，用户 LILIN 成功进行了修改。

ORACLE Enterprise Manager 11*g*
Database Control
设置 首选项 帮助 注销
数据库

数据库实例: orcl > 用户 >
作为 SYSTEM 登录

编辑 用户: LILIN

操作 类似创建 ▼ 开始   显示 SQL 还原 应用

一般信息   角色   系统权限   **对象权限**   限额   使用者组权限   代理用户

选择对象类型 Java 源 ▼ 添加

删除

选择	对象权限	方案	对象	授权选项
●	ALTER	SCOTT	DEPT	☑
○	DELETE	SCOTT	DEPT	☑
○	INDEX	SCOTT	DEPT	☑
○	INSERT	SCOTT	DEPT	☑
○	REFERENCES	SCOTT	DEPT	☑
○	SELECT	SCOTT	DEPT	☑
○	UPDATE	SCOTT	DEPT	☑

图 8 – 37　勾选授权选项

四、回收用户对象权限

回收用户对象权限的语法命令是:

回收用户对象权限

```
REVOTE object_priv|ALL[(columns)]
ON object
FROM{user |role |PUBLIC}
```

ALL: 所有对象权限。

PUBLIC: 授给所有的用户。

说明: 如果取消某个用户的对象权限,那么对于这个用户使用 WITH GRANT OPTION 授予权限的其他用户来说,相同的权限同样会被取消,也就是说,取消授权是级联的。回收权限的用户不一定是授予权限的用户,可以是具有 DBA 角色的用户,也可以是该数据库对象的所有者,还可以是对该权限具有 WITH GRANT OPTION 选项的用户。

1. 使用命令方式回收用户对象权限

任务: 回收 WUBO 对 SCOTT 的 dept 表的所有权。

①system 登录:

```
conn system/orcl76ORCL
```

②使用 revoke 命令回收用户 WUBO 的对象权限:

```
revoke all on scott.dept from wubo;
```

③查看 ZHUHUA 是否还具有这些对象权。图 8 – 38 所示说明取消授权是级联的，ZHUHUA 已经没有这些对象权限了。

```
Select * from user_tab_privs;
```

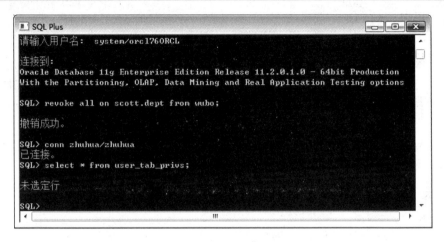

图 8 – 38　命令方式回收用户对象权限

2. 使用 OEM 方式回收用户对象权限

任务：回收 LILIN 对 SCOTT 的 DEPT 表的所有权。

①使用拥有回收权限的特权用户登录，这里使用 SYSTEM 登录 OEM，然后选择"服务器"安全性中的"用户"，选择用户 LILIN，单击"编辑"按钮，选择"对象权限"进行编辑，如图 8 – 39 所示。

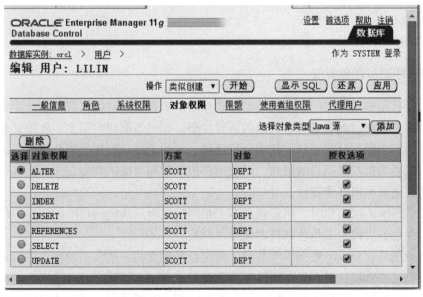

图 8 – 39　回收对象权限

②选择相应对象权限，单击"删除"按钮，进行权限删除，之后单击"应用"即可成功修改用户 LILIN。删除所有对象权限后的结果如图 8 - 40 所示。

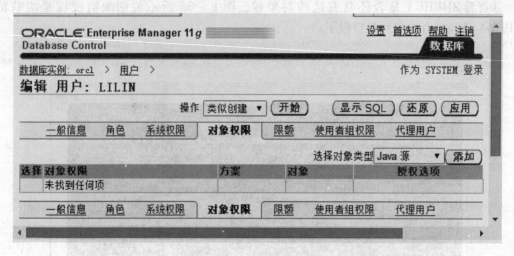

图 8 - 40　删除所有对象权限

任务 3　角色管理

📋 任务描述

1. 查询 CONNECT、RESOURCE、DBA 预定义角色所具有的权限。
2. 创建角色、为角色授权、从角色中撤销（回收）已授予的权限或角色、将角色授予用户或其他角色。
3. 回收角色。
4. 删除角色。
5. 查询用户角色。

📖 相关知识与任务实现

角色介于权限和用户之间，是具有名称的一组系统权限和对象权限的集合。将角色赋给一个用户，这个用户就拥有了这个角色的所有权限。如果数据用户很多，权限又相同，此时如果对每个用户单独授权或者修改权限会很烦琐，不利于集中管理，因此角色应运而生。随着相同用户或者类似权限用户的增加，系统用户权限管理与维护难度非常大，基于角色的访问控制便明显地显示出其优越性。

当把角色授予不同用户时，用户就具有了相同的权限。角色的权限改变，用户的权限也跟着改变。角色分为预定义角色和自定义角色两类。

预定义角色是在 Oracle 数据库安装后，系统自动创建的一些常用的角色，每种角色都用于执行一些特定的管理任务。Oracle 数据库系统预先定义了多种角色，在 dba_roles 数据字典中可以查询。使用 select * from dba_roles 命令查询到 55 种角色，如图 8 - 41 所示。

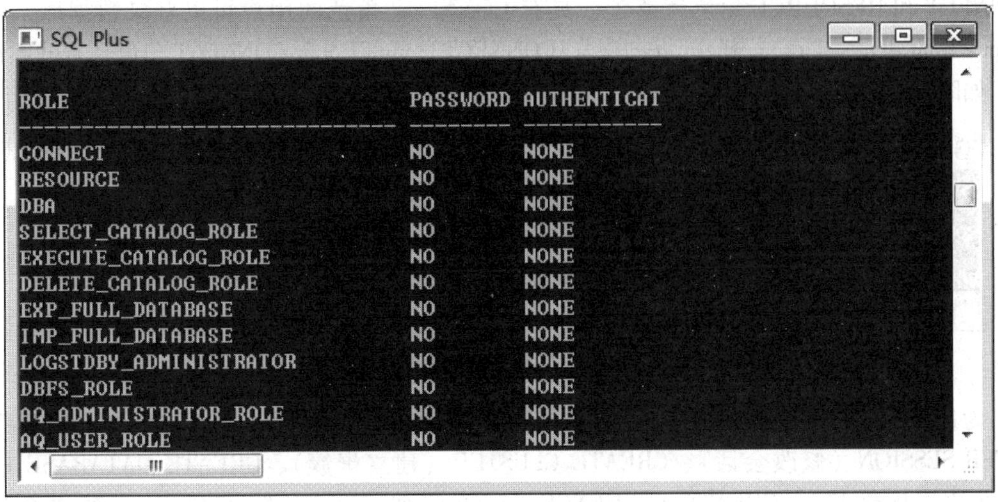

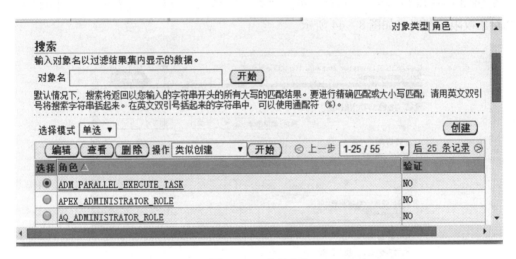

图 8 - 41 预定义角色

在 OEM 中的"服务器"选项卡，选择安全性中的"角色"，可以查看到 55 种角色，如图 8 - 42 所示。

图 8 - 42 查看角色

一、查询 CONNECT、RESOURCE、DBA 角色所具有的权限

下面介绍常用的预定义角色 CONNECT、RESOURCE、DBA。CONNECT、RESOURCE、DBA 是三种最基本的角色。角色所包含的系统权限可以用以下语句查询：select * from role_sys_privs where role = '角色名'。通过查询数据字典视图 dba_tab_privs 可以查看角色具有的对象权限或是列的权限。

CONNECT 角色具有一般应用开发人员需要的大部分权限，当建立了一个用户后，多数情况下，只要给用户授予

查询三个预定义角色的权限

CONNECT 和 RESOURCE 角色就够了。具有 CONNECT 角色的用户可以登录数据库，使用 select * from dba_sys_privs where grantee = 'CONNECT'，可以查看 CONNECT 角色具有的系统权限，如图 8-43 所示。

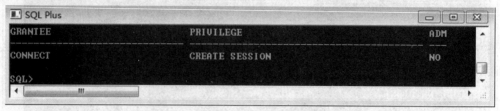

图 8-43　CONNECT 角色的系统权限

为什么 CONNECT 角色只有一个权限呢？其实在 Oracle 10g，中 CONNECT 角色拥有 ALTER SESSION（修改会话）、CREATE CLUSTER（建立聚簇）、CREATE DATABASE LINK（建立数据库链接）、CREATE SEQUENCE（建立序列）、CREATE SESSION（建立会话）、CREATE SYNONYM（建立同义词）、CREATE VIEW（建立视图）等权限，但是 Oracle 11g 中角色的权限有了大幅度的改变，不仅 CONNECT 角色只有 CREATE SESSION 权限，连 RESOURCE 的权限也缩了一圈。这里不存在为什么，只是 Oracle 公司根据实际需要进行了变更而已。

在 OEM 中选择 CONNECT 角色，单击"查看"按钮，同样可以看到其所拥有的系统权限和对象权限的情况，如图 8-44 所示。

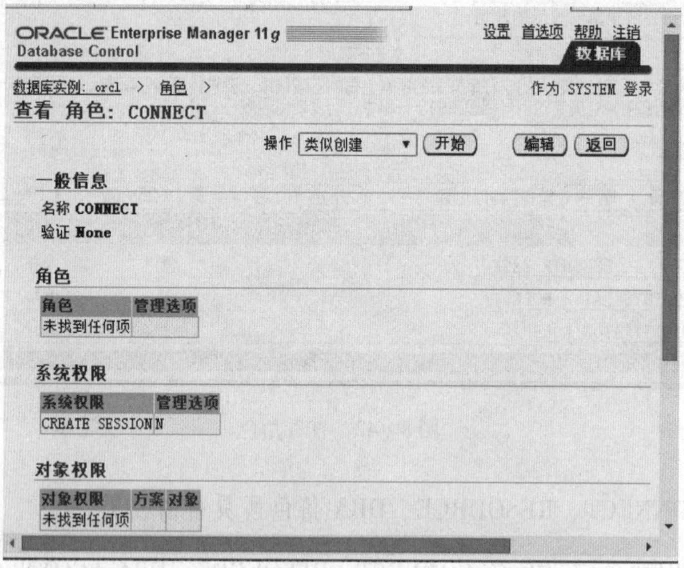

图 8-44　在 OEM 中查看 CONNECT 角色权限

RESOURCE 角色具有应用开发人员所需要的其他权限，一般是授予开发人员的。比如建立表、存储过程、触发器等。这里需要注意的是，RESOURCE 角色隐含了 UNLIMITED TABLESPACE 系统权限。具有 RESOURCE 角色的用户可以创建表。使用 select * from dba_sys_privs where grantee = 'RESOURCE' 命令可以查看 RESOURCE 角色包含的系统权限，如图 8-45 所示。

GRANTEE	PRIVILEGE	ADM
RESOURCE	CREATE TRIGGER	NO
RESOURCE	CREATE SEQUENCE	NO
RESOURCE	CREATE TYPE	NO
RESOURCE	CREATE PROCEDURE	NO
RESOURCE	CREATE CLUSTER	NO
RESOURCE	CREATE OPERATOR	NO
RESOURCE	CREATE INDEXTYPE	NO
RESOURCE	CREATE TABLE	NO

已选择8行。

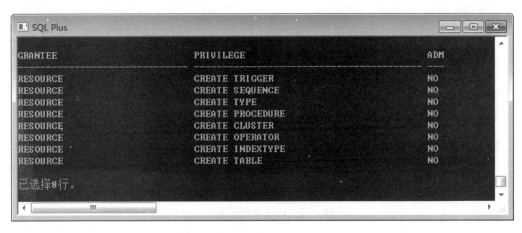

图 8-45 RESOURCE 角色的系统权限

在 OEM 中选择 RESOURCE 角色，单击“查看”按钮，同样可以看到其所拥有的系统权限和对象权限的情况，如图 8-46 所示。

一般信息

名称 RESOURCE

验证 None

角色

角色	管理选项
未找到任何项	

系统权限

系统权限	管理选项
CREATE CLUSTER	N
CREATE INDEXTYPE	N
CREATE OPERATOR	N
CREATE PROCEDURE	N
CREATE SEQUENCE	N
CREATE TABLE	N
CREATE TRIGGER	N
CREATE TYPE	N

对象权限

对象权限	方案	对象
未找到任何项		

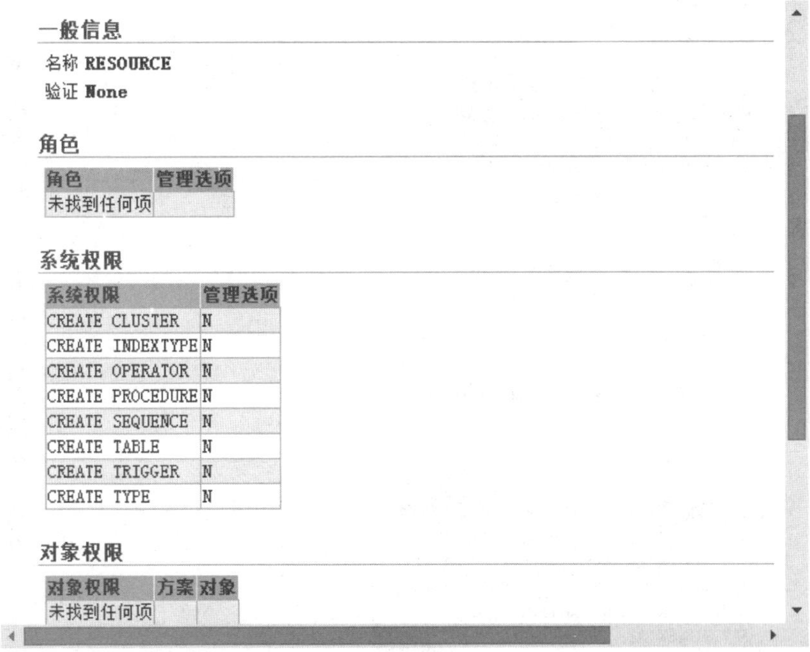

图 8-46 在 OEM 中查看 RESOURCE 角色权限

这些系统权限包含建立聚簇、建立过程、建立序列、建表、建立触发器、建立类型等。

DBA 角色可以执行某些授权命令、建表，以及对任何表的数据进行操纵。它包括了前面两种角色的操作，还有一些管理操作。DBA 角色具有所有的系统权限，具有最高级别的权限，如图 8-47 所示。

```
select * from dba_sys_privs where grantee = 'DBA';
```

图 8 - 47 DBA 角色的系统权限

在 OEM 中选择 DBA 角色，单击"查看"按钮，同样可以看到其所拥有的系统权限和对象权限的情况，以及它所拥有的角色，如图 8 - 48 所示。

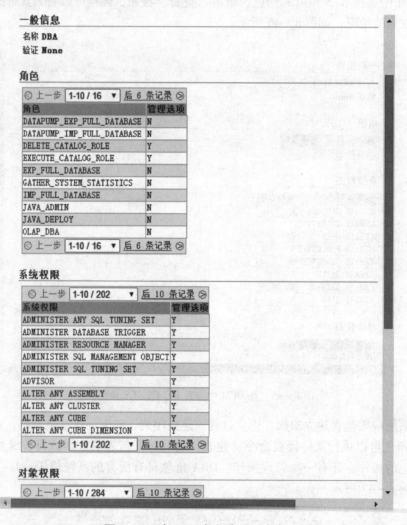

图 8 - 48 在 OEM 中查看 DBA 角色

二、创建角色、为角色授权、从角色中撤销已授予的权限或角色、将角色授予用户或其他角色

1. 创建角色

Oracle 建议用户自己设计数据库管理和安全的权限规划，而不要简单地使用这些预定角色，这就需要自定义角色。自定义角色一般是由 DBA 来完成的，如果一般的用户想建立，则需要有 CREATE ROLE 系统权限。具体的语法格式如下：

创建角色与角色授权

```
create role 角色名称
[not identified |identified by 密码]
```

not identified：无须验证即可使用该角色。

identified by：在建立这种角色时，需要为其提供口令。与账号类似，角色也需要得到认证后才能使用。

任务：创建名为 myrole1 和 myrole2 的角色，不需要口令验证。

```
create role myrole1 not identified;
create role myrole2;
```

2. 为角色授权

创建一个角色后，如果不给角色授权，该角色是没有用处的，因此需要给它授权，使它成为一个权限的集合。给角色授权实际是给角色授予适当的系统权限、对象权限（WITH GRANT OPTION 不能授予角色）或者已有角色。为角色授权后，可以使用"grant 角色列表 to 用户列表"将角色授予一个或者多个用户。为角色授权的命令如下：

```
grant 系统权限 |对象权限 |角色 to 角色名[with admin option];
```

如果授予角色 ADMIN 选项，那么被授予者可以授权、更改或者删除这个角色，并且能向其他用户和角色授予这个角色。为了防止系统中出现安全漏洞，为其他角色授予带有管理权的系统权限和角色是不明智的。无法使用 WITH GRANT OPTION 为角色授予对象权限时，可以使用 WITH ADMIN OPTION 为角色授予系统权限，取消时不是级联的。

任务：为 MYROLE1 授予查看、更新 SCOTT 用户的 DEPT 表的权限。

代码如下：

```
grant select,update on scott. dept to myrole1;
```

或者分别写，如下：

```
grant select on scott. dept to myrole1;
grant update on scott. dept to myrole1;
```

但不能这样写：

```
grant select on scott. dept,update on scott. dept to myrole1;
```

任务：为 MYROLE2 授予 CONNECT、CREATE TABLE、CREATE VIEW 权限。
代码如下：

```
grant connect,create table、create view to myrole2;
```

3. 从角色中撤销已授予的权限或角色

从角色中撤销已经授予的权限，语法如下：

```
revoke 权限 from 角色名
```

任务：从角色 MYROLE2 中撤销已经授予的 CREATE VIEW 系统权限。
代码如下：

```
revoke create view from myrole2;
```

4. 将角色授予用户或其他角色

可以将角色授予用户或其他角色，语法如下：

```
grant 角色名 to 用户名列表[角色名列表][with admin option];
```

任务：将 CONNECT、MYROLE1 角色授予用户 LILIN。
代码如下：

```
grant connect,myrole1 to lilin;
```

任务：将 RESOURCE、MYROLE2 角色授予用户 GUMING。
代码如下：

```
Grant resource,myrole2 to guming;
```

三、回收角色

可以使用 "revoke 角色列表 from 用户列表" 命令回收
角色。

任务：回收 LILIN 的所有角色。

回收、删除、查询用户角色

```
revoke connect,myrole1 from lilin;
```

四、删除角色

删除角色（一般由 DBA 来完成，如果一般用户想删除角色，要有 DROP ANY ROLE 的
系统权限），在 SQL * Plus 中删除角色也是非常容易的，删除角色的语法如下：

```
drop role 角色名;
```

任务：删除 MYROLE1、MYROLE2 角色。

```
drop role myrole1,myrole2;
```

角色删除后，原来拥用该角色的用户就不再拥有该角色了，相应的权限也就没有了。

五、查询角色

在 SQL＊Plus 中查询角色是在数据库的数据字典 dba_role_privs 中查询指定用户的角色。

任务：在数据字典 dba_role_privs 中查询 SYSTEM 用户的角色。

代码如图 8 -49 所示。

图 8 -49　SYSTEM 用户的角色

ORACLE 数据字典视图的种类分别为：USER、ALL 和 DBA、

USER_＊：有关用户所拥有的对象信息，即用户自己创建的对象信息。

ALL_＊：有关用户可以访问的对象的信息，即用户自己创建的对象的信息加上其他用户创建的对象但该用户有权访问的信息。

DBA_＊：有关整个数据库中对象的信息。

（这里的＊可以为 TABLES、INDEXES、OBJECTS、USERS 等。）

1. 查看所有用户

```
select * from dba_user;
select * from all_users;
select * from user_users;
```

2. 查看用户系统权限

```
select * from dba_sys_privs;
select * from all_sys_privs;
select * from user_sys_privs;
```

3. 查看用户对象权限

```
select * from dba_tab_privs;
select * from all_tab_privs;
select * from user_tab_privs;
```

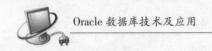

4. 查看所有角色

```
select * from dba_roles;
```

5. 查看用户所拥有的角色

```
select * from dba_role_privs;
select * from user_role_privs;
```

6. 查看当前用户的缺省表空间

```
select username,default_tablespace from user_users;
```

7. 查看某个角色的具体权限

```
grant connect,resource,create session,create view to TEST;
```

8. 查看 RESOURCE 具有的权限

```
select * from dba_sys_privs where grantee = 'RESOURCE';
```

利用 select distinct object_type from dba_objects；得到的结果就是数据库的对象；数据库对象就是数据库中各种 object，例如 table、procedure、function、view 等。

下面演示在 OEM 中角色管理的情况。

创建一个角色 ROLE1，不需要验证。

选择"服务器"安全性中的"角色"，如图 8 – 50 所示，单击"创建"按钮。输入角色名称"ROLE1"，如图 8 – 51 所示。

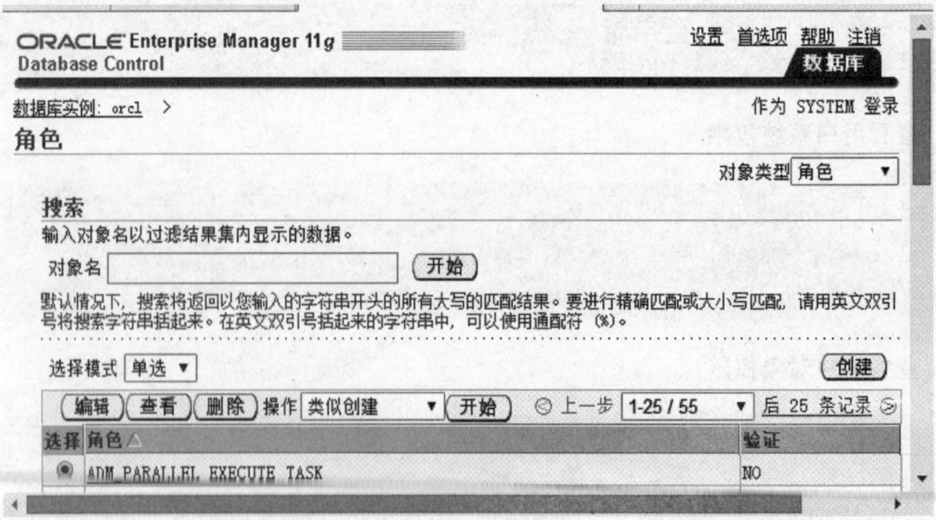

图 8 – 50　角色创建

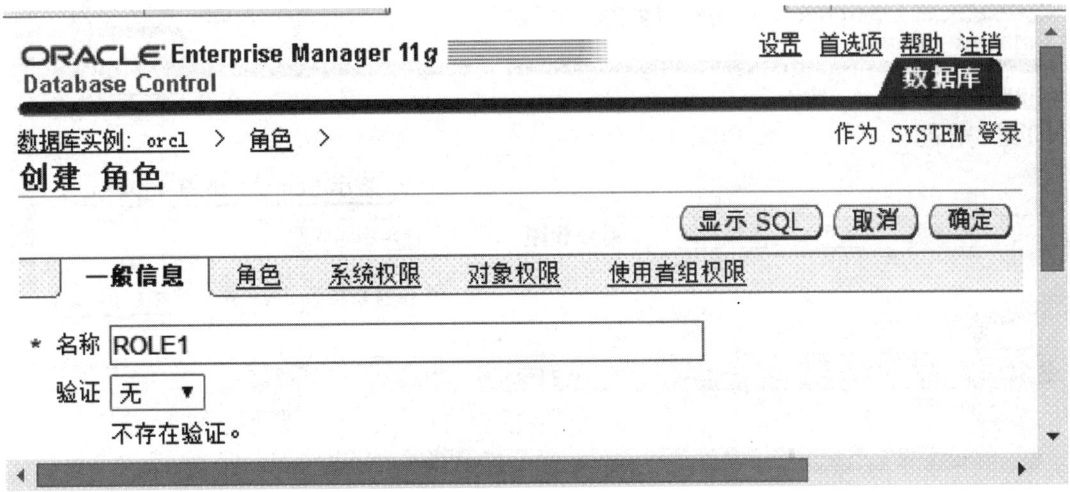

图 8-51　输入角色名称

之后分别编辑系统权限和对象权限。单击"系统权限"编辑列表并且授予该角色 CREATE SESSION 和 CREATE TABLE 系统权限，同时授予该角色能查看 SCOTT 用户下的 DEPT 表的对象权利。该操作与设置用户权限相似，不再详述。完成之后如图 8-52 和图 8-53 所示。

然后单击"确定"按钮，角色创建完成。如果想查看该角色权限，可以在角色对象中输入想要查看的角色，单击"查看"按钮，可以看到该角色的权限，如图 8-54 所示。

同样，可以对 ROLE1 进行编辑和删除；编辑用户，可以将该角色授予用户。

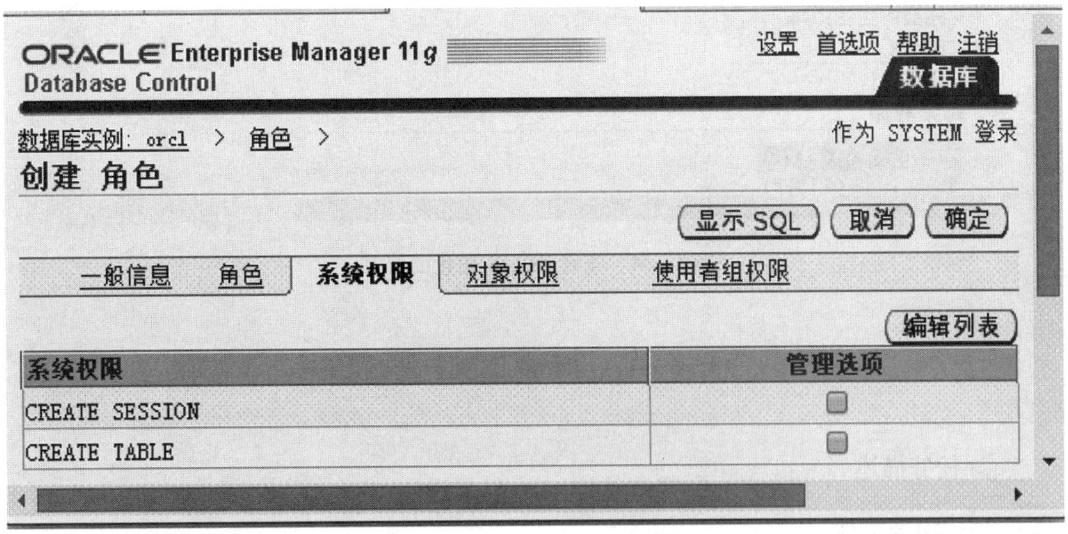

图 8-52　角色的系统权限

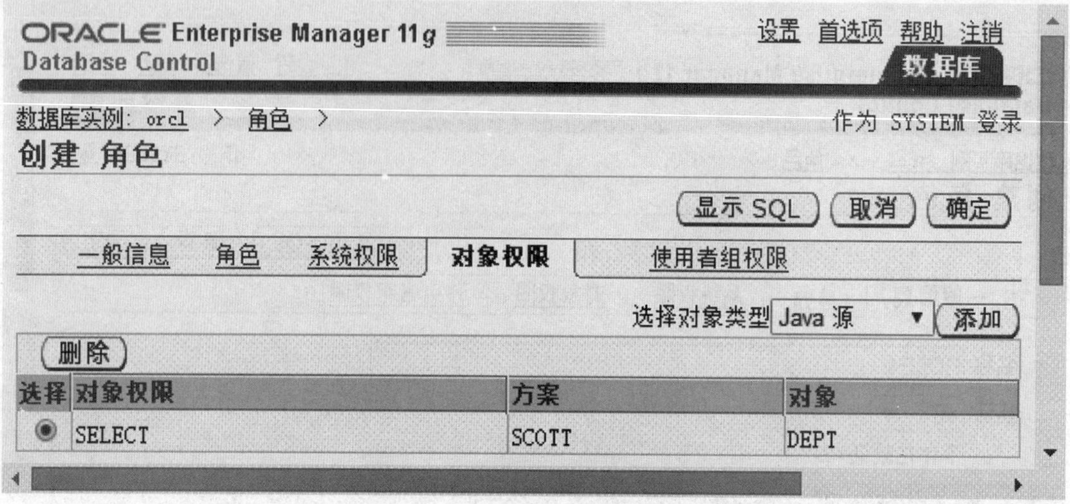

图 8-53　角色的对象权限

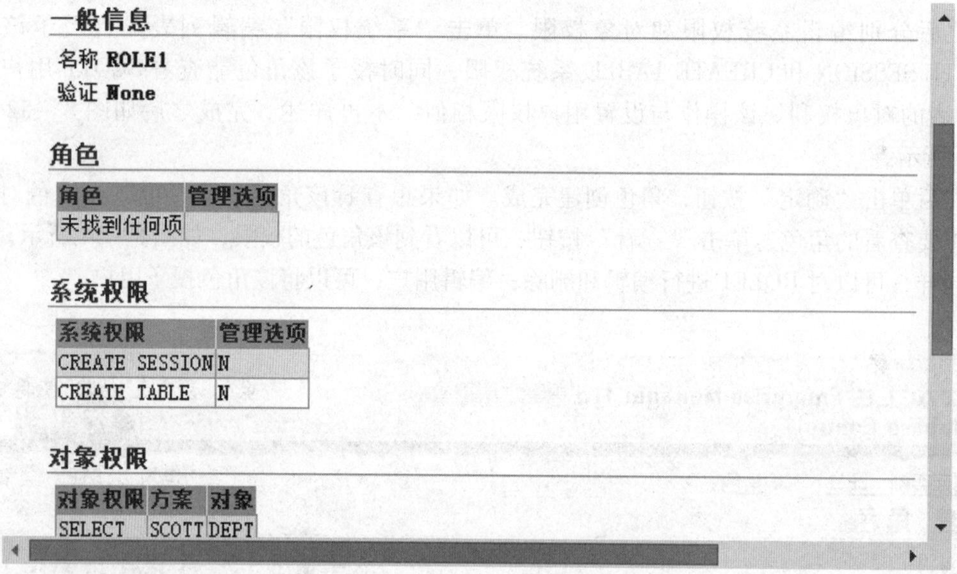

图 8-54　查看 ROLE1 角色的权限

任务 4　概要文件管理

任务描述

1. 创建概要文件。
2. 修改概要文件。
3. 删除概要文件。

📖 **相关知识与任务实现**

为了合理分配和使用系统的资源，Oracle 系统提出了概要文件（profile）的概念。所谓概要文件，就是一份描述如何使用系统资源（主要是 CPU 资源）的配置文件，有的书中将其翻译为配置文件。将概要文件赋予某个数据库用户，在用户连接并访问数据库服务器时，系统就按照概要文件给他分配资源。Oracle 系统中如果不创建概要文件，会在系统中使用默认的概要文件 DEFAULT。数据库管理员可以先对数据库中的用户分组，按照每一组的权限不同，建立不同的概要文件。概要文件只能用于用户，不能用于角色。

1. 概要文件的内容

①密码的管理：密码有效期、密码复杂度验证、密码使用历史和账号锁定。
②资源的管理：CPU 的时间、I/O 的使用、IDLE TIME（空闲时间）、CONNECT TIME（连接时间）、可以使用的内存空间及并发会话数量。

2. 概要文件的作用

①管理用户口令的使用。
②限制用户执行一些过于消耗资源的操作。
③当用户发呆时间长时，为了确保用户能释放数据库的资源，自动断开连接。
④能很容易地为用户定义资源限制。
⑤使同一类用户都使用相同的资源限制。

3. 概要文件的特点

①概要文件的指定不会影响到当前的会话，也就是当前会话仍然可以使用旧的资源限制。
②概要文件只能指定给用户，不能指定给角色。
③如果创建用户的时候没有指定概要文件，Oracle 将自动为它指定默认概要文件。

一、创建概要文件

在每一个数据库中，默认的都是概要文件 PROFILE，如果需要添加概要文件，在企业管理器和 SQL * Plus 中都可以创建。下面就分别用这两种方式创建概要文件。

创建概要文件

1. 使用企业管理器创建概要文件

任务：使用 OEM 创建概要文件。
在企业管理器的服务器选项的"安全性"列表中有概要文件，单击它，出现概要文件浏览页面，如图 8 - 55 所示。
单击"创建"按钮，出现创建概要文件的界面，如图 8 - 56 所示。
创建概要文件有两个选项卡：一个是"一般信息"，另一个是"口令"。在"一般信息"选项卡中，概要文件的名称是必须输入的，其他的选项如概要文件的详细资料、数据库服务，都通过单击每一个选项后的图标添加。如果不添加，则使用每一项的默认值；如果需要为概要文件添加口令，那么就单击"口令"选项；如果没有添加，就使用相应的默认值。

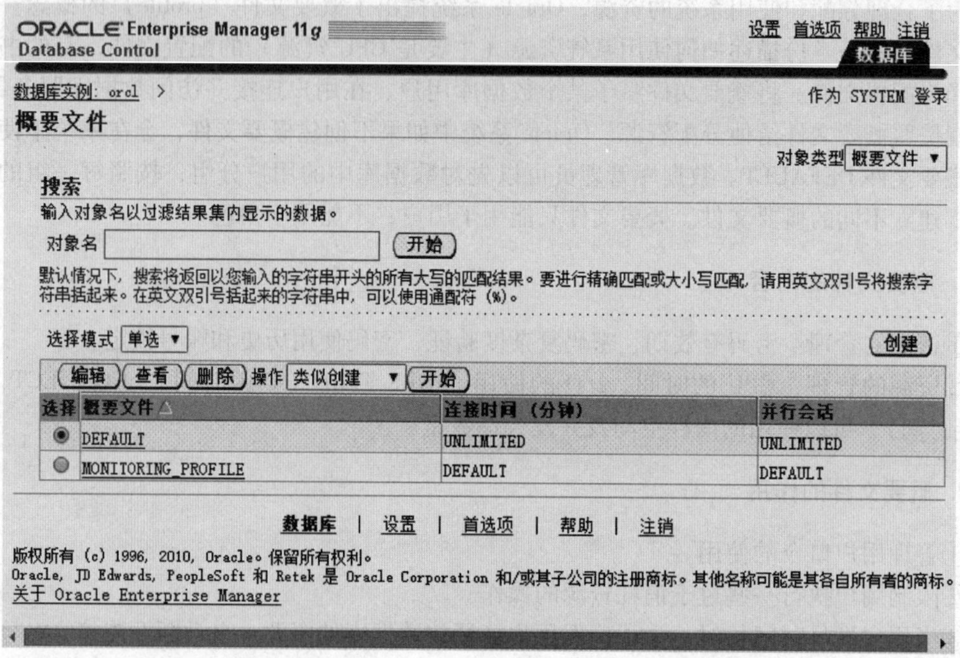

图 8-55　浏览概要文件

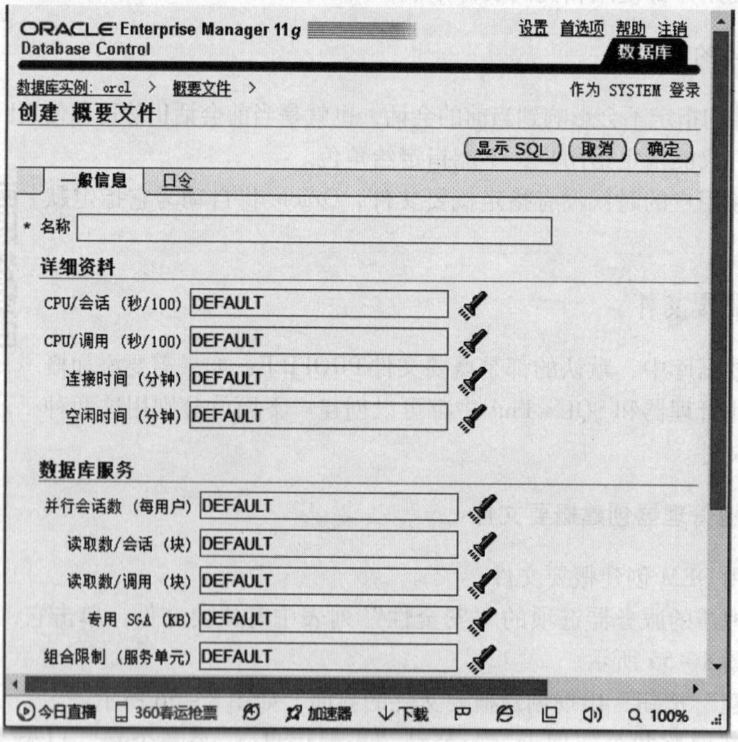

图 8-56　创建概要文件

在图 8-57 所示的界面中，可以为概要文件添加口令、历史记录、复杂性及登录失败的选项；如果没有添加，就使用相应的默认值。

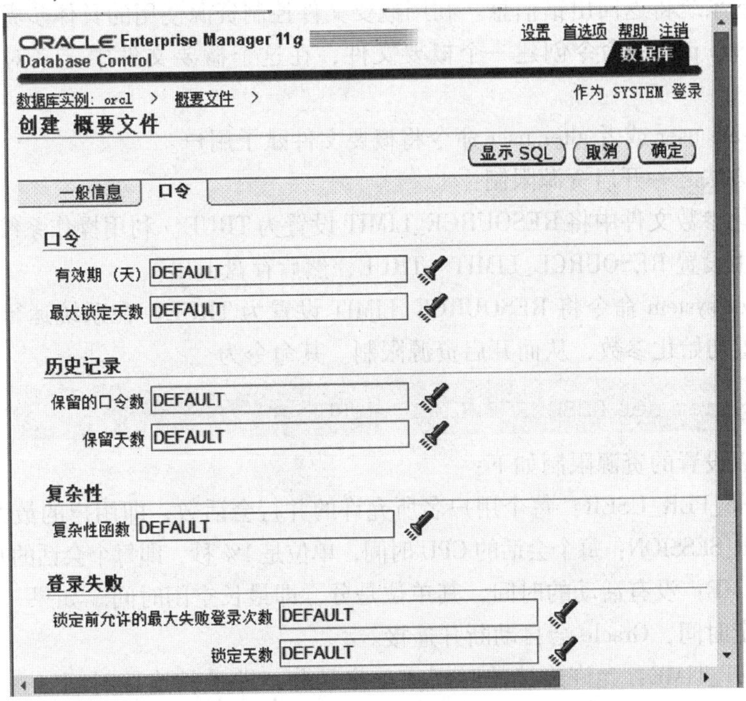

图 8-57 为概要文件添加口令

添加完概要文件的信息后，单击"确定"按钮，概要文件就添加完成了。

2. 在 SQL * Plus 中创建概要文件

在 SQL * Plus 中创建概要文件要比在企业管理器中复杂很多，所以初学者在创建概要文件时，可以选择在企业管理器中创建。在 SQL * Plus 中创建概要文件的语法如下：

```
create profile profile_name
limit
{resource_parameters | password_parameters};
```

语法说明：

resource_parameters：各种资源限定。

password_parameters：口令的限定。

（1）利用概要文件进行资源管理

resource_parameters：资源参数，当一个用户连接到数据库上以后，如果在某一段时间内没有任何动作，该进程就会自己中断，这样应用程序就会由于进程超时自动断开而不能正常执行。分析原因，应该是该进程的用户的概要文件（profile）配置出现了问题。例如，发现用户所在的 profile 的 IDLE_TIME 为 30，即 30 秒该进程没有任何操作，就会自动断开。

利用概要文件进行资源管理限制时，可以加在会话一级，也可以加在调用一级，还可以同时加在这两级上。会话级设置的资源限制是强加在每一个连接上的。超过了会话级的资源限制时，Oracle 系统将返回出错信息。利用概要文件控制资源使用的具体步骤如下：

①利用 create profile 命令创建一个概要文件，在这个概要文件中定义对资源和口令的限制。

②使用 create user 或者 alter user 命令将概要文件赋予用户。

使用以下方法之一开启资源限制：

①在初始化参数文件中将 RESOURCE_LIMIT 设置为 TRUE。利用操作系统编辑器，在初始化参数文件中设置 RESOURCE_LIMIT = TRUE，然后存盘退出。

②使用 alter system 命令将 RESOURCE_LIMIT 设置为 TRUE。在系统运行时，利用 alter system 命令设置初始化参数，从而开启资源限制。其命令为

```
alter system set RESOURCE_LIMIT = TRUE
```

会话级可以设置的资源限制如下：

①SESSIONS_PER_USER：每个用户名所允许的并行会话数，即用户的最大并发会话数。

②CPU_PER_SESSION：每个会话的 CPU 时间，单位是1%秒，即每个会话的 CPU 时钟限制。

③IDLE_TIME：没有活动的时间，其单位是分，即最长空闲时间。如果一个会话处于空闲状态超过指定时间，Oracle 会自动断开连接。

④CONNECT_TIME：允许连接的时间，单位是分，即最长连接时间。一个会话的连接时间超过指定时间之后，Oracle 会自动断开连接。

⑤LOGICAL_READS_PER_SESSION：每个会话可以读取的最大数据块数量，即物理磁盘和逻辑内存读的数据块数，读取数/会话（单位：块）。

调用一级设置的资源限制是强加在每一个执行一条 SQL 语句所做的调用之上的，当超过了调用级的资源限制时，Oracle 系统挂起所处理的语句；回滚这条语句；所有之前的语句都完好无损；用户的会话仍保持连接状态。调用级可以设置的资源限制如下：

①CPU_PER_CALL：每个调用所用的 CPU 时间，以1%秒为单位，即每次调用的 CPU 时钟限制。调用包含解析、执行命令和获取数据等。

②LOGICAL_READS_PER_CALL：每次调用可以读取的最大数据块数量，即每个调用可以读的数据块数，读取数/调用（单位：块）。

任务：创建一个资源限制的概要文件 PROFILE_RES1。

```
CREATE PROFILE PROFILE_RES1 LIMIT
SESSIONS_PER_USER 8
CPU_PER_SESSION 16800
LOGICAL_READS_PER_SESSION 23688
CONNECT_TIME 268
IDLE_TIME 38
```

概要文件 PROFILE_RES1 每一行的含义如下。

第1行：创建一个名为 PROFILE_PSW 的概要文件。

第 2 行：使用这个概要文件的用户，利用同一个用户名和口令可以同时打开 8 个会话（8 个连接）。

第 3 行：每个会话最多可以使用的 CPU 时间为 16 800 个 1% 秒（168 秒）。

第 4 行：每个会话最多可以读 23 688 个数据块数。

第 5 行：每个会话的连接时间最多为 268 分钟。

第 6 行：每个会话没有活动的时间不能超过 38 分钟。

任务：验证所创建的概要文件 PROFILE_RES1 的资源限制是否准确无误。

代码如下：

```
select * from dba_profiles where profile = 'PROFILE_RES1'
```

（2）利用概要文件进行口令管理

与资源管理一样，口令管理也是通过建立概要文件，将概要文件赋予用户来进行的。通过使用 CREATE USER 或者 ALTER USER 命令将概要文件赋予用户，对用户进行加锁、解锁和使账号作废。但是，与资源限制不同的是，口令限制总是开启的。为了开启口令复杂性检验，要求在 SYS 用户下运行 utlpwdmg. sqlaz 脚本文件，该文件位于 $ORACLE_HOME\RDBMS\ADMIN\UTLPWDMG. SQL。下面介绍口令管理的主要参数及参数的含义。

口令加锁是通过两个参数实现的：

①FAILED_LOGIN_ATTEMPTS：当连续登录失败次数达到该参数指定值时，用户被加锁；经过 DBA 解锁（或 PASSWORD_LOCK_TIME 天）后可继续使用。

②PASSWORD_LOCK_TIME：账户因 FAILED_LOGIN_ATTEMPTS 锁定时，被加锁的天数。

口令衰老和过期是通过以下两个参数来实现的：

①PASSWORD_LIFE_TIME：指的是口令的有效期（生命期，可以使用的天数），即多少天后口令失效，默认为 UNLIMITED。

②PASSWORD_GRACE_TIME：当口令过期之后，第一次成功地使用原口令登录后要改变口令的宽免天数。

口令历史是通过以下两个参数来实现的：

①PASSWORD_REUSE_TIME：一个口令可以重用之前的天数，是指密码保留的时间。即口令被修改后原有口令隔多少天被重新使用。默认为 UNLIMITED。

②PASSWORD_REUSE_MAX：一个口令可以重用之前的最大变化数。即口令被修改后，原有口令被修改多少次才允许被重新使用。

当以上两个参数的任何一个被设置为某一值而不是 DEFAULT 或 UNLIMITED 时，另一个参数必须设置为 UNLIMITED。

口令复杂性检验是通过以下参数实现的：

PASSWORD_VERIFY_FUNCTION：口令效验函数，是一个 PL/SQL 函数，用于在将一个新的口令赋予用户之前，验证口令的复杂性是否满足安全要求。

下面通过一个任务演示如何创建一个可以进行用户口令控制的概要文件。

任务：创建一个口令限制的概要文件 PROFILE_psw1。

在设置口令参数小于 1 天时，有如下规定：PASSWORD_LOCK_TIME = 1/24，即加锁 1 小时；PASSWORD_LOCK_TIME = 1/1440，即加锁 1 分钟。

```
CREATE PROFILE PROFILE_PSW1 LIMIT
FAILED_LOGIN_ATTEMPTS 4
PASSWORD_LOCK_TIME 2/1440
PASSWORD_LIFE_TIME 450
PASSWORD_REUSE_TIME 8
PASSWORD_GRACE_TIME 4
```

概要文件 PROFILE_PSW1 每一行的含义如下。

第 1 行：创建一个名为 PROFILE_PSW1 的概要文件。

第 2 行：在账户被锁定之前，可以尝试登录失败的次数是 4 次。

第 3 行：在尝试登录指定的次数失败之后，账户会被锁定 2 分钟。

第 4 行：口令的生命周期是 40 天。

第 5 行：一个口令要在作废 8 天之后才可以被重用。

第 6 行：当口令过期之后，可以使用原口令登录的宽免期为 4 天。

任务：验证概要文件 PROFILE_PSW 的口令限制是否准确无误。

代码如下：

```
Select * From dba_profiles where profile = 'PROFILE_PSW1' AND resource_
type = 'PASSWORD';
```

任务：在 OEM 中创建一个概要文件 PROFILE_PSW2，具体要求如下。

①在账户被锁定之前，可以尝试登录失败的次数是 3 次。

②在尝试登录指定的次数失败之后，账户会被锁定 3 天。

③口令的生命周期是 30 天。

④一个口令要在作废 5 天之后才可以被重用。

⑤当口令过期之后，可以使用原口令登录的宽免期为 3 天。

修改概要文件和删除概要文件

二、修改概要文件

如果要修改创建的概要文件，使用企业管理器或者 SQL * Plus 都可以完成。下面就分别使用这两种方式修改概要文件。

1. 使用企业管理器修改概要文件

在企业管理器中修改概要文件，只需要在图 8 - 58 所示页面中选择要修改的概要文件，单击"编辑"选项进行修改。修改好概要文件的相关信息后，单击"应用"按钮，即可完成概要文件的修改。

2. 在 SQL * PIus 中修改概要文件

有时商业环境发生变化，概要文件中的某些参数设置不再合适，可以使用 ALTER PROFILE 来修改参数。修改完成后，可以使用 SQL 查询语句验证概要文件的修改是否正确无误。修改概要文件 PRoFILE 的语法与创建概要文件的语法非常相似。修改概要文件的语

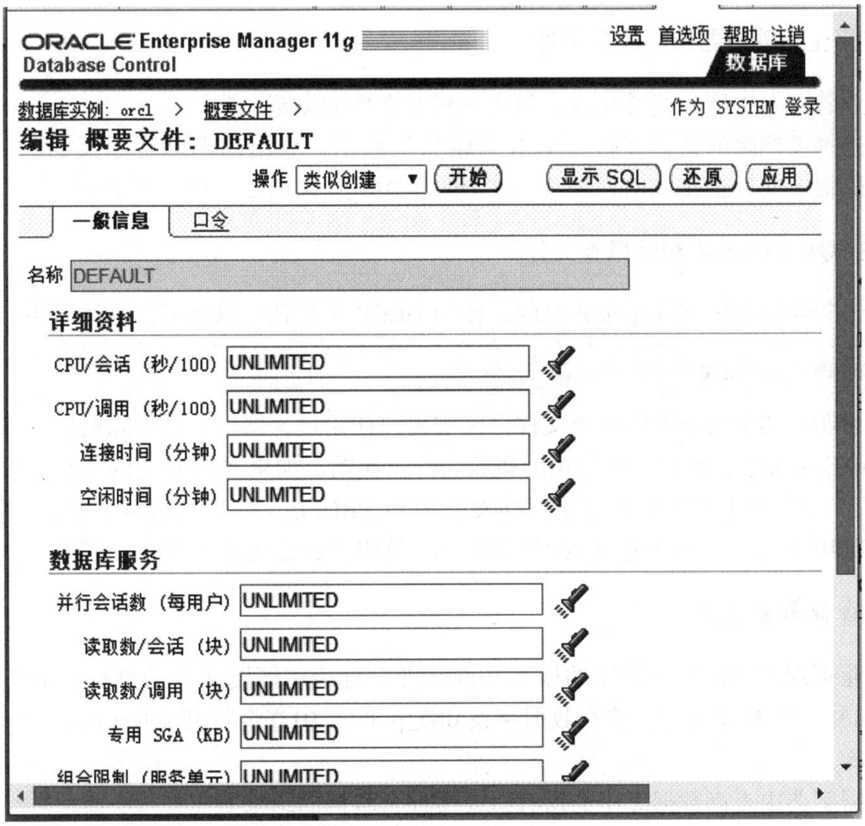

图 8 - 58　使用企业管理器修改概要文件

法如下：

```
ALTER PROFILE profile
LIMIT
{resource_parameter | password_parameters}
```

下面利用上面的语句完成概要文件 profile_re1s 的修改操作。

任务：将概要文件 profile_res1 的每秒 CPU 的会话时间改为 1000。

代码如下：

```
ALTER PROFILE profile_res
LIMIT
CPU_PER_SESSION 1000;
```

在修改概要文件时，也可以同时修改多个配置，没有修改的配置还保持原样。

三、删除概要文件

当不再需要一个概要文件时，可以使用以下两种方式删除。

修改概要文件和删除概要文件

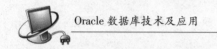

1. 使用企业管理器删除概要文件

在企业管理器中删除概要文件，只要在概要文件的浏览
页面中，选择要删除的概要文件，单击"删除"按钮，会出现删除提示页面。单击"是"
按钮，删除概要文件操作成功。注意，在 Oracle 中默认的概要文件是不能删除的。

2. 在 SQL * PIus 中删除概要文件

使用语句删除概要文件是很容易的，使用 DROP 语句就可以完成。具体语法如下：

```
DROP PROFILE 名称[CASCADE]
```

语法说明：如果要删除的概要文件已经被用户使用过，那么，在删除概要文件时，要加
上 CASCADE 关键字，把用户所使用的概要文件也撤销；如果要删除的概要文件没有被用户
使用过，那么就可以省略该关键字。注意：事项 PROFILE 一旦被删除，用户被自动加载
DEFAULT PROFILE，这对当前连接无影响。DEFAULT 概要文件不可以被删除。

四、查询概要文件

在企业管理器中查询数据库的概要文件，可以直接在概要文件的浏览页面查看到。在
SQL * PIus 中查看概要文件，要在数据字典 dba_profiles 中查询得到 select distinct profile from
dba_profiles。

在数据字典中查询数据库中的所有概要文件，查询的结果如图 8 - 59 所示。

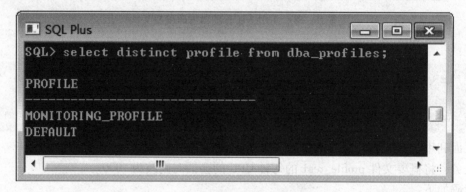

图 8 - 59　在数据字典中查询概要文件

项目小结

通过本项目的学习，读者能够掌握数据库中几个确保数据库安全的对象，能够掌握用
户、权限、角色及概要文件的使用方法。在掌握的基础上，能够分清用户、权限及角色三者
之间的关系。同时，作为数据库的管理员，还要掌握概要文件在数据库中的使用，这样才能
够确保数据库的安全。除了项目介绍的几个与数据库安全有关的对象之外，读者还可以学习
关于数据库审计的设置等安全性的对象。

项 目 作 业

一、选择题

1. 以下权限是系统权限的是（　　）。
   A. ALTER   B. EXECUTE
   C. SELECT   D. CREATE ANY TABLE

2. 以下权限是对象权限的是（　　）。
   A. SELECT   B. DROP USER
   C. CREATE SESSION   D. BACKUP ANY TABLE

3. 授予 sa 用户在 SCOTT. EMP 表中 SAL 列的更新权限的语句是（　　）。
   A. GRANT CHANGE ON SCOTT. EMP TO SA
   B. GRANT UPDATE ON SCOTT. EMP（SAL）TO SA
   C. GRANT UPDATE(SAL) ON SCOTT. EMP TO SA
   D. GRANT MODIFY ON SCOTT. EMP TO SA

4. 假设用户 USER1 的默认表空间为 USERS，他在该表空间的配额为 10 MB，则 USER1 在 USERS 表空间创建基本表时，应具有（　　）权限。
   A. CREATE TABLE
   B. CREATE USER
   C. UNLIMITED TABLESPACE
   D. LIMITED TABLESPACE

5. 想在另一个模式中创建表，用户最少应该具有（　　）系统权限。
   A. CREATE TABLE   B. CREATE ANY TABLE
   C. RESOURCE   D. DBA

6. 下列资源不能在用户配置文件中限定的是（　　）。
   A. 各个会话的用户数   B. 登录失败的次数
   C. 使用 CPU 时间   D. 使用 SGA 区的大小

7. 下面系统预定义角色允许一个用户创建其他用户的是（　　）。
   A. CONNECT   B. DBA
   C. RESOURCE   D. SYSDBA

二、简答题

1. 用户、权限及角色之间的关系是什么？
2. 简述角色的优点。

项目九

数据库的备份和恢复

知识目标

1. 掌握数据库备份与恢复的种类和策略。
2. 掌握数据库的导入与导出操作。

能力目标

1. 会备份与恢复数据库。
2. 会数据库的导入与导出。

意外断电、系统或服务器崩溃、用户失误、磁盘损坏甚至数据中心的灾难性丢失都可能造成数据库文件的破坏或丢失。而这些文件往往包含着珍贵的数据，经不得任何损失，因此，数据库管理系统必须具有把数据库从错误状态恢复到某已知的正确的状态，这就是数据库的恢复技术。数据库管理员必须对此有所准备，对数据库中的部分或者全部的数据进行复制，形成副本，存储到磁盘、磁带等硬件设备上，以备将来数据库出现故障时使用，这就是数据库的备份。数据库的备份和恢复是每一个学习数据库的人都要掌握的技能，备份是保存数据库的副本，恢复就是把以前备份的文件还原到数据库中。

Oracle 备份方式分为物理备份和逻辑备份。

物理备份：是将实际组成数据库的物理结构文件，包括数据文件、日志文件和控制文件从一处拷贝到另一处的备份过程。可以使用 Oracle 的恢复管理器（Recovery Manager, RMAN）或者操作系统命令进行。物理备份又分为冷备份、热备份。

逻辑备份：是提取数据库中的数据进行备份。通常指对数据库的导入和导出操作。逻辑备份的手段很多，例如，传统的 EXP、数据泵 EXPDP，还有数据库闪回技术，都可以进行数据库的逻辑备份。

Oracle 数据库恢复是指在数据库发生故障时，使用原来的备份还原数据库，使其恢复到无故障状态。Oracle 数据库恢复根据使用的原始备份的不同，分为物理恢复和逻辑恢复。

物理恢复：是在操作系统级别上进行的利用原来的物理备份文件来恢复数据库，就是把从数据库备份的文件重新复制到原来的数据库中。

逻辑恢复：通常指利用 Oracle 提供的导入工具将逻辑备份形成的二进制文件导入数据库，恢复损毁或者丢失的数据，就是把从数据库导出的数据再导入原来的数据库。

根据数据库恢复程度的不同，分为完全恢复和不完全恢复。

完全恢复：将数据库恢复到数据库失败时的状态，利用重做日志或增量备份将数据块恢复到最接近当前时间的时间点。之所以叫作完整恢复，是由于 Oracle 应用了归档日志和联机重做日志中所有的修改。

不完全恢复：将数据库恢复到数据库失败前的某一时刻数据库的状态，利用备份产生一个非当前版本的数据库。

任务1　物理备份之冷备份与恢复

 任务描述

对数据库进行物理备份中的冷备份与恢复。

物理备份之冷备份与恢复

相关知识与任务实现

物理备份中的冷备份也叫非归档模式备份、脱机备份，是当数据库的模式设置成非归档模式时对数据库进行的备份。当数据库可以暂时处于关闭状态时，需要将它在这一稳定时刻的数据相关文件转移到安全的区域，当数据库遭到破坏时，再从安全区域将备份的数据库相关文件拷贝回原来的位置，这样，就完成了一次快捷、安全的数据转移。由于是在数据库不提供服务的关闭状态，所以称为冷备份。对于备份 Oracle 信息而言，冷备份是最快和最安全的方法。

冷备份的优点如下：

①是非常快速的备份方法（只需拷贝文件）。

②容易归档（简单拷贝即可）。

③容易恢复到某个时间点上（只需将文件再拷贝回去）。

④能与归档方法相结合，做数据库"最佳状态"的恢复。

⑤低度维护，高度安全。

但冷备份也有如下不足：

①单独使用时，只能提供到"某一时间点上"的恢复。

②在实施备份的全过程中，数据库必须要做备份而不能做其他工作。也就是说，在冷备份过程中，数据库必须是关闭状态。

③若磁盘空间有限，只能拷贝到其他外部存储设备上，速度会很慢。

④不能按表或按用户恢复。

冷备份中必须拷贝的文件包括：

①所有数据文件。

②所有控制文件。

③所有联机 REDO LOG 文件。

④Init. ora 文件。

值得注意的是，冷备份必须在数据库关闭的情况下进行，当数据库处于打开状态时，执行数据库文件系统备份是无效的。

任务：对数据库进行物理备份中的冷备份与恢复。

1. 关闭数据库（shutdown normal）

①启动 SQL * Plus，用户 sys 以 as sysdba 身份进行登录，如图 9 - 1 所示。

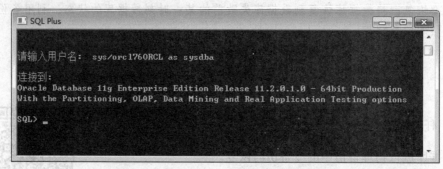

图 9 - 1　用户 sys 以 as sysdba 身份进行登录

②执行 shutdown normal 命令：

```
sql > shutdown normal;
```

2. 拷贝相关文件到安全区域（利用操作系统命令拷贝数据库的所有数据文件、日志文件、控制文件、参数文件、口令文件等（包括路径））

```
sql > cp
```

3. 重启 Oracle 数据库（startup）

```
sql > startup
```

物理冷备份的恢复：恢复时相对比较简单，只需停掉数据库，将文件拷贝回相应位置，重启数据库就可以了。当然，也可以用脚本来完成，但它只能将数据恢复到最近一次备份的状态，属于不完全恢复。

任务 2　物理备份之热备份与恢复

 任务描述

对数据库进行物理备份中的热备份与恢复。

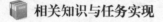 **相关知识与任务实现**

物理备份之热备份与恢复

热备份也叫归档模式备份、联机备份，是当数据库的模式设置成归档模式时对数据库进行的备份。可以使用 SQL * Plus 程序和 OEM 中的备份向导两种方法进行。当需要做一个精度比较高的备份，而且数据库不可能停掉（少许访问量）时，就需要归档方式下的备份，即下面讨论的热备份。热备份可以非常精确地备份表空间级和用户级的数据，由于它是根据归档日志的时间轴来备份恢复的，理论上可以恢复到前一个操作，甚至是前一秒的操作。

优点：

①可在表空间或数据库文件级备份，备份的时间短。

②备份时数据库仍可使用。

③可达到秒级恢复（恢复到某一时间点上）。

④可对几乎所有数据库实体做恢复。

⑤恢复是快速的，在大多数情况下在数据库仍工作时恢复。

不足之处：

①不能出错，否则后果严重。

②若热备份不成功，所得结果不可用于时间点的恢复。

③维护困难，所以要特别仔细小心，不允许"以失败告终"。

任务：对数据库进行物理备份中的热备份与恢复，完成数据文件、控制文件、表空间文件的热备份和恢复。

1）查看数据库中日志的状态，命令如图 9 - 2 所示，也可以通过视图 v$database 查看数据库是否在 Archive 模式下，命令是 select log_mode from v$database。

图 9 - 2　查看数据库日志

从查询结果可以看出，目前数据库的日志模式是非存放模式，同时，自动存放模式也是禁用的，设置数据库的日志模式为存放模式，同时自动存放模式修改为可用，语句如下：

```
SQL > alter system set log_archive_start = true scope = spfile;
SQL > shutdown immediate
SQL > startup mount
SQL > alter database archivelog;
```

修改之后通过 archive log list 查看数据库中日志的状态，就可以看到当前日志模式已经改为归档模式，并且自动存档模式也已经启用。

2）数据库设置成归档模式后，就可以进行数据库的备份和恢复操作了。将数据文件、控制文件、表空间文件等复制到另一个目录进行备份。备份完成之后，结束数据库的备份状态。

```
SQL > alter database backup controlfile to 'd:\backup\controlbak.ctl';
SQL > alter database end backup
SQL > alter system archive log current
```

如果备份自己的表空间 XSGL，首先将数据库设置成打开状态，命令为 alter database open，书写命令 alter tablespace XSGL begin backup 开始备份，这时打开数据库中的 eoradata 文件夹，把文件复制到磁盘的另一个文件夹或磁盘上。完成这些操作之后，执行命令 alter tablespace XSGL end backup 来结束表空间的备份，这样就把表空间备份到其他位置了。

3）对于归档方式下数据库的恢复，要求不但有有效的日志备份，还要求有一个在归档方式下做的有效的全库备份。归档备份在理论上可以没有数据丢失，但是对硬件及操作人员的要求都比较高。在使用归档方式备份时，全库物理备份也是非常重要的。归档方式下数据库的恢复，要求从全备份到失败点，所有的日志都完好无缺。

恢复步骤：

①关闭数据库。

②将全备份的数据文件放到原来系统的目录中。

③将全备份到失败点的所有归档日志放到参数 LOG_ARCHIVE_DEST_1 所指定的位置。

利用 SQL * Plus 登录数据库实例（connect/as sysdba）：

```
startup mount
set autorecovery on
recover database;
alter database open;
```

任务3　逻辑备份与恢复之导出/导入

逻辑备份与恢复又称导出/导入。可以在 DOS 下进行，也可以在企业管理器 OEM 中进行，这两种方式分别在下面进行介绍。

Oracle 最古老的导出和导入工具 EXP 和 IMP（EXP/IMP 分别是 export 和 import 的英文缩写），是 Oracle 9i 版本之前的逻辑备份和恢复。在 Oracle 9i 和 Oracle 10g 以后仍然保留了此功能。EXP 和 IMP 是客户端工具程序，它们既可以在客户端使用，也可以在服务端使用。EXP/IMP 工具是在 DOS 命令窗口下完成，不是在 SQL * Plus 状态下。

任务描述

1. 使用 EXP/IMP 导出/导入。
2. 使用 OEM 导出/导入。

相关知识与任务实现

一、使用 EXP/IMP 导出/导入

使用 EXP/IMP 导出/导入包括三种方式：

①表方式（T），可以将指定的表导出/导入，包括表的结果、表中数据，以及表上建立的索引、约束。

②用户方式（U），可以将指定的用户相应的所有数据对象导出/导入，包括表、视图、

存储过程、序列等。

③全库方式（Full），将数据库中的所有对象导出/导入。

EXP 导出

1. 导出表

任务：使用 EXP 导出表。

①进入 DOS 命令窗口，输入 EXP 命令，如图 9 - 3 所示。

②输入用户名和密码，但这里的用户不能是 SYS，如图 9 - 4 所示。

图 9 - 3　导出表 EXP 命令

图 9 - 4　输入用户名和密码

③输入数组提取缓冲区大小，导出文件是 c:\information. dmp，在选择用户 U 和表 T 时，如果想导出表，就选择 T，如图 9 - 5 所示。

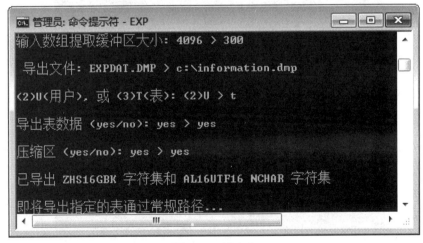

图 9 - 5　导出表

④输入要导出的表，如图 9－6 所示。

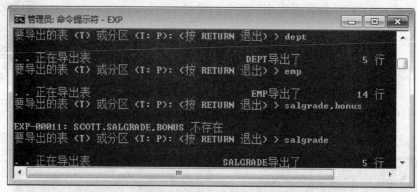

图 9－6　输入要导出的表

使用 EXP 命令的时候，语法格式为：

```
exp username/password[ keyword = value1[ ,values2]]
```

可以使用图 9－7 所示的命令显示导出参数的说明。因此，可以使用图 9－7 所示的参数来书写 EXP 命令。

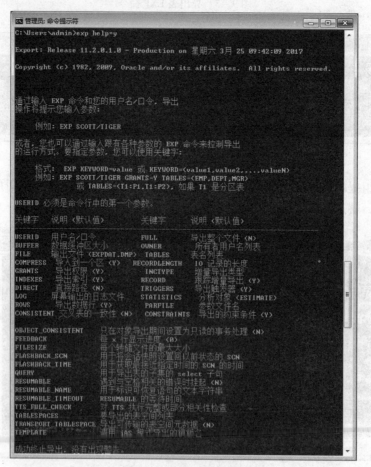

图 9－7　EXP 命令参数

2. 使用 IMP 命令导入表

任务：使用 IMP 命令导入表。

将刚才导出的 SCOTT 中的 DEPT、EMP、SALGRADE 三个表用 drop
进行删除，如图 9-8 所示，然后利用 IMP 进行导入。导入时，在 DOS
下输入 IMP 命令，如图 9-9 所示。导入成功后，查看其中某个表的内
容，如图 9-10 所示。

IMP 导入

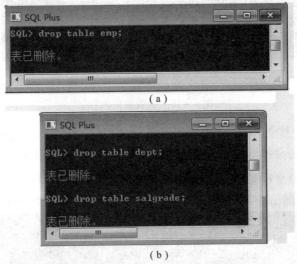

图 9-8　SCOTT 中的 DEPT、EMP、SALGRADE 三个表格

图 9-9　使用 IMP 导入表格

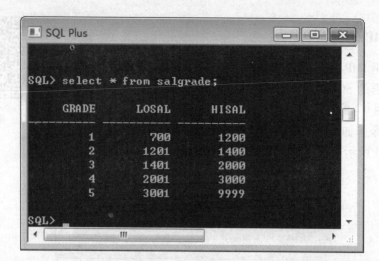

图 9 – 10 查看表格内容

使用 IMP 命令时，整个语法格式为 imp username/ password ［keyword = value1［,values2］］，可以使用图 9 – 11 所示的命令显示导入参数的说明。因此可以使用图 9 – 11 所示的参数来书写 IMP 命令。同样，使用 imp help = y 命令可以显示导入参数的说明。

图 9 – 11 IMP 命令参数

导出表：

> exp system/oracle TABLES = scott. dept,scott. emp FILE = a. dmp

导出方案：

> exp system/oracle OWNER = scott FILE = b. dmp

导出数据库：

> exp system/oracle FILE = c. dmp FULL = Y
> EXP SYSTEM/orcl76ORCL BUFFER = 64000 FILE = C:/FULL. DMP FULL = Y

如果要执行完全导出，必须具有特殊的权限：

> EXPSONIC/orcl76ORCL BUFFER = 64000 FILE = C:/SONIC. DMP OWNER = SONIC
> TABLES = (SONIC)

这样用户 SONIC 的表 SONIC 就被导出：

> EXP SONIC/orcl76ORCL BUFFER = 64000 FILE = C:/SONIC. DMP　OWNER = SONIC

用户 SONIC 的所有对象被输出到文件中。

3. 导出表空间

任务：使用 EXP 命令导出表空间。

导出表空间的用户必须是数据库管理员的角色，导出表空间的命令操作为 exp system/orcl76ORCL FILE = c:\xsgl. dmp tablespaces = xsgl，如图 9 - 12 所示，导出了自己创建的表空间 XSGL。

图 9 - 12　导出表空间

4. 导入表空间

任务：使用 IMP 命令导入表空间。

将表空间 XSGL 删除，如图 9 – 13 所示，然后用 DOS 输入命令 imp system/orcl76ORCL，导入表空间，如图 9 – 14 所示。

图 9 – 13　删除表空间

图 9 – 14　导入表空间

二、使用 OEM 导入/导出

以 system 用户的普通用户身份登录 OEM。打开"数据移动"选项，单击其中的"移动行数据"区域的各个选项，可以实现不同的导入/导出功能。

1. 使用 OEM 工具导出

任务：使用 OEM 工具导出表。

具体步骤如下：

①打开"数据移动"选项，单击其中的"移动行数据"区域的"导出到导出文件"，如图 9 - 15 所示。选择导出类型为表，如图 9 - 16 所示，输入主机的身份证明和口令。

使用 OEM 工具导出

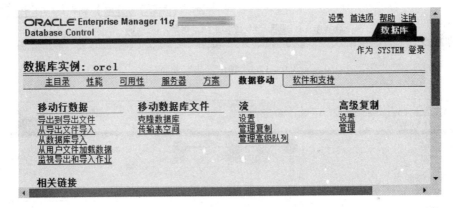

图 9 - 15　"数据移动"页面

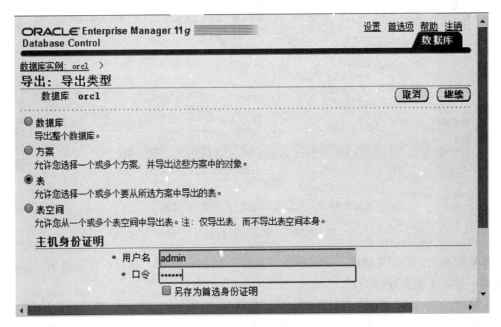

图 9 - 16　"导出：导出类型"页面

②单击"继续"按钮，进入"导出：表"页面，如图 9-17 所示。此时单击"添加"按钮，进入"导出：添加表"页面，如图 9-18 所示，输入方案名称和表名称。如果想导出 SCOTT 方案中的 DEPT 表，单击"开始"进行搜索。

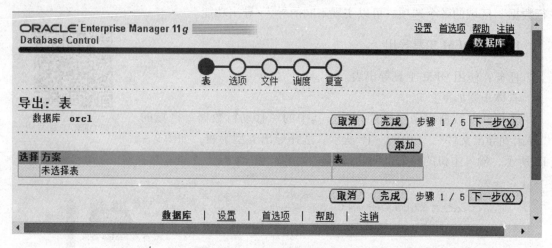

图 9-17 "导出：表"页面

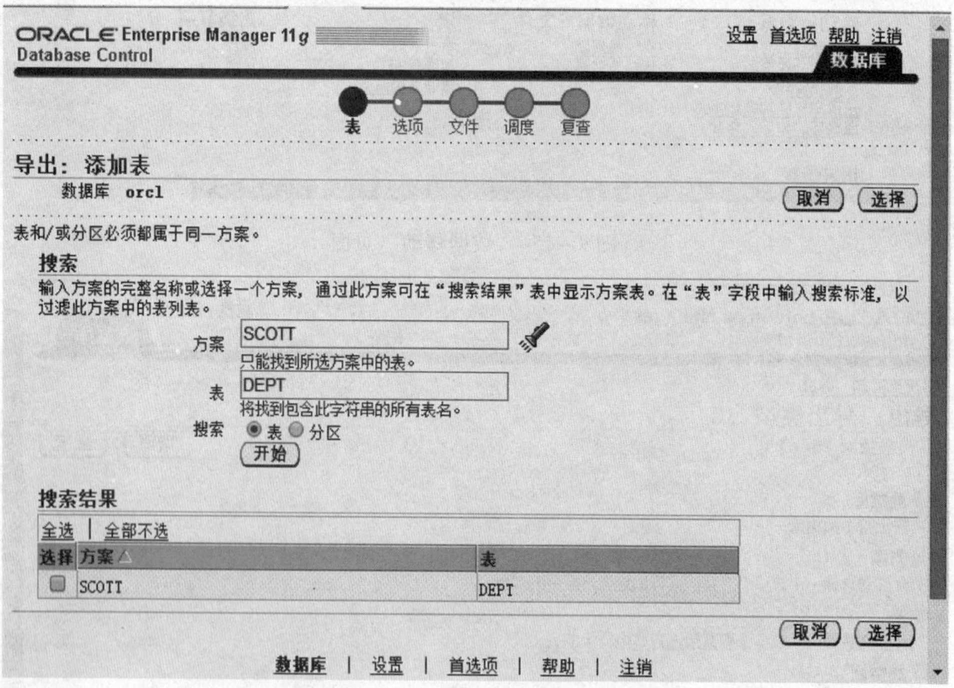

图 9-18 "导出：添加表"页面

③单击 dept 前面的选择框，此时单击"选择"按钮，回到"导出：表"页面，如图 9-19 所示，显示了需要导出的表。

④单击"下一步"按钮，打开"导出：选项"，如图 9-20 所示，按照默认设置。

⑤单击"下一步"按钮，打开"导出：文件"页面，如图 9-21 所示，按照默认设置。

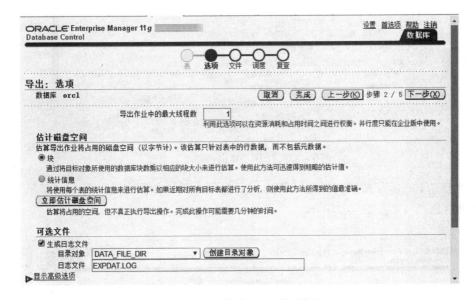

图 9－19　添加表后的"导出：表"页面

图 9－20　"导出：选项"页面

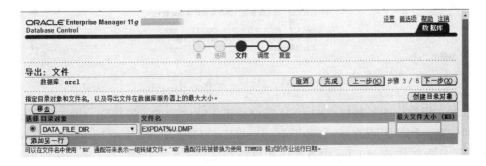

图 9－21　"导出：文件"页面

⑥单击"下一步"按钮，打开"导出：调度"页面，如图 9－22 所示，即将执行的导出操作将作为一个作业被 OEM 调度，输入作业名称"deptexp"，选择"立即"方式启动作

业，并且作业的重复级别为"仅一次"。

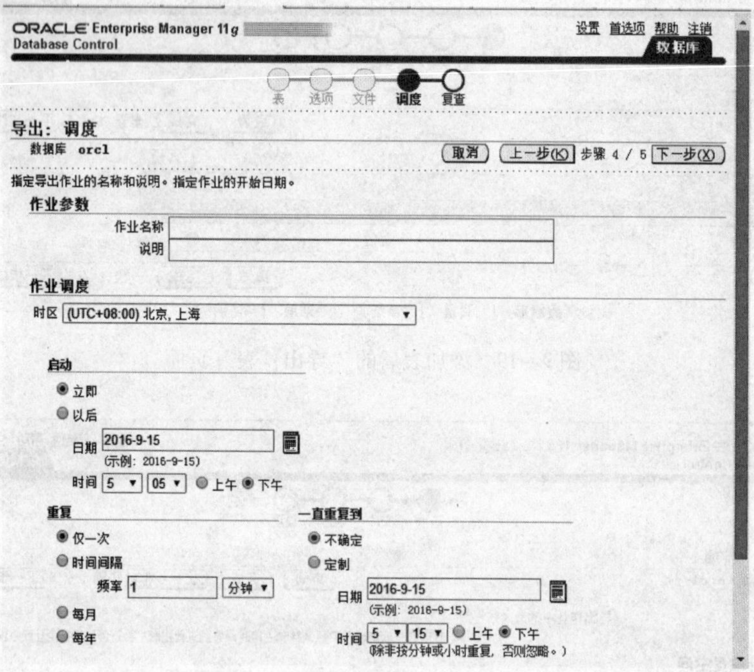

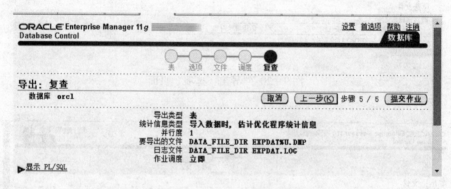

图 9-22 打开"导出：调度"页面

⑦单击"下一步"按钮，打开"导出：复查"页面，如图 9-23 所示，显示了作业调度的详细信息。

图 9-23 "导出：复查"页面

⑧单击"提交作业"按钮，向 OEM 提交导出作业的请求，等待几分钟，会显示成功创建作业的信息。用户可以在 E:\app\admin\product\11.2.0\dbhome_1\demo\schema\sales_history 中的日志文件 expdat.log 中查看作业执行情况。

2. 使用 OEM 工具导入

任务：使用 OEM 工具导入表。

使用 OEM 工具可以实现数据导入功能，以导入表为例，具体步骤如下：

①以 system 用户的普通用户身份登录 OEM，打开"数据移动"选项，单击其中的"移动行数据"区域中的"从导出文件导入"，选择导入类型为表，输入主机的身份证明和口令，如图 9-24 所示。

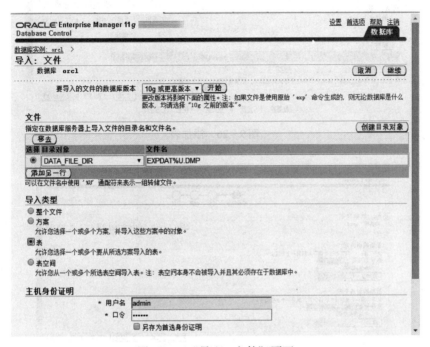

图 9-24　"导入：文件"页面

②单击"继续"按钮，进入"导入：表"页面，初始状态下，没有默认的导入表被选中，如图 9-25 所示。

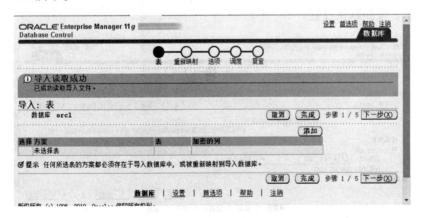

图 9-25　"导入：表"页面

③单击"添加"按钮，在"导入：添加表"页面，输入方案名称和表的名称，单击"开始"按钮，选择 DEPT 表。单击 DEPT 前面的选择框，选择要导入的表，单击"选择"按钮，回到"导入：表"页面，显示被添加的导入表，如图 9-26 所示。

④单击"下一步"按钮，打开"导入：重新映射"页面，如图 9-27 所示，可以重新映射方法，也可以重新映射表空间。

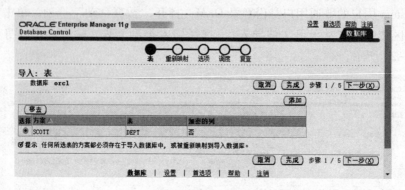

图 9－26　添加表

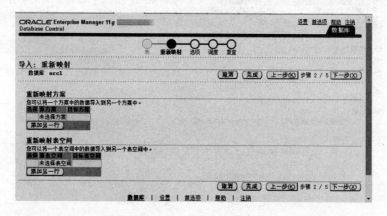

图 9－27　"导入：重新映射"页面

⑤如果不需要重新映射，直接单击"下一步"按钮，打开"导入：选项"页面，如图 9－28 所示，按照默认设置。

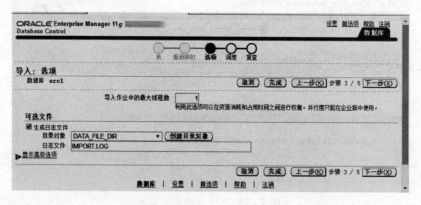

图 9－28　"导入：选项"页面

⑥单击"下一步"按钮，打开"导入：调度"页面，如图 9－29 所示，即将执行的导入操作将作为一个作业被 OEM 调度，输入作业名称"deptimp"，选择"立即"方式启动作业，并且作业的重复级别为"仅一次"。

⑦单击"下一步"按钮，打开"导入：复查"页面，图 9－30 显示了作业调度的详细信息。

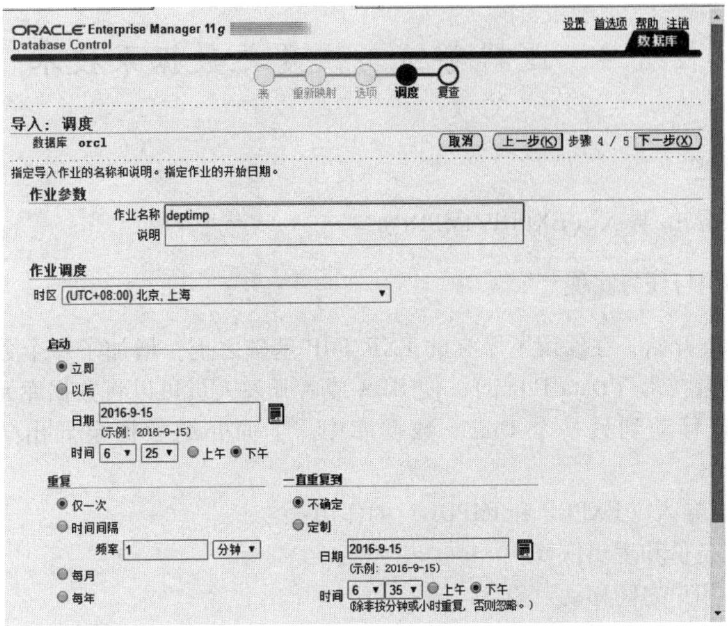

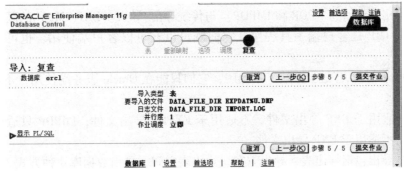

图 9-29 打开"导入：调度"页面

图 9-30 "导入：复查"页面

⑧单击"提交作业"按钮，向 OEM 提交导入的作业请求，等待几分钟，会显示成功创建作业的信息，如图 9-31 所示。用户可以在 E:\app\admin\product\11.2.0\dbhome_1\demo\schema\sales_history 中的日志文件 import. log 中查看作业执行情况。

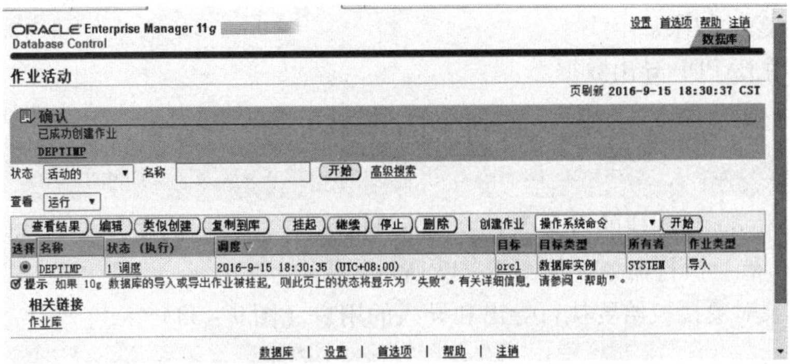

图 9-31 成功创建作业页面

任务4 逻辑备份与恢复之数据泵技术

任务描述

利用数据泵导出/导入（EXPDP/IMPDP）。

相关知识与任务实现

从 Oracle 10g 开始，在保留了原有的 EXP/IMP 基础之上，增加了一个数据库逻辑备份的方法，即数据泵技术（Data Dump），使 DBA 或者开发人员可以将数据库元数据（对象定义）和数据快速移动到另一个 Oracle 数据库中。下面介绍数据泵导出/导入（EXPDP/IMPDP）。

数据泵导出/导入（EXPDP 和 IMPDP）的作用：

①实现逻辑备份和逻辑恢复。

②在数据库用户之间移动对象。

③在数据库之间移动对象。

④实现表空间搬移。

数据泵导出/导入（EXPDP 和 IMPDP）与传统导出/导入（EXP/IMP）的区别：

①EXP 和 IMP 是客户端工具程序，它们既可以在可以客户端使用，也可以在服务端使用。

②EXPDP 和 IMPDP 是服务端工具程序，它们只能在 Oracle 服务端使用，不能在客户端使用。

③IMP 只适用于 EXP 导出文件，不适用于 EXPDP 导出文件；IMPDP 只适用于 EXPDP 导出文件，而不适用于 EXP 导出文件。

④数据泵导出包括导出表、导出方案、导出表空间、导出数据库4种方式。

1. 使用 EXPDP 导出数据

由于 EXPDP 工具是服务端程序，因此其转储文件只能被存放在 DIRECTORY 对象对应的特定数据库服务器操作系统目录中，而不能直接指定转储文件所在的 OS 目录。因此，使用 EXPDP 工具时，必须首先建立 DIRECTORY 对象，并且需要为数据库用户授予使用 DIRECTORY 对象的权限。

任务：使用 EXPDP 导出数据。

（1）建立目录对象

```
SQL > CREATE or replace DIRECTORY dump_dir AS'c:\scott_bak';
```

其中，dump_dir 是创建的目录名称；scott_bak 是存放数据的文件夹名称。在 C 盘建立目录 scott_bak，然后执行命令，如图 9-32 所示。

（2）将目录对象授权给要执行导出和导入的用户（图 9-33）

```
SQL > GRANT READ,WRITE ON DIRECTORY dump_dir TO scott;
```

图 9 – 32　创建目录对象

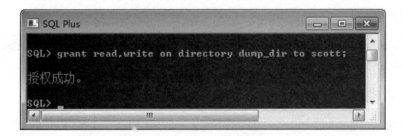

图 9 – 33　为 scott 赋予权限

（3）导出表

将目录创建好之后，使用 EXPDP 导出数据与使用 EXP 类似，是在 DOS 命令窗口实现的，将 scott 中的 dept、emp、salgrade 表导出，命令是：expdp scott/orcl76ORCL directory = dump_dir dumpfile = scott_bak table = dept,emp,salgrade，具体操作如图 9 – 34 所示。

图 9 – 34　EXPDP 导出表

下面介绍 EXPDP 导出表、导出方案、导出表空间、导出数据库的具体命令。

（1）导出表

```
  expdp scott/orcl76ORCL DIRECTORY = dump_dir DUMPFILE = tab_dmp TABLES =
dept, emp
```

（2）导出方案

```
  Expdpscott/orcl76ORCL DIRECTORY = dump_dir DUMPFILE = schemaScott_
dmp SCHEMAS = 'SCOTT';
```

（3）导出表空间

```
  expdp system/orcl76ORCL directory = dump_dir dumpfile = tablespaceUsers_
dmp ESTIMATE_ONLY
```

（4）导出数据库

```
  expdp system/orcl76ORCL directory = dump_dir dumpfile = database_dmp
FULL = Y
```

EXPDP 的命令行选项可以通过 expdp help = y 查看，如图 9 – 35 所示。

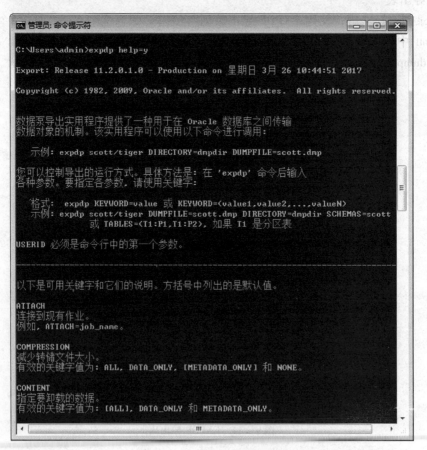

图 9 – 35 EXPDP 的命令参数

关键字说明（默认）：

ATTACH：连接到现有作业，例如，ATTACH［＝作业名］。

COMPRESSION：减小有效的转储文件内容的大小。关键字值为 ALL、DATA_ONLY、（METADATA_ONLY）和 NONE。

CONTENT：指定要卸载的数据，其中有效关键字为（ALL）、DATA_ONLY 和 METADATA_ONLY。

DIRECTORY：供转储文件和日志文件使用的目录对象。

DUMPFILE：目标转储文件（expdat. dmp）的列表，例如，DUMPFILE = scott1. dmp，scott2. dmp，dmpdir：scott3. dmp。

ENCRYPTION_PASSWORD：用于创建加密列数据的口令关键字。

ESTIMATE：计算作业估计值，其中有效关键字为（BLOCKS）和 STATISTICS。

ESTIMATE_ONLY：在不执行导出的情况下计算作业估计值。

EXCLUDE：排除特定的对象类型，例如，EXCLUDE = TABLE：EMP。

FILESIZE：以字节为单位指定每个转储文件的大小。

FLASHBACK_SCN：用于将会话快照设置回以前状态的 SCN。

FLASHBACK_TIME：用于获取最接近指定时间的 SCN 的时间。

FULL：导出整个数据库（N）。

HELP：显示帮助消息（N）。

INCLUDE：包括特定的对象类型，例如，INCLUDE = TABLE_DATA。

JOB_NAME：要创建的导出作业的名称。

LOGFILE：日志文件名（export. log）。

NETWORK_LINK：链接到源系统的远程数据库的名称。

NOLOGFILE：不写入日志文件（N）。

PARALLEL：更改当前作业的活动 worker 的数目。

PARFILE：指定参数文件。

QUERY：用于导出表的子集的谓词子句。

SAMPLE：要导出的数据的百分比。

SCHEMAS：要导出的方案的列表（登录方案）。

STATUS：在默认值（0）将显示为可用时的新状态的情况下，要监视的频率（以秒计）作业状态。

TABLES：标识要导出的表的列表只有一个方案。

TABLESPACES：标识要导出的表空间的列表。

TRANSPORT_FULL_CHECK：验证所有表的存储段（N）。

TRANSPORT_TABLESPACES：要从中卸载元数据的表空间的列表。

VERSION：要导出的对象的版本，其中有效关键字为（COMPATIBLE）、LATEST 或任何有效的数据库版本。

（1）ATTACH

该选项用于在客户会话与已存在导出作用之间建立关联，语法如下：

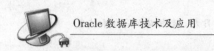

```
ATTACH =[schema_name.] job_name
```

schema_name 用于指定方案名，job_name 用于指定导出作业名。注意，如果使用 ATTACH 选项，在命令行除了连接字符串和 ATTACH 选项外，不能指定任何其他选项，示例如下：

```
Expdp scott/orcl76ORCL ATTACH = scott.export_job
```

（2）CONTENT
该选项用于指定要导出的内容，默认值为 ALL。

```
CONTENT = {ALL |DATA_ONLY | METADATA_ONLY}
```

当设置 CONTENT 为 ALL 时，将导出对象定义及所有对象数据；为 DATA_ONLY 时，只导出对象数据；为 METADATA_ONLY 时，只导出对象定义。

```
Expdp scott/orcl76ORCL DIRECTORY = dumpDUMPFILE = a. dump
CONTENT = METADATA_ONLY
```

（3）DIRECTORY
指定转储文件和日志文件所在的目录。

```
DIRECTORY = directory_object
```

Directory_object 用于指定目录对象名称。需要注意的是，目录对象是使用 create directory 语句建立的对象，而不是 OS 目录。

```
Expdp scott/orcl76ORCL DIRECTORY = dumpDUMPFILE = a. dump
```

建立目录：

```
SQL > create directory dump_dir as 'd:\dump';
```

目录已创建：

```
SQL > grantread,write on directory dump_dir to scott;
```

查询创建了哪些子目录：

```
SELECT * FROM dba_directories;
```

（4）DUMPFILE
用于指定转储文件的名称，默认名称为 expdat. dmp。

```
DUMPFILE =[directory_object:] file_name [, ….]
```

Directory_object 用于指定目录对象名，file_name 用于指定转储文件名。需要注意的是，如果不指定 directory_object，导出工具会自动使用 DIRECTORY 选项指定的目录对象。

```
Expdp scott/orcl76ORCL DIRECTORY = dump1DUMPFILE = dump2:a. dmp
```

（5）ESTIMATE
指定估算被导出表所占用磁盘空间的方法，默认值是 BLOCKS。

```
EXTIMATE = {BLOCKS |STATISTICS}
```

设置为 BLOCKS 时，Oracle 会按照目标对象所占用的数据块个数乘以数据块尺寸估算对象占用的空间；设置为 STATISTICS 时，根据最近统计值估算对象占用空间。

```
Expdp scott/orcl76ORCL TABLES = empESTIMATE = STATISTICS
DIRECTORY = dump DUMPFILE = a. dump
```

（6）EXTIMATE_ONLY

指定是否只估算导出作业所占用的磁盘空间，默认值为 N。

```
EXTIMATE_ONLY = {Y |N}
```

设置为 Y 时，导出作用只估算对象所占用的磁盘空间，而不会执行导出作业；为 N 时，不仅估算对象所占用的磁盘空间，还会执行导出操作。

```
Expdp scott/orcl76ORCL ESTIMATE_ONLY = yNOLOGFILE = y
```

（7）EXCLUDE

该选项用于指定执行操作时要排除的对象类型或相关对象。

```
EXCLUDE = object_type [: name_clause] [, …]
```

Object_type 用于指定要排除的对象类型，name_clause 用于指定要排除的具体对象。EXCLUDE 和 INCLUDE 不能同时使用。

```
Expdp scott/orcl76ORCL DIRECTORY = dumpDUMPFILE = a. dup EXCLUDE = VIEW
```

（8）FILESIZE

指定导出文件的最大尺寸，默认为 0（表示文件尺寸没有限制）。

（9）FLASHBACK_SCN

指定导出特定 SCN 时刻的表数据。

```
FLASHBACK_SCN = scn_value
```

Scn_value 用于标识 SCN 值。FLASHBACK_SCN 和 FLASHBACK_TIME 不能同时使用。

```
Expdp scott/orcl76ORCL DIRECTORY = dumpDUMPFILE = a. dmp
FLASHBACK_SCN = 358523
```

（10）FLASHBACK_TIME

指定导出特定时间点的表数据。

```
FLASHBACK_TIME = "TO_TIMESTAMP(time_value)"
 Expdp scott/orcl76ORCL DIRECTORY = dumpDUMPFILE = a. dmp FLASHBACK_
TIME = "TO_TIMESTAMP('25 - 08 - 200414:35:00','DD - MM - YYYYHH24:MI:SS')"
```

（11）FULL

指定数据库模式导出，默认为 N。为 Y 时，标识执行数据库导出。

```
FULL = {Y |N}
```

（12）HELP

指定是否显示 EXPDP 命令行选项的帮助信息，默认为 N。

当设置为 Y 时，会显示导出选项的帮助信息。

```
Expdp help = y
```

（13）INCLUDE

指定导出时要包含的对象类型及相关对象。

```
INCLUDE = object_type [: name_clause] [, …]
```

（14）JOB_NAME

指定要导出作用的名称，默认为 SYS_XXX。

```
JOB_NAME = jobname_string
```

（15）LOGFILE

指定导出日志文件文件的名称，默认名称为 export. log。

```
LOGFILE = [directory_object:] file_name
```

Directory_object 用于指定目录对象名称，file_name 用于指定导出日志文件名。如果不指定 directory_object，导出作用会自动使用 DIRECTORY 的相应选项值。

```
Expdp scott/orcl76ORCL DIRECTORY = dumpDUMPFILE = a. dmp logfile =
a. log
```

（16）NETWORK_LINK

指定数据库链名，如果要将远程数据库对象导出到本地例程的转储文件中，必须设置该选项。

（17）NOLOGFILE

该选项用于指定禁止生成导出日志文件，默认值为 N。

（18）PARALLEL

指定执行导出操作的并行进程个数，默认值为 1。

（19）PARFILE

指定导出参数文件的名称。

```
PARFILE = [directory_path] file_name
```

（20）QUERY

指定过滤导出数据的 where 条件。

```
QUERY = [schema. ][table_name:] query_clause
```

Schema 用于指定方案名，table_name 用于指定表名，query_clause 用于指定条件限制子句。QUERY 选项不能与 CONNECT = METADATA_ONLY、EXTIMATE_ONLY、TRANSPORT_TABLESPACES 等选项同时使用。

```
Expdp scott/orcl76ORCL directory = dumpdumpfiel = a. dmp
Tables = emp query = 'WHERE deptno = 20'
```

（21）SCHEMAS

该方案用于指定执行方案模式导出，默认为当前用户方案。

（22）STATUS

指定显示导出作用进程的详细状态，默认值为0。

（23）TABLES

指定表模式导出。

```
TABLES = [schema_name. ] table_name [: partition_name] [, …]
```

Schema_name 用于指定方案名，table_name 用于指定导出的表名，partition_name 用于指定要导出的分区名。

（24）TABLESPACES

指定要导出的表空间列表。

（25）TRANSPORT_FULL_CHECK

该选项用于指定被搬移表空间和未搬移表空间关联关系的检查方式，默认为 N。

当设置为 Y 时，导出作用会检查表空间直接的完整关联关系，如果表空间所在表空间或其索引所在的表空间只有一个表空间被搬移，将显示错误信息。当设置为 N 时，导出作用只检查单端依赖，如果搬移索引所在表空间，但未搬移表所在表空间，将显示出错信息；如果搬移表所在表空间，未搬移索引所在表空间，则不会显示错误信息。

（26）TRANSPORT_TABLESPACES

指定执行表空间模式导出。

（27）VERSION

指定被导出对象的数据库版本，默认值为 COMPATIBLE。

```
VERSION = {COMPATIBLE |LATEST |version_string}
```

为 COMPATIBLE 时，会根据初始化参数 COMPATIBLE 生成对象元数据；为 LATEST 时，会根据数据库的实际版本生成对象元数据。version_string 用于指定数据库版本字符串。

2. 使用 IMPDP 导入数据

任务：使用 IMPDP 导入数据。

为了演示导入的过程，将之前导出的 scott 中的 dept、emp、salgrade 三个表格用 drop 进行删除，如图 9 - 36 所示。然后利用 IMPDP 进行导入。导入时的命令为 impdp scott/orcl76ORCL directory = dump_dir dumpfile = scott_bak，如图 9 - 37 所示。注意，不要在命令末尾加分号。

下面介绍 IMPDP 导入表、导入方案、导入表空间、导入数据库的具体命令。

（1）导入表

```
SQL > drop table scott. emp;
SQL > drop table scott. dept;
E:\> impdp scott/orcl76ORCL directory = dump_dir dumpfile = tab. dmp
tables = dept, emp
```

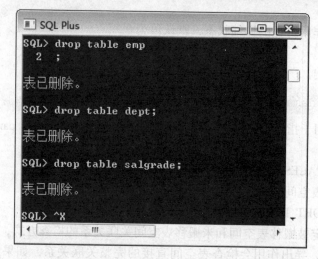

图 9 – 36   drop scott 中的 dept、emp、salgrade 三个表格

图 9 – 37   IMPDP 导入表格

（2）导入方案

```
SQL > drop user scott cascade;
SQL > create user scott identified by orcl76ORCL;
SQL > grant dba to scott;
E:\> impdp system/oracle directory = dump_dir dumpfile = schemaScott.
dmp schemas = scott
```

（3）导入表空间

```
impdp system/oracle directory = dump_dir dumpfile = tablespaceUsers.
dmp tablespaces = users
```

（4）导入数据库

```
impdp system/oracle directory = dump_dir dumpfile = database. dmp FULL =
Y
```

IMPDP 的命令行选项可以通过 impdp help = y 查看，如图 9 – 38 所示。对于各个参数的具体含义，可以参考执行，在这里不再赘述。

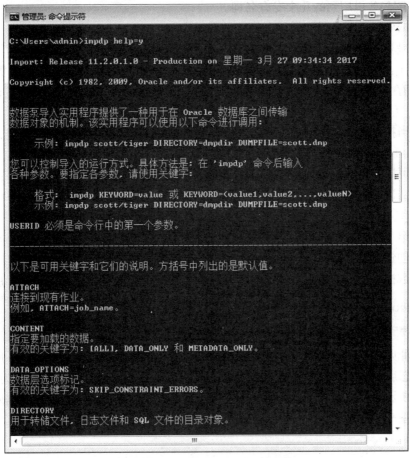

图 9 – 38 IMPDP 的命令参数

任务5 逻辑备份与恢复之 RMAN

任务描述

利用 RMAN 进行备份和恢复。

相关知识与任务实现

恢复管理器（Recovery manager，RMAN）是 Oracle 提供的 DBA 工具，用于管理备份、转储和恢复操作。RMAN 只能用于 Oracle 8 或更高的版本中。该工具执行的命令都在服务器进程执行，所以目标数据库必须处于 mount 或 open 状态，如果使用了恢复目录，那么恢复目录数据库要处于 open 状态。它能够备份整个数据库或数据库部件，其中包括表空间、数据文件、控制文件和归档文件。

RMAN 有三种不同的用户接口：COMMAND LINE 方式、GUI 方式（集成在 OEM 中的备份管理器）、API 方式（用于集成到第三方的备份软件中）。COMMAND LINE 方式就是命令行方式，类似 DOS，通过键盘操作命令。所做的各项操作都将以命令方式进行。

先介绍 RMAN 里用到的几个专有名词。

目标数据库：需要备份、转储和恢复的数据库。

恢复目录数据库：是一个独立的数据库，用于存放目标数据库的备份，可以是一个，也可以是多个。它是专门用来管理 RMAN 资料库的数据库，同时，会在目标数据库的控制文件中保存，但是控制文件中的信息受时间限制（control_file_record_keep_time 默认 7 天）。

通道：当执行 RMAN 操作时，需要在目标数据库和存储设备之间建立连接，称作通道（channel）。可以配置多个通道。

RMAN 可以备份数据库、表空间、数据文件、控制文件、归档日志、spfile；不能备份重做日志、pfile 和口令文件。如果需要定期执行备份，可以将这些 RMAN 操作放在一些脚本文件中（使用脚本，必须使用恢复目录）；RMAN 只备份用过的 block。

下面介绍 RMAN 进行备份和恢复的步骤。

任务：创建恢复目录。

①检查数据库模式，查看数据库是否处于归档模式，命令如下，如图9-39所示。

```
SQL > conn sys 用户/密码 as sysdba
SQL > archive log list;
```

②若为非归档模式，则修改数据库归档模式。首先关闭数据库，如图9-40所示，重新以 mount 状态启动数据库，如图9-41所示。成功启动数据库后，修改数据库为归档模式，如图9-42所示。当显示如下信息时，表示数据库归档模式修改成功，启用数据库到正常工作状态，如图9-43所示。

```
SQL > shutdown immediate
SQL > startup mount
SQL > alterdatabasearchivelog
SQL > alterdatabaseopen
```

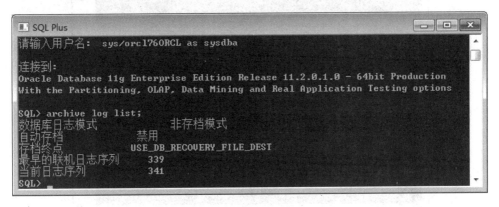

图 9 - 39　查看数据库模式

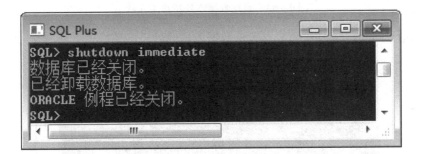

图 9 - 40　关闭数据库

图 9 - 41　启动数据库

图9-42 修改为归档模式

图9-43 启用数据库到正常工作状态

③再次使用 archive log list 命令，确认数据库当前处于归档模式，如图9-44所示。

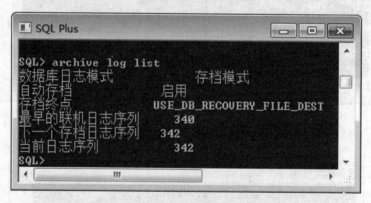

图9-44 再次查看数据库模式

下面是具体的 RMAN catalog 模式下的备份与恢复。

④创建 Catalog 所需要的表空间，如图9-45所示。

```
create tablespace rman_ts
datafile 'E:\app\admin\oradata\orcl\rmants.dbf' size 20M
autoextend on next 5M
```

⑤创建 RMAN 用户并授权，如图9-46和图9-47所示。

```
SQL > create user rman identified by rman default tablespace rman_ts
SQL > grant connect, resource, recovery_catalog_owner to rman
```

如图 9-45 创建表空间

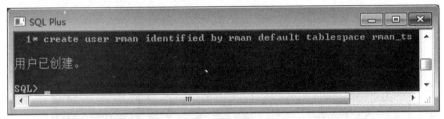

图 9-46 创建 RMAN 用户

图 9-47 为 RMAN 用户授权

⑥创建恢复目录。首先启动 RMAN 工具，并使用 RMAN 用户登录，如图 9-48 所示。如果想删除恢复目录，可以使用 drop catalog。

```
C:\Users\admin > rman
RMAN > connect catalog rman/rman
RMAN > create catalog
```

图 9-48 创建恢复目录

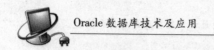

任务：连接到目标（target）数据库。

恢复目录创建成功后，就可以注册目标数据库了。目标数据库就是需要备份的数据库，一个恢复目录可以注册多个目标数据库，连接到有恢复目录的目标数据库时，可以使用如下 connect 命令，如图 9 – 49 所示。

> RMAN > connect target username/password @servicename
> RMAN > connect target sys/orcl76ORCL
> RMAN > connect catalog username/password @servicename
> RMAN > connect catalog rman/ramn

图 9 – 49　连接到目标数据库和恢复目录数据库

如果都是用本地数据库，可以省略服务器名@ servicename。

target：指要连接的目标数据库。target 后面是目标数据库的用户名和密码。

catalog：指恢复目录。catalog 后面是恢复目录数据库的用户名和密码。

连接恢复目录数据库还可以使用如下命令：

> RMAN > target username/password @servicename catalog username/password

任务：在恢复目录中注册数据库。

在建立了恢复目录之后，为了将目标数据库的 RMAN 元数据存放到恢复目录中，必须连接到目标数据库，并使用 REGISTER DATABASE 命令注册目标数据库，如图 9 – 50 所示。可以使用 REPORT SCHEMA 命令检查是否注册成功：RMAN > REPORT SCHEMA。实际上，在目标数据库中已经存在，RMAN 的配置是可以查到的，使用 SHOW ALL 命令即可，如图 9 – 51 所示。

任务：用 RMAN 进行备份。

数据库注册完成后，就可以用 RMAN 进行备份了。RMAN 使用脚本来备份数据库，将可以执行的 SQL 语句放在一个 RUN｛｝语句中执行，各个语句结束时要加分号。脚本更多命令请参考 Oracle 联机手册。

通道（Channel）在 RMAN 的工作中扮演着非常重要的角色，所有的备份和恢复都是由

图 9-50 注册目标数据库

图 9-51 SHOW ALL 命令

通道完成的。所谓通道，是指由服务器进程发起并控制的目标数据库的文件与物理备份设备之间的字节流。字节流的方向取决于使用通道的意图：从文件到设备的是备份操作；从设备到文件的是还原操作。通俗地讲，通道是指数据库与某个设备关联，这个设备指存储的介质，可以是磁盘或者磁带。大多数的 RMAN 命令执行时必须先手动或自动地分配通道，这两种方式使用的命令不同：手动分配通道需要使用 RUN 命令，自动分配通道需要使用 CONFIOGURE 命令。

通道的工作由三个阶段组成，分别是第一阶段"读"、第二阶段"复制"、第三阶段"写"。如果是备份操作，在读阶段，通道将输入文件（被备份的文件）的数据块从磁盘读入输入缓冲；在复制阶段，通道将输入缓冲中的数据块读入输出缓冲，并且执行必要的操作，比如校验、压缩和加密；在写阶段，通道将输出缓冲中的数据写入 DISK 或 SBT 设备。如果是还原操作，三个阶段不变，只是通道传输的方向及复制阶段的操作类型是逆向的。

1. 手动通道分配

在 run 运行块中使用 allocate channel 命令分配通道。命令语法如下：

```
RMAN > run
{
allocate channel channel_name1 device type type_name1;
allocate channel channel_name2 device type type_name2;
...
backup
...
}
```

channel_name：通道的名称。

type_name：设备类型。

backup：备份数据库的关键字，在其后面可以写要备份的表空间等信息。

下面利用上述命令完成使用磁盘备份表空间 users，代码如下，效果如图 9-52 所示。

```
run
  {
  allocate channel c device type disk;
  backup tablespace users;
  }
```

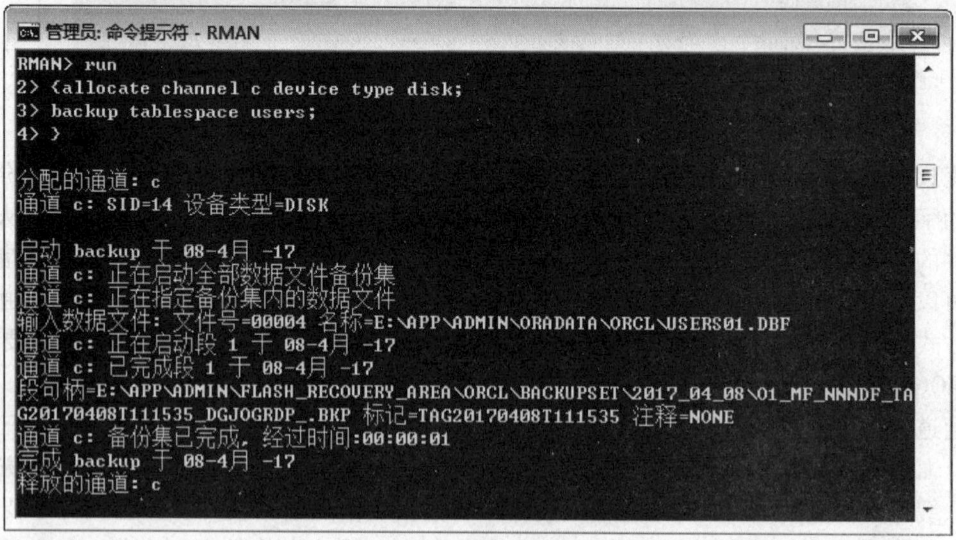

图 9-52　手动分配通道备份 USERS 表空间

2. 自动分配通道

自动分配通道是指在执行 RMAN 命令时，不需要显式制定通道的细节就可以使用通道

（实际上也是使用预先设置或是默认的设置）。具体命令如下，效果如图9-53所示。

```
configure default device type to type_name;
configure device type type_name disk parallelism n;
```

图9-53 configure指定设备的类型及通道个数

第一行是设置默认的备份设备类型，第二行指定设备的类型及通道个数。type_name是类型名称，n代表通道个数。

下面利用上述命令完成使用磁盘备份表空间users，先分配两个通道，代码如下。

```
configure device type disk parallelism 2;
```

之后使用backup命令backup tablespace users完成备份，如图9-54所示。

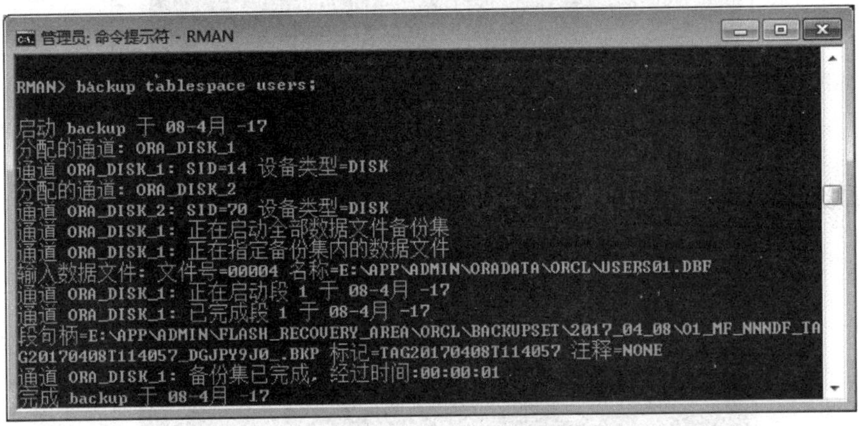

图9-54 使用backup命令完成users的备份

其实可以查看默认的通道设备类型、可用的设备类型、通道配置。具体命令如下。

①查看默认的通道设备类型，如图9-55所示。

```
show default device type;
```

②查看可用的设备类型（含通道的数目），如图9-56所示。

```
show device type;
```

③查看通道配置，如图9-57所示。

```
show channel;
```

图 9-55   查看默认的通道设备类型

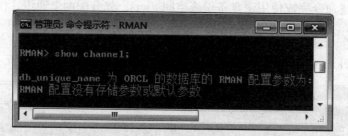

图 9-56   查看可用的设备类型

图 9-57   查看通道配置

④查看备份和复制的信息，如图 9-58 所示。

图 9-58   查看备份和复制的信息

任务：用 RMAN 进行恢复。

前面介绍了如何利用 RMAN 备份数据库,那么备份好的数据库如何恢复呢?

1. 使用 RESTORE 还原

使用 RESTORE 命令可以还原备份的信息,命令如下:

```
RESTORE database_object
```

database_object:可以是数据库 database、表空间 tablespace、数据文件 datafile、控制文件 controlfile、归档日志文件 archivelog、参数文件 spfile,其中只能在 MOUNT 状态下使用的对象有 database、controlfile、spfile,只能在 OPEN 状态下使用的对象是 tablespace。

如果是还原数据库,其代码是:

(1)启动数据库到加载状态

```
RMAN > SHUTDOWN IMMEDIATE;
RMAN > STARTUP MOUNT;
```

(2)执行恢复操作

```
RMAN > RESTORE DATABASE;
RMAN > RECOVER DATABASE
```

(3)打开数据库

```
RMAN > ALTER DATABASE OPEN;
```

注意:如果数据库并非处于归档模式,那么必须使用 ALTER DATABASE OPEN RESETLOGS 来打开数据库,因为 RMAN 会认为在非归档模式下是一个不一致的备份,执行 resetlogs 之后,oracle 将会把 scn 重新置为 0。

2. 使用 RECOVER 恢复

使用 RECOVER 命令可以恢复数据库,该命令是负责把归档执行日志文件用于重建的数据文件,来完成数据库的同步恢复。在执行 RECOVER 命令时,RMAN 还需要读取归档日志,恢复数据时,尽量把数据库的状态设置成归档模式。命令如下:

```
RECOVER database_object
```

database_object:可以是数据库 database、表空间 tablespace、数据文件 datafile,其中 database 只能在 MOUNT 状态下使用,tablespace 只能在 OPEN 状态下使用。

任务6 使用 OEM 进行数据库备份与恢复

任务描述

1. 使用 OEM 进行数据库备份。
2. 使用 OEM 进行数据库恢复。

相关知识与任务实现

一、使用 OEM 进行数据库备份

使用 OEM 进行数据库备份与恢复之前,首先要设置首选身份证明,包括设置主机身份证明、设置数据库首选身份证明和设置监听程序首选身份证明。

1. 设置首选身份证明

①在 Windows 操作系统环境中创建一个名称为 admin 的用户。

②给 Windows XP 管理员 admin 授予批处理作业权限。

③在 OEM 中配置首选身份证明。单击 OEM 的"首选项",如图 9 - 59 所示,打开"首选项"的下拉列表。

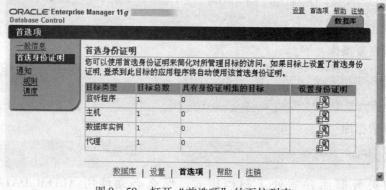

图 9 - 59　打开"首选项"的下拉列表

④单击"数据库实例"项的"设置身份证明"链接,进入"数据库首选身份证明"页面,如图 9 - 60 所示。

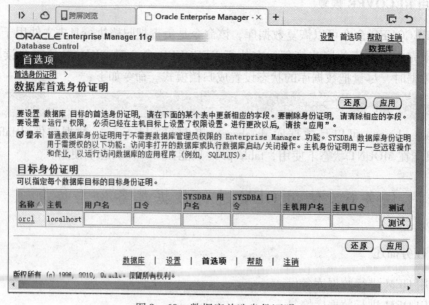

图 9 - 60　数据库首选身份证明

2. 配置备份设置

①配置备份设备。在"可用性"选项卡中找到"备份/恢复"中的"设置"→"备份设置",如图9-61所示。

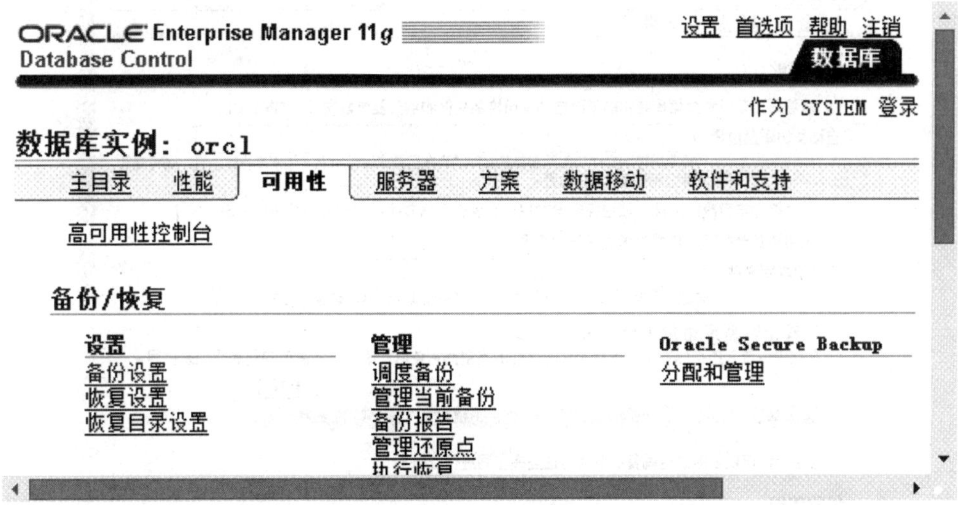

图9-61　配置备份设置

②配置备份集,如图9-62所示。

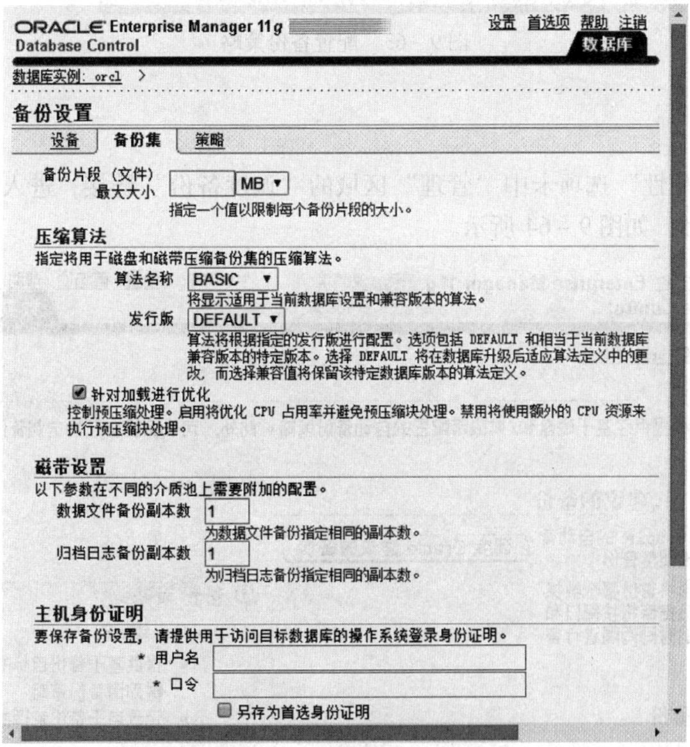

图9-62　配置备份集

③配置备份策略，如图 9 – 63 所示。

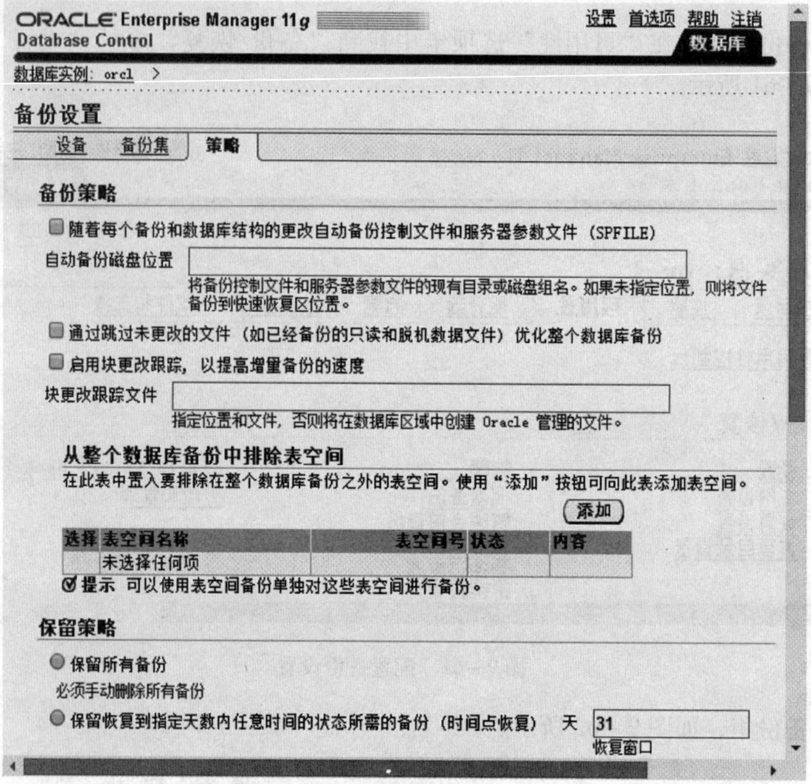

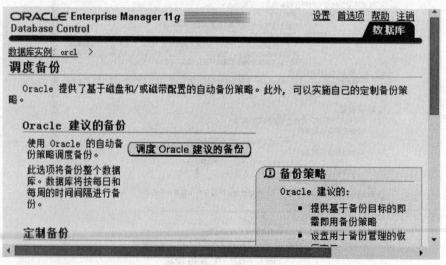

图 9 – 63 配置备份策略

3. 调度备份

①单击"可用性"选项卡中"管理"区域的"调度备份"链接，进入"调度备份"的"备份策略"页面，如图 9 – 64 所示。

图 9 – 64 "调度备份"的"备份策略"页面

②单击"调度定制备份"按钮，进入"调度定制备份：选项"页面，如图9-65所示。

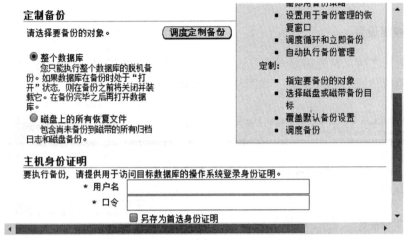

图9-65 "调度定制备份：选项"页面

③单击"下一步"按钮，进入"调度定制备份：设置"页面。

④单击"下一步"按钮，进入"调度定制备份：调度"页面。

⑤单击"下一步"按钮，进入"调度定制备份：复查"页面。

⑥单击"提交作业"按钮，OEM将提交所定义的调度作业，按照定义的属性选项进行调度备份。

4. 管理当前备份

登录OEM后，单击"可用性"选项卡中"管理"区域的"管理当前备份"链接，进入"管理当前备份"的"备份集"页面，如图9-66所示。

图9-66 "管理当前备份"的"备份集"页面

二、使用 OEM 执行数据库恢复

1. 配置恢复设置

在执行恢复之前，首先需要对恢复设置进行配置。OEM 提供了"恢复设备"功能，用于对"恢复设置"进行属性配置，如图 9 – 67 所示。

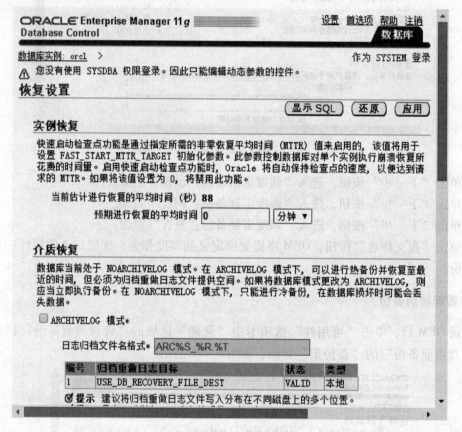

图 9 – 67   恢复设备

2. 执行恢复

①单击"可用性"选项卡中"管理"区域的"执行恢复"链接，进入"执行恢复"页面，如图 9 – 68 所示。

②单击"恢复"按钮，进入"确认"页面，显示数据库即将被关闭并重新启动数据库。单击"是"按钮，进入"恢复向导"页。

③单击"刷新"按钮后，将回到"数据库实例"的"可用性"页，再次单击"管理"区域的"执行恢复"链接，将打开"执行恢复：身份证明"页面。

④输入主机身份证明并单击"继续"按钮。

⑤单击"继续"按钮，要求用户在"执行恢复：还原控制文件"页面进行备份选择。

⑥单击"还原"按钮，出现还原"确认"页面，单击"是"按钮，开始进行还原操作。

数据库实例: orcl >
执行恢复

Oracle 建议的恢复

数据恢复指导可以在数据库中检测到故障，还可以提供用来执行自动修复的选项。以 SYSDBA 登录来使用数据恢复指导。

用户控制的恢复

恢复范围 整个数据库 ▼   恢复

操作类型 ⊙ 还原所有数据文件
　　　　指定时间，SCN 或日志序列。将使用在该时间或之前完成的备份。执行此操作时不会执行恢复。

▶**解密备份**

主机身份证明

要执行恢复，请提供用于访问目标数据库的操作系统登录身份证明。

　　＊ 用户名
　　＊ 口令
　　□ 另存为首选身份证明

概览

- 根据 Oracle 的建议恢复数据库故障
- 还原和/或恢复整个数据库或所选对象
- 将文件还原至新位置
- 根据时间戳，系统更改编号（SCN）或日志序列号，将表空间恢复至某个时间点
- 恢复标记为损坏的数据文件数据块，或者根据数据文件块 ID 或表空间块地址来恢复数据文件数据块
- 将数据库或表闪回至特定的系统更改号（SCN）或时间戳

图 9-68 "执行恢复"页面

项目小结

　　数据库的备份和恢复是每一个学习数据库的人都要掌握的技能，备份是保存数据库的副本，恢复就是把以前备份的文件还原到数据库中。Oracle 备份方式分为物理备份和逻辑备份。物理备份是将实际组成数据库的物理结构文件，包括数据文件、日志文件和控制文件，从一处拷贝到另一处的备份过程。可以使用 Oracle 的恢复管理器（Recovery Manager，RMAN）或者操作系统命令进行。物理备份分为冷备份、热备份。逻辑备份是提取数据库中的数据进行备份，通常指对数据库的导入和导出操作。逻辑备份的手段很多，例如，传统的 EXP、数据泵 EXPDP，还有数据库闪回技术等。

项目作业

一、选择题

1. Oracle 的备份方式有（　　）。
　　A. 物理备份和逻辑备份。　　　　　B. 物理备份
　　C. 逻辑备份　　　　　　　　　　　D. 冷备份
2. 物理备份有（　　）方式。
　　A. 冷备份、热备份　　　　　　　　B. 冷备份
　　C. 热备份　　　　　　　　　　　　D. 逻辑备份

3. 物理备份可以使用 Oracle 的 （　　　） 或者操作系统命令进行。

    A. 恢复管理器 （Recovery Manager，RMAN）

    B. 冷备份

    C. 热备份

    D. 逻辑备份

4. 逻辑备份是提取数据库中的数据进行备份，通常指对数据库的导入和导出操作。逻辑备份的手段很多，例如，传统的 EXP、数据泵 EXPDP，还有 （　　　） 等。

    A. 冷备份　　　　　　　　　　　　　　B. 数据库闪回技术

    C. 热备份　　　　　　　　　　　　　　D. 物理备份

5. Oracle 数据库恢复分为 （　　　）。

    A. 物理恢复和逻辑恢复　　　　　　　　B. 完全恢复和不完全恢复

    C. 物理恢复和不完全恢复　　　　　　　D. 逻辑恢复和不完全恢复

6. 根据数据库恢复程度的不同，恢复分为 （　　　）。

    A. 物理恢复和逻辑恢复　　　　　　　　B. 完全恢复和不完全恢复

    C. 物理恢复和不完全恢复　　　　　　　D. 逻辑恢复和不完全恢复

二、简答题

1. 简述数据泵导出工具和传统导出工具之间的区别。

2. 简述不完全恢复与完全恢复的区别。

3. 解释冷备份和热备份的不同点及各自的优点。

4. RMAN 是什么？

附录

项目答案

项目一 作业答案

一、选择题

1. A 2. A 3. A 4. A 5. A 6. A

二、简答题

1. 简要介绍 Oracle 11g 的常用数据库管理工具。

（1）SQL * Plus，是 Oracle 公司提供的一个工具程序，它是用户和服务器之间的一种接口，是操作 Oracle 数据库的工具。该工具不仅可以运行、调试 SQL 语句和 PL/SQL 块，还可以用来管理 Oracle 数据库。该工具可以在命令行执行，也可以在 Windows 窗口环境中运行。用户可以通过它使用 SQL 语句交互式地访问数据库。使用 SQL * Plus 工具可以实现如下功能：①对数据库的数据进行增加、删除、修改、查询等操作。②将查询结果输出到报表表格中，设置表格格式和计算公式，不可以把表格存储起来。③启动、连接和关闭数据库。④管理数据库对象，如用户、表空间、角色等对象。

（2）Oracle Enterprise Manager（简称 OEM），是以图形化界面的方式来对数据库进行管理的，采用基于 Web 的应用，它为数据库的使用提供了方便。Oracle 11g OEM 是初学者和最终用户管理数据库最方便的管理工具。使用 OEM 可以很容易地对 Oracle 系统进行管理，免除了记忆大量的管理命令和数据字典的烦恼。

③Oracle SQL Developer（以下简称 SQL Developer），是一个 Oracle RDBMS SQL 和 PL/SQL 开发环境。这款由 Oracle 公司开发并提供技术支持的工具可以帮助我们进行基于 Oracle 的应用程序，以及数据库对象的开发和维护。SQL Developer 这款强大的 RDBMS 管理工具提供了适用于 Oracle、Access、MySQL 和 SQL Server 等多种不同 RDBMS 的集成开发环境。使用 SQL Developer，既可以同时管理各种 RDBMS 的数据库对象，也可以在该环境中进行 SQL 开发。SQL Developer 允许用户创建并维护数据库对象，查看和维护数据，编写、维护并调试 PUSQL 代码。这款工具以其简洁整齐的图形用户界面大大简化了开发工作。

（4）PL/SQL Developer，是 Oracle 提供的免费图形化开发工具，TOAD 和 PL/SQL Developer 是商业性的工具，需要付费，但是使用的人也较多。对于初学者来说，PL/SQL Developer 工具更容易上手，它是专门用于开发、测试、调试和优化 Oracle PL/SQL 存储程序单元的。

2. 简述安装创建 Oracle 11g 数据库输入管理口令时，要遵循的口令规则。

输入管理口令时，一定要遵循口令规则：

①至少包含一个小写字母。

②至少包含一个大写字母。

③至少包含一个数字。

④长度至少为 8 个字符。

⑤使用可包括下划线（_）、美元符号（$）和井号（#）字符的数据库字符集。

⑥如果包含特殊字符（包括以数字或符号作为口令的开头），将口令加双引号。

⑦不应为实际单词。

3. 安装 Oracle 11g 时，对于普通用户 SCOTT、普通管理员 SYSTEM、超级管理员 SYS，一般设置的口令是什么？

①普通用户：SCOTT，密码：tiger。

②普通管理员：SYSTEM，密码：manager。

③超级管理员：SYS，密码：change_on_install。

项目二　作业答案

一、选择题

1. C　2. B　3. A　4. B　5. B　6. A　7. B

二、简答题

1. 如何使用 SQL＊Plus 的帮助命令获取某个命令的解释信息？

在不知道具体命令的时候，先用 help index 查找出所有的命令，然后使用 help［topic］。其中 topic 为该命令进行查询。

2. 如何使用 SQL＊Plus 来设置缓存区？

设置记事本作为用户的编辑器，就可以使用 EDIT 命令来执行编辑操作了。还可使用 SAVE 命令把当前 SQL 缓存区中的内容保存到指定的文件中。用 CLEAR BUFFER 命令清除 SQL＊Plus 缓存区中的内容。若要获取通过 SAVE 保存的内容，就要使用 GET 命令。

3. 如何设置 SQL＊Plus 的运行环境？

通过设置环境变量 PAUSE 为 ON 来控制。SQL＊Plus 在显示完一页后暂停显示，直到按 Enter 键，才继续显示下一页数据。使用命令 SET PAGESIZE 来改变默认一页显示的大小。通过设置 LINESIZE，可以修改系统默认的每行打印 80 个字符。用 NUMFORMAT 设置超过 10 字符的处理值，设置 TIMING 为 ON 来显示命令所消耗的系统时间。

项目三　作业答案

一、选择题

1. C　2. C　3. B　4. A　5. ABC

二、简答题

1. 简述 Oracle 数据库物理结构的组成。

Oracle 数据库的物理文件结构是由数据库的操作系统文件所决定的。每一个 Oracle 数据库的物理文件分为数据文件、日志文件和控制文件。

2. 简述 Oracle 数据库逻辑结构的组成。

Oracle 数据库的逻辑存储结构包括表空间、段、区、块。简单地说，逻辑存储结构之间的关系是：多个块组成区，多个区组成段，多个段组成表空间，多个表空间组成逻辑数据库。

3. 自主创建一个数据创建一个数据库，名字为自己的姓名，然后尝试删除它。

略。

项目四 作业答案

一、选择题

1. D　2. C　3. A　4. D　5. D　6. C　7. B　8. C

二、简答题

1. 简述表空间和数据文件之间的关系。

每一个数据文件都必须隶属于某个表空间，但一个表空间可以由多个数据文件组合而成。tablespace 是逻辑上的概念，datafile 则在物理上储存了数据库的多种对象。

2. 简要介绍表空间、段、区和数据块之间的关系。

Oracle 的逻辑存储单元从小到大依次为：数据块、区、段和表空间。表空间又由许多段组成，段由多个区组成，区又由多个数据块组成。

3. 简述 Oracle 数据表的各类约束及作用。

（1）NOT NULL 约束：用于对实体完整性进行约束，指定表中某个列不允许为空值，必须为该列提供值。

（2）UNIQUE 约束：用于对实体完整性进行约束，使某个列或某些列的组合是唯一的，防止出现冗余值。

（3）PRIMARY KEY 约束：用于对实体完整性进行约束，使某个列或某些列的组合是唯一的，也是表的主关键字。

（4）FOREIGN KEY 约束：用于实体对参照（关系）完整性进行约束，使某个列或某些列为外关键字，其值与从表的主关键字匹配，实现引用完整性。

（5）CHECK 约束：用于对域完整性进行约束，指定表中的每一行数据必须满足的条件。

项目五 作业答案

一、选择题

1. C　2. B　3. A　4. A　5. D　6. B　7. A　8. C

二、简答题

1. 简述 SELECT 子句的嵌套使用方式。

在 DQL 和 DML 语句中都可以嵌套使用 SELECT 子句，即 SELECT、INSERT、UPDATE 和 DELETE 语句都可以嵌套 SELECT 子句。在一般情况下，SELECT 子句将作为以 WHERE 或 HAVING 子句引导的条件。其条件表达式的形式有以下几种：

（1）字段名 = (SELECT 子句)

如果 SELECT 子句只返回单个值作为条件，可以使用此条件表达式。

（2）字段名 IN (SELECT 子句)

如果 SELECT 子句返回多个值作为条件，必须使用此条件表达式。

（3）字段名 EXISTS (SELECT 子句)

如果 SELECT 子句返回值是布尔类型的，必须使用此条件表达式。

2. 简述内连接和外连接的区别。

在内连接的检索结果中，都是满足连接条件的数据；外连接的特点是某些不满足条件的数据也可以出现在检索结果中。外连接的语法和内连接的语法规则相似，区别在于外连接中用 LEFT OUTER JION、RIGHT OUTER JOIN 或 FULL OUTER JOIN 关键字，而不使用 INNER JOIN 关键字。其中 OUTER 是可选的。

3. 简述连接查询和联合查询的区别。

联合查询使用 UNION 关键字将多个 SELECT 语句联系起来。各个 SELECT 语句是一种并集的关系。查询出的结果集是各个 SELECT 语句查询结果的并集。

使用 UNION 组合两个查询的结果集的基本规则是：

（1）所有查询中的列数和列的顺序必须相同。

（2）数据类型必须兼容。

连接查询是在 SELECT 语句使用 WHERE 子句、JOIN 关键字构建连接条件对多表进行连接，并显示结果集。结果集一般是交集。

项目六　作业答案

一、选择题

1. C　2. D　3. B　4. A　5. D　6. C

二、简答题

1. 简述 PL/SQL 语言中的数据类型及各自特点。

PL/SQL 语言中的数据类型分标量、复合、引用和 LOB 四种。标量类型是系统定义的，合法的标量类型和数据库字段的类型相同。复合类型是用户定义的，为其内部包含有组件的类型。复合类型的变量包含一个或多个标量变量。PL/SQL 语言中可以使用记录、表和数组三种复合类型。引用类型是用户定义的指向某一数据缓冲区的指针，游标即为 PL/SQL 语言的引用类型，它能够根据查询条件从数据库表中查询出一组记录，将其作为一个临时表放置在数据缓冲区之中，以游标作指针，逐行对记录数据进行操作。LOB 类型用来存储大型的对象。对于复合类型和引用类型，是先定义，后声明，再使用。

2. 如何处理用户自定义异常？

用户自定义异常是通过显示使用 RAISE 语句来引发的，当引发一个异常时，控制就转到 EXCEPTION 异常处理部分执行异常处理语句。步骤如下：定义异常处理；触发异常处理；处理异常。

3. 简述 PL/SQL 程序的组成部分及作用。

PL/SQL 是一种块结构的语言，组成 PL/SQL 程序的单元是逻辑块，一个 PL/SQL 程序包含了一个或多个逻辑块，每个块都可以划分为三个部分：

（1）声明部分

声明部分包含了变量和常量的数据类型和初始值。这个部分是由关键字 DECLARE 开始，如果不需要声明变量或常量，那么可以忽略这一部分。

（2）执行部分

执行部分是 PL/SQL 块中的指令部分，由关键字 BEGIN 开始，所有的可执行语句都放在这一部分，其他的 PL/SQL 块也可以放在这一部分。

（3）异常处理部分

这一部分是可选的，在这一部分中处理异常或错误。

项目七 作业答案

一、填空题

1. 过程　输入/输出
2. 函数　函数
3. 用户自定义函数
4. 自动地
5. 语句级　行级

二、简答题

1. 简述存储过程和函数的区别。

函数与过程相似，都是数据库中命名的 PL/SQL 程序单元，同样可以接收零个或多个输入参数。过程被存储在数据库中，并且存储过程没有返回值。存储过程不能由 SQL 语句直接使用，只能通过 EXECUT 命令或 PL/SQL 程序块内部调用。函数必须有返回值，并且可以作为一个表达式的一部分函数，不能作为一个完整的语句使用函数返回值的数据类型在创建函数时定义。

2. 简述调用过程时传递参数值的三种方式。

IN 参数：由调用者传入，并且只能够被存储过程读取。它可以接收一个值，但是不能在过程中修改这个值。

OUT 参数：由存储过程传入值，然后由用户接收参数值。它在调用过程时为空，在过程的执行中，将为这个参数指定一个值，并在执行结束后返回。

IN OUT 参数：同时具有 IN 和 OUT 参数的特性。

3. 尝试写一个函数，用于计算 emp 表中某个职位的平均工资。

略。

项目八　作业答案

一、选择题

1. D　2. A　3. B　4. D　5. C　6. A　7. B

二、简答题

1. 用户、权限及角色之间的关系是什么？

一个角色可以拥有多个用户，一个用户也可以分属于多个不同的角色。用户拥有登录系统的权限，只有设置了具体的用户之后，才能进行相应的操作。用户和角色设置不分先后顺序，用户可以根据自己的需要先后设置。但对于自动传递权限来说，应该首先设定角色，然后分配权限，最后进行用户的设置。这样，在设置用户的时候，如果选择其归属于哪一个角色，则用户将自动具有该角色的权限。若角色已经设置过，系统则会将所有的角色名称自动显示在角色设置中的所属角色名称的列表中。用户自动拥有所属角色所拥有的所有权限，同时，可以额外增加角色中没有包含的权限。若修改了用户的所属角色，则该用户对应的权限也跟着改变。只有系统管理员有权限进行本功能的设置。

2. 简述角色的优点。

角色是具有名称的一组相关权限的组合。角色的主要功能是将授予用户的权限做整合的管理。由于角色集合了多种权限，可以为用户授予角色或从用户中收回角色，简化了用户权限的管理。

3. 查询数据库中 sys 用户的权限有哪些？

创建一个角色 ROLE1，并给角色授予 CREATE SESSION 的系统权限。

创建一个概要文件，并删除已经创建的概要文件。

项目九　作业答案

一、选择题

1. A　2. A　3. A　4. B　5. A　6. B

二、简答题

1. 简述数据泵导出工具和传统导出工具之间的区别。

数据泵导出是 Oracle 10g 新增加的功能，它使用工具 EXPDP 将数据库对象的元数据、对象结构或数据导出到转储文件中。数据泵导出包括导出表、导出模式、导出表空间和导出全数据库 4 种模式。需要注意的是，EXPDP 工具只能将导出的文件转储在 OS 目录。因此，使用 EXPDP 工具时，必须首先建立 DIRECTORY 对象，并且需要为数据库用户授予使用 DIRECTORY 对象的权限。

2. 简述不完全恢复与完全恢复的区别。

根据数据库在恢复后的运行状态不同，Oracle 数据库恢复可以分为完全数据库恢复和不完全数据库恢复。完全数据库恢复可以使数据库恢复到出现故障的时刻，即当前状态。不完全数据库恢复使数据库恢复到出现故障的前一时刻，即过去某一时刻的数据库同步状态。

3. 解释冷备份和热备份的不同点及各自的优点。

热备份针对归档模式的数据库，在数据库仍旧处于工作状态时进行备份。而冷备份在数据库关闭后进行备份，适用于所有模式的数据库。热备份的优点在于，备份时，数据库仍旧可以被使用，并且可以将数据库恢复到任意一个时间点。冷备份的优点在于，它的备份和恢复操作相当简单，并且冷备份的数据库可以工作在非归档模式下。因为不必将 archive log 写入硬盘，非归档模式可以带来数据库性能上的少许提高。

4. RMAN 是什么？

RMAN（Recovery Manager）是 DBA 的一个重要工具，用于备份、还原和恢复 Oracle 数据库。RMAN 可以用来备份和恢复数据库文件、归档日志、控制文件、系统参数文件，也可以用来执行完全或不完全的数据库恢复。

参 考 文 献

［1］杨少敏.Oracle 11g 数据库应用简明教程［M］.北京：清华大学出版社，2010.

［2］方巍.Oracle 数据库应用简明教程［M］.北京：清华大学出版社，2014.

［3］朱亚兴.Oracle 数据库系统应用开发实用教程［M］.北京：高等教育出版社，2015.

［4］秦靖，刘存勇.Oracle 从入门到精通［M］.北京：机械工业出版社，2014.

［5］王战红.Oracle Database 11g 实用教程［M］.北京：清华大学出版社，2014.

［6］何明.Oracle 数据库管理与开发［M］.北京：清华大学出版社，2013.